今すぐ使えるかんたん

Copilot コパイロット in Windows

Imasugu Tsukaeru Kantan Series

Copilot in Windows LinkUp

技術評論社

本書の使い方

- 画面の手順解説だけを読めば、操作できるようになる！
- もっと詳しく知りたい人は、左側の「側注」を読んで納得！
- これだけは覚えておきたい機能を厳選して紹介！

特長 1

機能ごとにまとまっているので、「やりたいこと」がすぐに見つかる！

特長 2

基本操作

赤い矢印の部分だけを読んで、パソコンを操作すれば、難しいことはわからなくても、あっという間に操作できる！

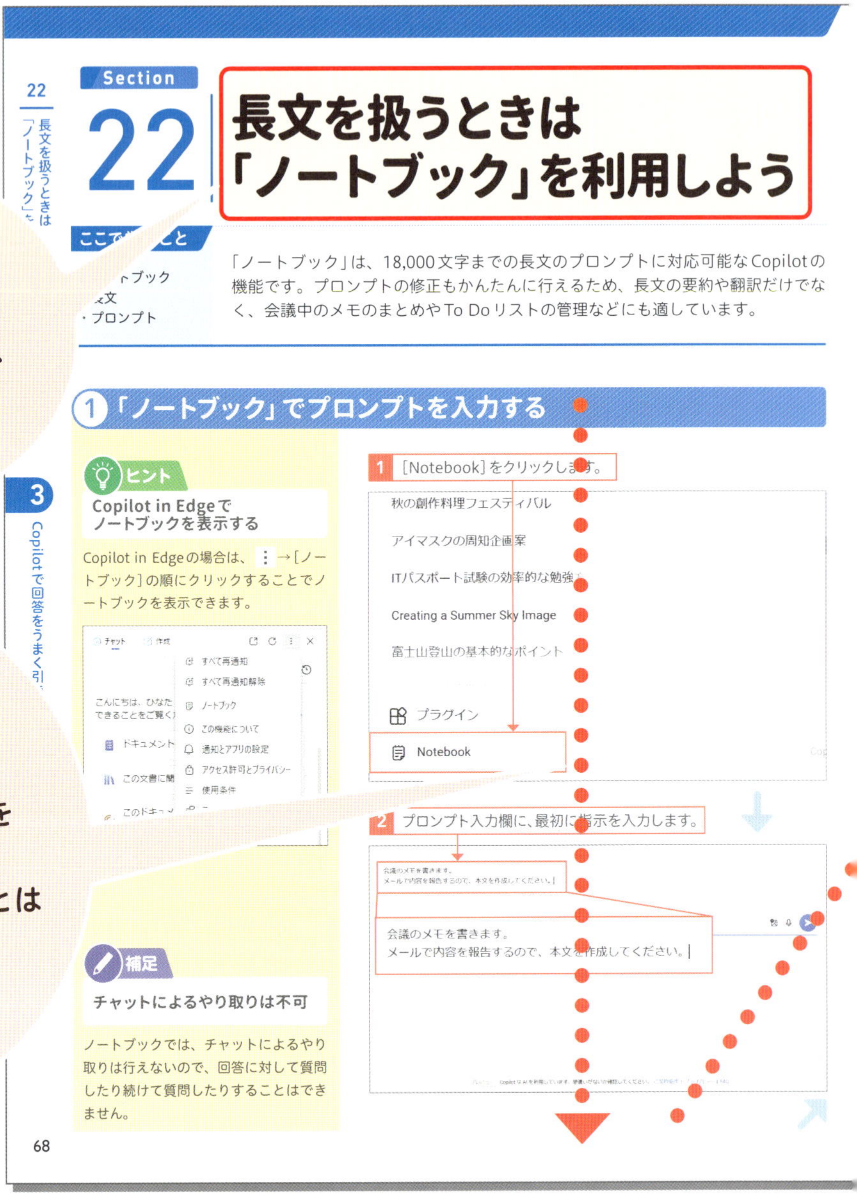

22 長文を扱うときは「ノートブック」を利用しよう

Section 22

長文を扱うときは「ノートブック」を利用しよう

「ノートブック」は、18,000文字までの長文のプロンプトに対応可能なCopilotの機能です。プロンプトの修正もかんたんに行えるため、長文の要約や翻訳だけでなく、会議中のメモのまとめやTo Doリストの管理などにも適しています。

1 「ノートブック」でプロンプトを入力する

ヒント

Copilot in Edgeでノートブックを表示する

Copilot in Edgeの場合は、⋮→[ノートブック]の順にクリックすることでノートブックを表示できます。

補足

チャットによるやり取りは不可

ノートブックでは、チャットによるやり取りは行えないので、回答に対して質問したり続けて質問したりすることはできません。

1 [Notebook]をクリックします。

2 プロンプト入力欄に、最初に指示を入力します。

3 Copilotで回答をうまく引

68

特長 3

やわらかい上質な紙を
使っているので、
開いたら閉じにくい！

● 補足説明

操作の補足的な内容を「側注」にまとめているので、
よくわからないときに活用すると、疑問が解決！

解説 詳細解説
ヒント 便利な機能
重要用語 用語の解説
応用技 応用操作解説
補足 補足説明
注意 注意事項

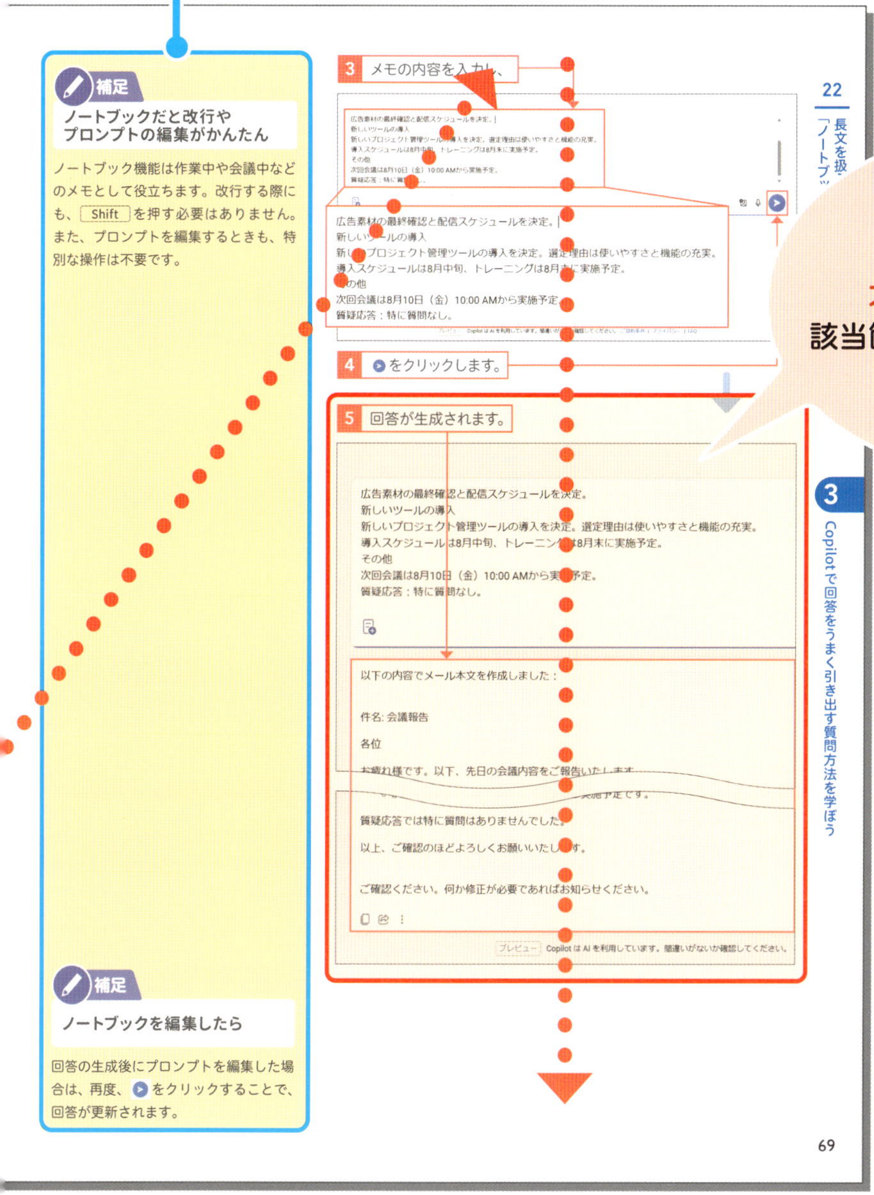

補足
ノートブックだと改行や
プロンプトの編集がかんたん

ノートブック機能は作業中や会議中などのメモとして役立ちます。改行する際にも、Shift を押す必要はありません。また、プロンプトを編集するときも、特別な操作は不要です。

補足
ノートブックを編集したら

回答の生成後にプロンプトを編集した場合は、再度、 をクリックすることで、回答が更新されます。

3 メモの内容を入力し、

広告素材の最終確認と配信スケジュールを決定。
新しいツールの導入
新しいプロジェクト管理ツールの導入を決定。選定理由は使いやすさと機能の充実。
導入スケジュールは8月中旬、トレーニングは8月末に実施予定。
その他
次回会議は8月10日（金）10:00 AMから実施予定。
質疑応答：特に質問なし。

4 をクリックします。

5 回答が生成されます。

広告素材の最終確認と配信スケジュールを決定。
新しいツールの導入
新しいプロジェクト管理ツールの導入を決定。選定理由は使いやすさと機能の充実。
導入スケジュールは8月中旬、トレーニングは8月末に実施予定。
その他
次回会議は8月10日（金）10:00 AMから実施予定。
質疑応答：特に質問なし。

以下の内容でメール本文を作成しました：

件名: 会議報告

各位

お疲れ様です。以下、先日の会議内容をご報告いたします。

質疑応答では特に質問はありませんでした。

以上、ご確認のほどよろしくお願いいたします。

ご確認ください。何か修正が必要であればお知らせください。

プレビュー Copilot は AI を利用しています。間違いがないか確認してください。

22 長文を扱う「ノートブック」

3 Copilotで回答をうまく引き出す質問方法を学ぼう

69

特長 4

大きな操作画面で
該当箇所を囲んでいるので
よくわかる！

目次

第4章 Copilotを使って仕事の作業を効率化しよう

第6章 Copilot ProでExcelやWordを活用しよう

ご注意：ご購入・ご利用の前に必ずお読みください

- 本書に記載された内容は、情報提供のみを目的としています。したがって、本書を用いた運用は、必ずお客様自身の責任と判断によって行ってください。これらの情報の運用の結果について、技術評論社および著者はいかなる責任も負いません。
- ソフトウェアに関する記述は、特に断りのないかぎり、2024年9月現在での最新情報をもとにしています。これらの情報は更新される場合があり、本書の説明とは機能内容や画面図などが異なってしまうことがあり得ます。あらかじめご了承ください。
- 本書の内容は、以下の環境で制作し、動作を検証しています。使用しているパソコンによっては、機能内容や画面図が異なる場合があります。
  - ・Windows 11
  - ・Microsoft Edge
- インターネットの情報については、URLや画面などが変更されている可能性があります。
- Copilotが生成する回答には確率的な要素が含まれており、同じ質問に対して常に同一の回答を得られるとは限りません。そのため、本書の内容と同じプロンプト（質問文）を入力しても、異なる回答が表示される場合があることにご留意ください。

以上の注意事項をご承諾いただいた上で、本書をご利用願います。これらの注意事項をお読みいただかずに、お問い合わせいただいても、技術評論社および著者は対処しかねます。あらかじめご承知おきください。

■本書に掲載した会社名、プログラム名、システム名などは、米国およびその他の国における登録商標または商標です。本文中では™、®マークは明記していません。

第 1 章

Copilotの基礎知識を知ろう

Section

01 | Copilotとは？

ここで学ぶこと

- Copilot
- AIアシスタントツール
- 生成AI

「Copilot」は、2023年9月からマイクロソフトより提供開始されたAIアシスタントツールです。チャット形式で質問を投げかけるだけで、情報の収集や画像の生成、パソコンの設定変更などを実行してくれます。

① Windowsで使えるAIアシスタント

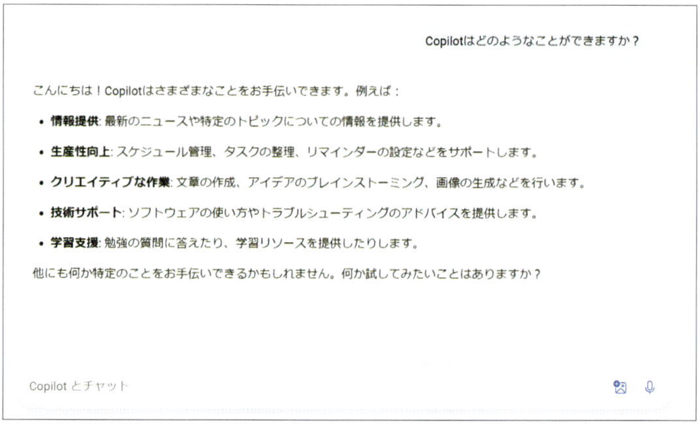

重要用語

「AI」とは

「AI」とは、「Artificial Intelligence」の略語で、日本語では「人工知能」と呼ばれています。

解説

「GPT-4」とは

GPT-4（Generative Pre-trained Transformer 4）とは、OpenAI社によって開発された大規模な言語モデルのことです。自然言語処理の分野で優れた性能を発揮します。

「Copilot」はマイクロソフトが提供するAIアシスタントツールです。チャット形式で会話をするように、情報収集や文章、画像の作成の指示ができます。

Copilotは、GPT-4（無料プランの場合、アクセス集中時にGPT-3.5になることがあります）という言語モデルを使用しています。膨大な量の学習データとインターネット上のWebサイトから回答が生成されるため、自然かつ的確な文章生成が可能です。

また、テキストでの回答だけでなく、画像も生成できるのがCopilotの強みです。テーマを与えると4種類の画像を生成します。生成されたものに対して修正を指示することもできるため、よりクリエイティブな活用が期待できます。

Copilotはいくつか種類があり、無料プランとして、「Copilot in Windows」「Copilot in Edge」、有料プランとして「Copilot Pro」「Microsoft 365 Copilot」が用意されています（14ページ参照）。スマートフォン版の「Microsoft Copilot」アプリも配信されており、ユーザーの状況やどのように扱いたいかに合わせて選択できます。

Copilotはどのようなことができますか？

こんにちは！Copilotはさまざまなことをお手伝いできます。例えば：

- **情報提供**: 最新のニュースや特定のトピックについての情報を提供します。
- **生産性向上**: スケジュール管理、タスクの整理、リマインダーの設定などをサポートします。
- **クリエイティブな作業**: 文章の作成、アイデアのブレインストーミング、画像の生成などを行います。
- **技術サポート**: ソフトウェアの使い方やトラブルシューティングのアドバイスを提供します。
- **学習支援**: 勉強の質問に答えたり、学習リソースを提供したりします。

他にも何か特定のことをお手伝いできるかもしれません。何か試してみたいことはありますか？

Copilot とチャット

② Copilot の特徴

💬 **解説**

Copilotでは指示を「プロンプト」という

Copilotに送信する質問や指示のことを「プロンプト」といいます。Copilotはプロンプトに従って、回答の生成を行います。

Copilotには以下のような特徴があります。

▶ 自然な対話ができる

Copilot は、大規模な言語モデルを使用しているため、自然なやり取りをすることができます。文章の作成といった指示に対しても、ニュアンスなどを捉えることができるため、より精度の高い回答が得られます。

▶ 会話のスタイルを選ぶことができる

Copilotは、会話のスタイルが3種類用意されています。クリエイティブな指示をしたいときは「創造的に」、情報源をしっかりと確認したいときは「厳密に」、両者の中間をとった回答を得たいときは「バランスよく」を選択することで、より状況にあった回答を生成させることができます。

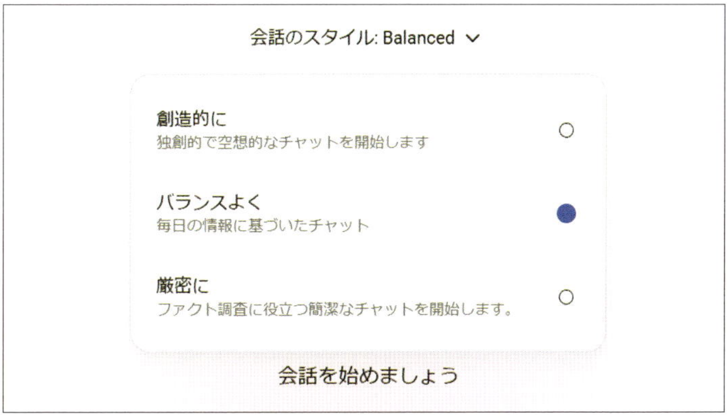

▶ クリエイティブな回答ができる

アイデア出しや企画の提案といったクリエイティブな回答を生成することも可能です。企画に煮詰まったときなどに新しい視点を取り入れる目的で活用できます。また、「鶏肉を使ったレシピを考えて」「1週間の献立を考えて」といった、生活に役立つ指示も対応が可能です。仕事と生活の両面で活用できるのがCopilotです。

▶ 柔軟な回答ができる

Copilotは複数個のチャットルームを作成でき、同じチャットルーム内であれば、やり取りした内容が記憶されているため、やり取りをすればするほど、質問や要求に柔軟かつ適切な文章で応答できるようになります。Copilotに対応の仕方を指示したいときも、「箇条書きで回答して」「子どもに伝えるようにかんたんな言葉で回答して」といった指示が有効です。

🔍 **重要用語**

会話のスタイル

Copilotでは3種類の会話のスタイルが用意されており、クリックすることで切り替えることができます。1つのチャットルームでは1つの会話のスタイルのみ選択できます。

Section

02 Copilotの種類やプランの違いは？

ここで学ぶこと

- Copilot in Windows
- Copilot in Edge
- 有料プラン

Copilotには、誰でも利用できる「Copilot in Windows」と「Copilot in Edge」、有料プランの「Copilot Pro」と「Microsoft 365 Copilot」の4つがあります。無料プランでも問題なく利用できますが、有料プランの特徴なども確認しましょう。

1 Copilotの種類

「Copilot」は、無料で利用できる「Copilot in Windows」、「Copilot in Edge」、有料プランの「Copilot Pro」、「Microsoft 365 Copilot」の4つが用意されています。操作できる環境や目的、個人向けか法人向けか、言語モデルが主な違いです。本書では、「Copilot in Windows」と「Copilot in Edge」を場面に応じて使い分けて解説しています。サービスは常にアップデートして変化しているため、本書とはサービスの内容や画面、機能などが異なる場合もあります。

補足

Webブラウザで利用できるCopilot

ここで紹介しているCopilotのほかに、Webブラウザでアクセスして利用できるCopilot（旧Bing Chat）もありますが、本書では割愛します。

Copilotの違い（2024年9月時点）

	無料プラン		有料プラン	
プラン名	Copilot in Windows	Copilot in Edge	Copilot Pro	Microsoft 365 Copilot
対象	個人	個人	個人	法人
料金	無料	無料	月額3,200円（税込）	年額53,964円
言語モデル	GPT-4（アクセスが集中したときにGPT-3.5になることがある）	GPT-4（アクセスが集中したときにGPT-3.5になることがある）	GPT-4	GPT-4
特徴	Windows 10／11のアプリとして利用できるCopilot。質問への回答や文章の作成といった基本の機能に加え、画像の生成も行える。パソコンの操作や設定変更も一時行えたが、現在は非対応。	WebブラウザであるMicrosoft Edgeのサイドバーから利用できるCopilot。Copilot in Windowsの機能に加え、Microsoft Edgeに表示したWebページの内容について質問ができる。	Microsoft 365 Personal／Familyがあれば、Word、Excel、PowerPointなどのOfficeアプリでCopilotを利用可能。文章や数式、スライドなどの作成が行える。1カ月間無料の試用版あり。	法人向けのMicrosoft 365 Business Standard以上で利用可能。Copilot Proの機能に加えて、TeamsやGraphが利用できるほか、データの保護機能もあり。無料の試用版はない。

2 無料版Copilotの種類

無料プランのCopilotには、Windows 11／10のアプリとして利用できる「Copilot in Windows」とMicrosoft Edgeのサイドバーから利用できる「Copilot in Edge」の2つがあります。

Copilot in Windows

タスクバーやスタートメニューから「Copilot」アプリを起動することで表示されるCopilotです。下側にプロンプトの入力欄があり、チャット形式で質問や指示を送ることができます。ウィンドウサイズを変更して、好きな位置に配置することができます。

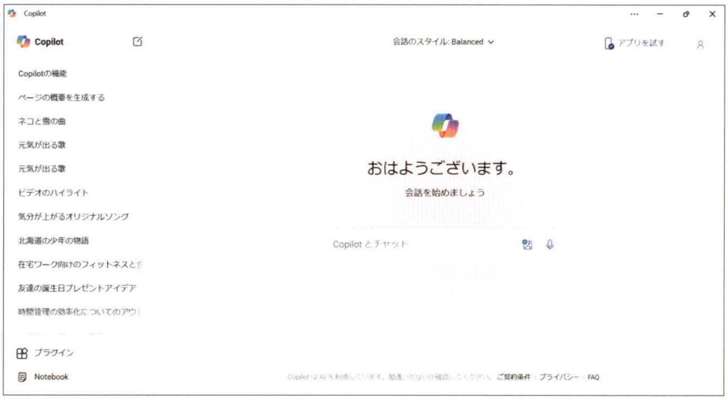

Copilot in Edge

Microsoft Edgeを起動し、画面右側のをクリックすることで表示されるCopilotです。Copilot in Windowsと基本的な操作は変わらず、同様にチャット形式でプロンプトを送ります。表示しているWebページについて質問できること、文章の生成に特化した画面があることが強みとして挙げられます。

補足

「Copilot」アプリがない場合

「Copilot」アプリがタスクバーやスタートメニューに表示されない場合は、Microsoft Storeからアプリをダウンロードする必要があります。「Microsoft Store」アプリを起動し、画面上部の検索欄に「Copilot」と入力して、表示された[Microsoft Copilot]→[入手]の順にクリックします。

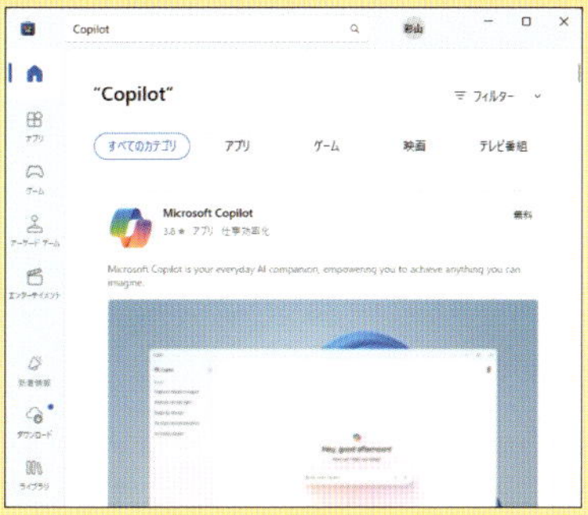

ヒント

Copilot in Edgeをショートカットキーで起動する

Microsoft Edgeを表示中に Ctrl + Shift + . を押すことで、Copilot in Edgeを起動できます。

③ 有料版Copilotの種類「Copilot Pro」

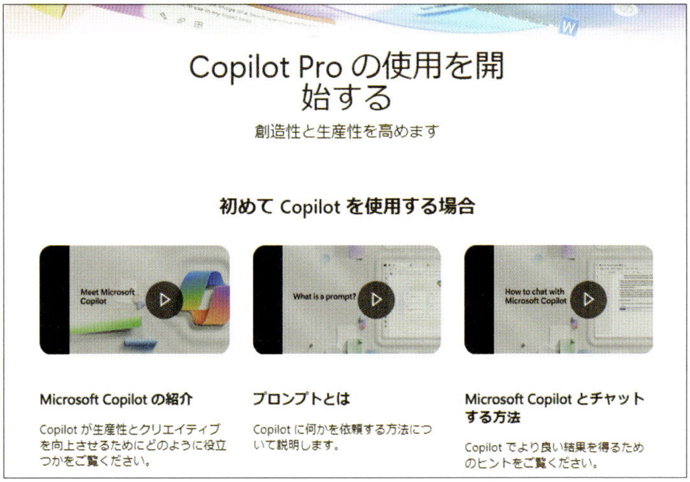

補足

特別な操作は不要

有料プランに加入したあとは、Copilotを有料版にするための特別な操作などは必要ありません。有料プランに加入したアカウントと同じであれば、自動で有料版Copilotになっています。

補足

1カ月無料体験できる

Copilot Proは加入して最初の1カ月が無料になります。つまり、1カ月は無料体験ができます。2カ月目からは支払いが開始されるため、体験だけしたいという方は忘れずに解約してください。

ヒント

Web版Officeアプリとは

Web上でOfficeアプリを使うことができるサービスです。Microsoftアカウントを持っていれば誰でも利用できます。
https://www.office.com/

有料プランのCopilotには、「Copilot Pro」と「Microsoft 365 Copilot」があります。個人向けなのか法人向けなのか、どのOfficeアプリで利用できるのかといった違いがあるため、有料プランへの加入を検討している場合は、どのような場面で活用したいのかを考えるとよいでしょう。以下は、「Copilot Pro」の特徴です。

▶ 優先的にアクセスできる

有料プランを利用していると、アクセスが集中したときでも優先的にGPT-4が利用できるため、いつでも高精度な回答を得ることができます。無料プランの場合はアクセス集中時にGPT-4からGPT-3.5に変更されることがあります。

▶ 画像生成回数の上限が引き上げられる

画像生成できる回数には上限があります。Copilot Proに加入していると、この上限回数が100回までに引き上げられます。画像生成には、「DALL-E 3」が使用されています。

▶ OfficeアプリでCopilot Proが利用できる

Word、Excel、PowerPoint、Outlook、OneNoteなどのWeb版Officeアプリで Copilotを活用できます。Wordで文章を生成してもらう、Excelでデータの解析をしてもらう、PowerPointでスライドを作成してもらうといったことが可能になります。Microsoft 365 Personal／Familyに加入している場合は、デスクトップ版Officeアプリでも Copilot Proを使用できます。Copilot ProとMicrosoft 365 Personal／Familyには1カ月の無料試用版が用意されているため、試してみることが可能です（第6章参照）。

https://copilot.cloud.microsoft/ja-jp/copilot-pro

4 有料版Copilotの種類「Microsoft 365 Copilot」

「Microsoft 365 Copilot」は法人向けの有料プランです。Copilotの基本的な機能に加え、企業向けの機能が備わっています。ユーザーは法人向けのMicrosoft 365に加入していることを前提としており、「Officeアプリの操作を自動化したい」という企業に推奨されています。なお、本書では「Microsoft 365 Copilot」については紹介していません。

Teams や OneDrive で Copilot を利用できる

Word、Excel、PowerPoint、Outlook などのOfficeアプリに加え、Teams や OneDrive とも連携することができます。Teamsの会議で議事録を作成してもらったり、OneDriveのファイル内から要約を作成してもらったりすることが可能になります。

Copilot、Graph、Officeアプリの統合

Microsoft 365 Copilotでは、Microsoft Graph と Microsoft 365 アプリのデータを統合しています。統合によって、AIを活用した仕事効率化機能を使用できるようになります。

アプリを横断した応答ができる

複数のOfficeアプリに保存されているデータを参照できるため、「Excelのデータを使ってPowerPointでスライドを生成してもらう」といった活用ができ、時間の短縮が可能です。なお、Microsoft 365 Copilotや法人向けMicrosoft 365には試用版はありません。

https://www.microsoft.com/ja-jp/microsoft-365/microsoft-copilot

重要用語

DALL-E 3とは

2023年9月にOpenAI社から公開された画像生成AIのことです。テキストを入力することで高品質な画像を生成することができます。

重要用語

Microsoft Graphとは

Microsoftのクラウドサービスとアプリケーションをつなげるためのツールです。ユーザー情報やメール、予定表、OneDrive、Teamsといったクラウド内のサービスからデータを取得できるため、Microsoftのさまざまなサービスを一元的に扱う際に役立ちます。

Copilotでできることとできないことは？

ここで学ぶこと

- Copilot
- できること
- できないこと

Copilotは情報収集や文章の生成、画像の生成、アイデア出しなど、多くの分野で優れていますが、一方で個人情報は扱えない、センシティブな話題は扱えないといった利用規約上の制約もあります。

① Copilotでできること

✦✦ 応用技

Excelで利用できるデータも生成可能

Copilotにデータの作成を指示すると、Excelでも利用できる形式のデータを作成してもらうことができます。

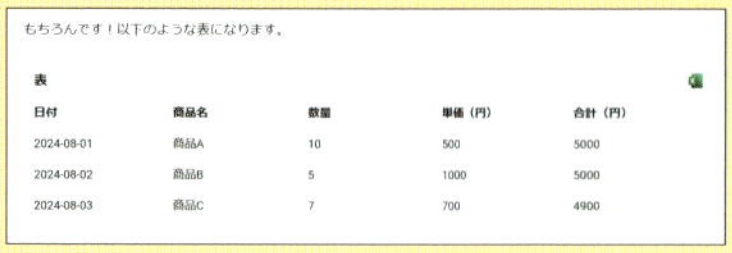

もちろんです！以下のような表になります。

表

日付	商品名	数量	単価 (円)	合計 (円)
2024-08-01	商品A	10	500	5000
2024-08-02	商品B	5	1000	5000
2024-08-03	商品C	7	700	4900

🔍 重要用語

プロンプト

「プロンプト」とは、Copilotに送信する質問や指示のことです。Copilotはプロンプトに従って、回答の生成を行います。

Copilotは、ユーザーの指示に応じて、情報提供、文章や画像の生成などのサービスを提供するAIアシスタントツールです。

▶ 文章の生成

自然な文章を生成することができます。状況を伝えて社内文書やメールの内容を作らせたり、テーマを与えて詩を作らせたりできます。悩みごとを伝えることで、相談することも可能です。Webサイトも参照しているため、情報収集してもらうという使い方もされています。

▶ 画像の生成

画像を生成することができます。1つのプロンプトに対して4枚の画像が生成され、画像はダウンロードできます。また、送った画像について質問することも可能です。なお、1日に生成できる画像の枚数には制限があります。

▶ 要約、リライト、校正

指定したWebサイトや、プロンプトに送った長文のテキストの要約や校正をしてもらうことができます。臨機応変な対応も可能であるため、「50字以内で要約して」「英語にして」「ですます調に統一して」といったプロンプトも有効です。

▶ アイデア出し

キャッチフレーズや企画のアイデア出し、レシピや献立の考案といったクリエイティブなプロンプトにも対応できます。

② Copilotでできないこと

補足

著作権侵害することはできない

Copilotは、著作権で保護されたコンテンツを提供することはできません。たとえば、公開されたニュース記事、曲の歌詞、本の内容などです。

補足

デバイスへの操作はできない

本書執筆時点（2024年9月）では、Copilotで、パソコンやスマートフォンなど、デバイスを操作させる指示はできません。操作方法を聞くことはできるため、まずはCopilotに聞いてみましょう。

システムの都合や、利用規約上の制約から、Copilotにもいくつかできないことができます。しかし、今もなお、送られたプロンプトやWebサイトなどから学習を続けているため、できることは増え続けるでしょう。

個人情報の取り扱い

ユーザーの個人情報を取り扱うことができません。また、送信したプロンプトも学習に使用されているため、個人情報の流出を防ぐためにも名前や住所、電話番号、メールアドレス、社内情報などは送らないよう気を付けてください。

専門情報の取得

法律や医療など、専門的な学術に関する具体的な情報を提供することができません。Copilotから与えられる情報は一般的な情報のみであり、専門的な助言には代われないことを注意してください。

チャットルームを超えた長期記憶

Copilotは、やり取りした内容をチャットルーム（62ページ参照）ごとに記憶しています。同じチャットルームであれば過去のやりとりも保存されているため自然な会話が可能ですが、チャットルームを切り替えた場合はほかのチャットルームを参照した指示ができません。Copilotに進捗やToDoリストを管理してもらうといった長期的な使い方をしている場合は、チャットルームを切り替えないよう気を付けましょう。

未来の予測

Copilotは学習したデータとWebサイトの情報を参照して回答を生成しています。そのため、株価の動向や著名人の未来の行動についての予測、数年後の大会等の結果予測など、未来のことについて質問することはできません。

センシティブな会話

Copilotでは、センシティブな会話が制限されています。違法行為を助長するような回答、差別的・攻撃的・性的な表現は生成されません。Copilotの目的は有益で安全な情報をユーザーに提供することであるため、ユーザーの安全とプライバシーを尊重することを最優先事項としています。

Section

04 Copilotで生成したコンテンツの利用に法律上の問題はない？

ここで学ぶこと

- 法律上の問題
- 著作権
- 権利の侵害

Copilotをはじめ、生成AIによって生み出された文章や画像などのコンテンツの利用には、著作権侵害などの問題が発生する場合があります。生成したコンテンツの扱いは慎重に行いましょう。

1 Copilotで生成したコンテンツを利用するには

Copilotで生成したコンテンツを利用する際は、以下の点に注意してください。

著作権法

Copilotによって生成されるコンテンツは、基本的にはパブリックドメインをもとにしています。ただ、生成されたコンテンツが既存の著作物を引用している、または、再現しているといった場合はそのコンテンツがもとの著作物の著作権によって保護されている可能性があります。そういったコンテンツを利用する際は、ユーザーは著作権法を遵守しなければなりません。
ただ、マイクロソフトは2023年9月に、Copilotと著作権に関する声明「Copilot Copyright Commitment」を発表しました。ユーザーがCopilotの生成した回答を使用したことによって、著作者などの第三者から著作権侵害で訴えられた場合、ユーザーがコンテンツフィルタなどの保護システムを利用している限り、訴訟で発生した和解金をマイクロソフトが補償すると説明しています。

マイクロソフト、お客様向けの Copilot Copyright Commitment を発表
2023年9月12日 | Japan News Center

解説

Microsoft社による著作権についての声明

「Copilot Copyright Commitment」は以下から閲覧できます。
https://news.microsoft.com/ja-jp/2023/09/12/230912-copilot-copyright-commitment-ai-legal-concerns/

② AIで生成したコンテンツの著作権の行方

2023年6月22日、文化庁は令和5年度 著作権セミナー「AIと著作権」の講演映像とその資料を公開しました。ここには、「AIで生成したものが著作物としてどこまで認められるのか」「どんな場合に著作権侵害に該当するのか」などについて言及されています。

「AIと著作権」の講演映像

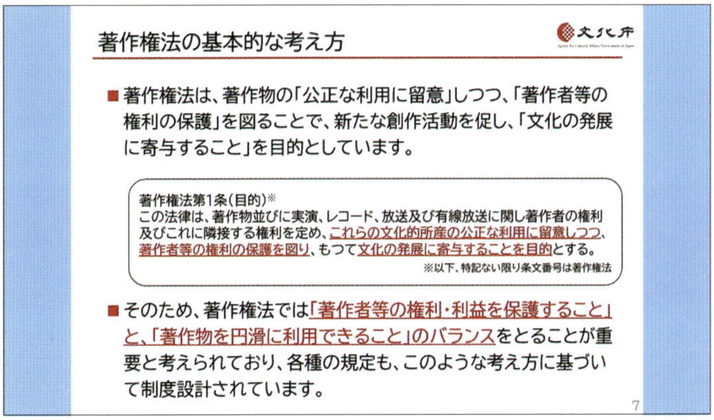

資料によると、AIで生成されたコンテンツの著作権は、「AIを道具として利用して生成したコンテンツ」なのか、「AIが自律的に生成したコンテンツ」なのかによって見定めるとされています。「AIを道具として利用して生成したコンテンツ」とは、パソコンや筆などと同様の「道具」としてAIを利用して生成したコンテンツか、ということです。この場合、コンテンツの主体は人間であり、著作権はAIを利用したユーザーにあるとみなされます。一方で「AIが自律的に生成したコンテンツ」は、指示を与えたのが人間であっても、感情の表現に利用されていないとみなされ、著作権は発生しません。
どの段階から著作権が発生するのかは判断しづらいですが、現状の著作権法を以てAIを規制すると、このような方針に落ち着くようです。

AIで生成したコンテンツの著作権

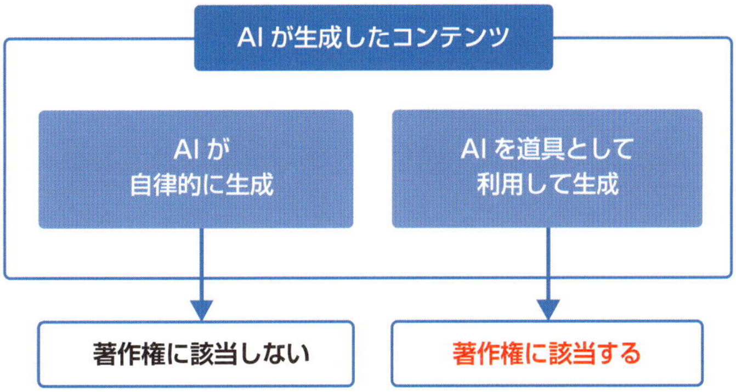

解説

「AIと著作権」の公開場所

文化庁が公開した令和5年度著作権セミナー「AIと著作権」の講演映像および資料は、以下から閲覧できます。
https://www.bunka.go.jp/seisaku/chosakuken/93903601.html

解説

文化庁が「AIと著作権に関する考え方について」を公開

2024年3月、文化庁（文化審議会著作権分科会法制度小委員会）は「AIと著作権に関する考え方について」を公開しました。なお、公表時点における小委員会としての考え方を示すものであって、法的な拘束力を有するものではないとしています。
https://www.bunka.go.jp/seisaku/bunkashingikai/chosakuken/pdf/94037901_01.pdf

Section

05 Microsoftアカウントを作成しよう

ここで学ぶこと

- アカウント作成
- メールアドレス
- 名前の編集

Copilotの機能をフルに活用するためにはMicrosoftアカウントが必要です。持っていない場合は、Webブラウザから作成しましょう。アカウントを持っている場合は、メールアドレスとパスワードを入力してサインインしてください。

1 Microsoftアカウントを作成する

1 Webブラウザで「https://account.microsoft.com/account」にアクセスし、[サインイン]をクリックします。

すべて Microsoft アカウントで実現
Microsoft アカウントは、すべての Microsoft アプリとサービスに接続します。
サインインしてアカウントを管理します。
サインイン

2 [作成]をクリックします。

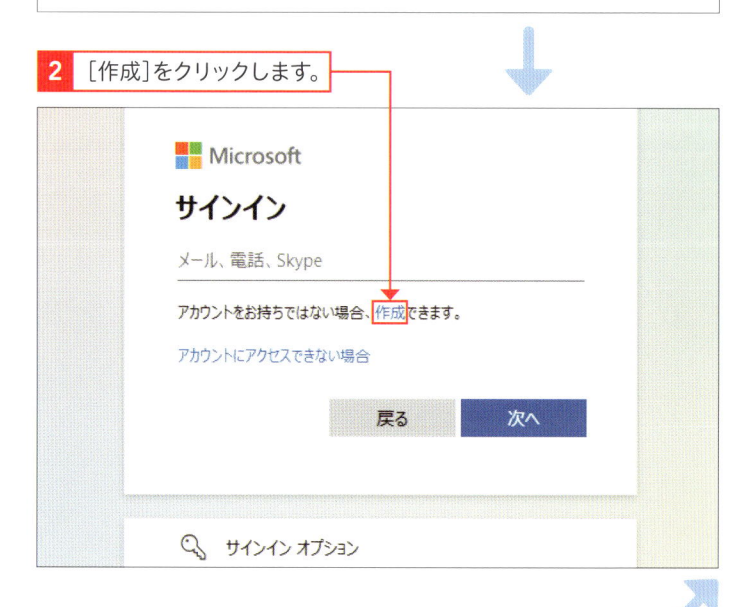

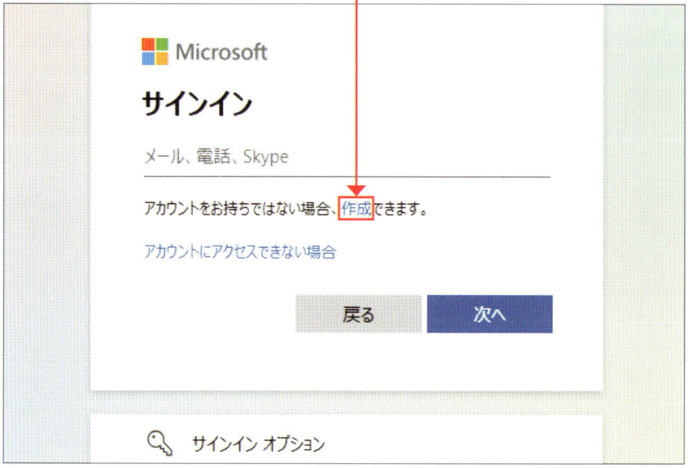
Microsoft
サインイン
メール、電話、Skype
アカウントをお持ちではない場合、作成できます。
アカウントにアクセスできない場合
戻る
次へ
サインイン オプション

補足

Microsoftアカウントを持っている場合

Microsoftアカウントを持っている場合は、25ページに進んでサインインしてください。

補足

Microsoftアカウントなしで利用した場合

MicrosoftアカウントがなくてもCopilotは利用できますが、その場合チャット数の制限や画像生成が行えない、チャットの履歴や同期が行えないなどのデメリットがあります。

解説

入力した文字が
メールアドレスになる

手順**3**の画面で入力した文字がメールアドレスになります。ほかのユーザーがすでに使用している文字列は使用できないため、数字を入れる、大文字と小文字を組み合わせるなどして変更しましょう。

3 メールアドレスにしたい文字を入力し、

■ Microsoft

アカウントの作成

nakamurahinata0712　　　@outlook.jp ∨

または、既にお持ちのメール アドレスを使う

次へ

4 ［次へ］をクリックします。

5 任意のパスワードを入力し、

パスワードの作成

お客様のアカウントで使用するパスワードを入力します。

●●●●●●●●　　　　　　　　　　　　　　　⌀

☐ パスワードの表示

☐ Microsoft 製品とサービスに関する情報、ヒント、特典を受け取ります。

[次へ] を選択すると、Microsoft サービス規約およびプライバシーと Cookie に関する声明に同意したことになります。

次へ

6 ［次へ］をクリックします。

7 国または地域と生年月日を設定し、

お子様がこのデバイスを使用している場合は、生年月日を選択して、お子様のアカウントを作成します。

国または地域

日本　　　　　　　　　　　　　　　　　　∨

生年月日

2000　　　　　7月　　∨　　12日　　∨

お子様のアカウントを使用すると、プライバシーと安全性のために、保護者による制限を適用し、このデバイスの使用制限を設定できます。Family Safety アプリを使用して、これらの設定を管理できます。詳細については、https://aka.ms/family-safety-app をご覧ください

次へ

8 ［次へ］をクリックします。

補足

情報、ヒント、特典を受け取る

手順**5**の画面で「Microsoft 製品とサービスに関する情報、ヒント、特典を受け取ります。」をクリックしてチェックを付けると、Microsoft からサービス情報や特典のお知らせといったメールが届くようになります。

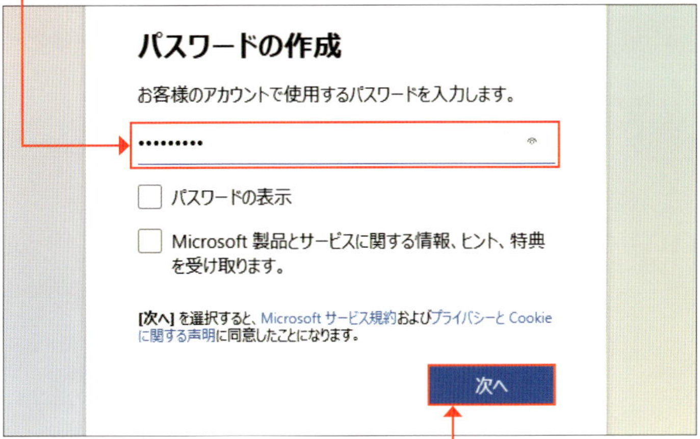

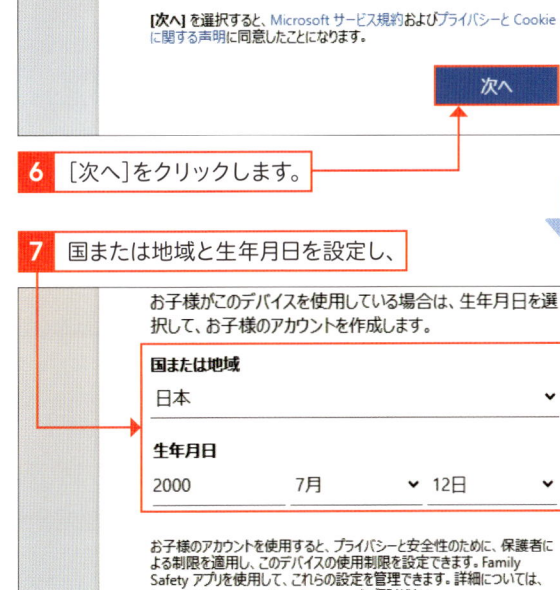

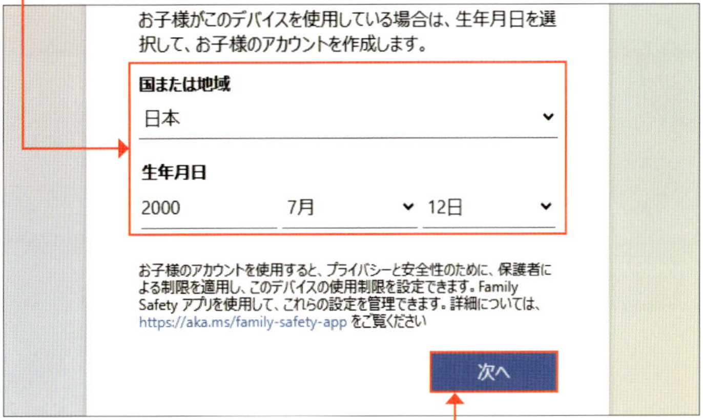

💬**解説**

「ロボットを倒すことに ご協力ください」とは

機械による不正なアカウント作成ではないことを証明するための操作です。画像と3Dモデルの向きを合わせるといったかんたんな問題が出題されます。

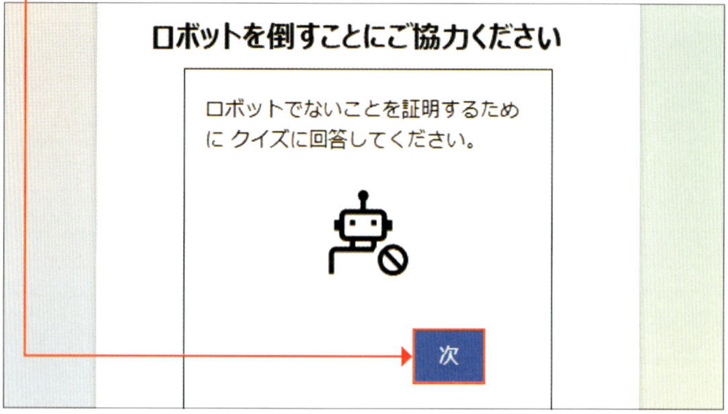

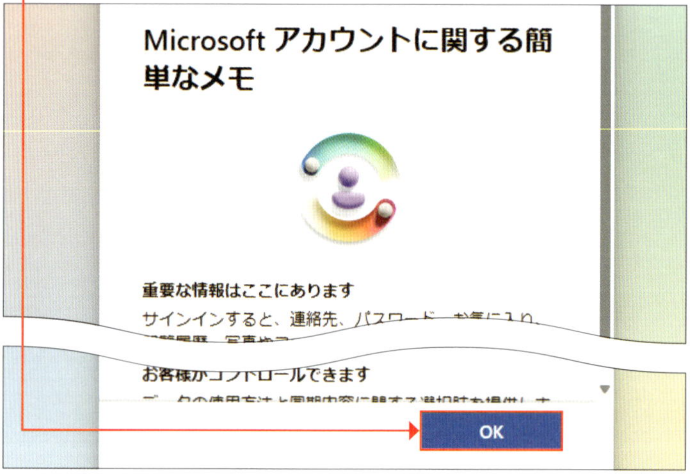

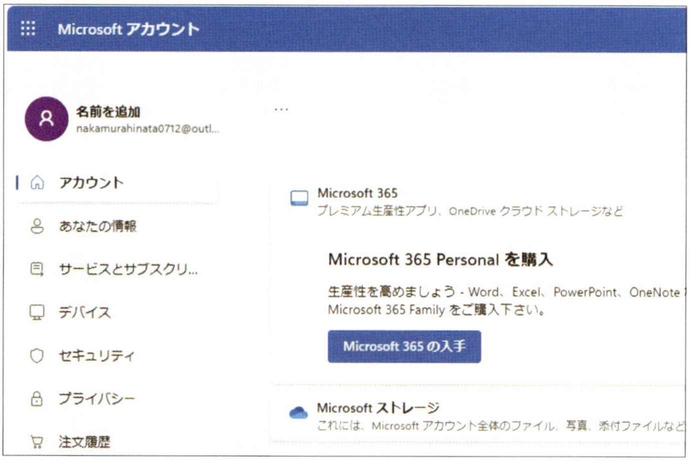

🔍**重要用語**

「Microsoft アカウント」画面

「Microsoft アカウント」画面は「https://account.microsoft.com」からアクセスできます。アカウントの情報や登録したサブスクリプション、ストレージなどを確認できます。

9 「ロボットを倒すことにご協力ください」と表示されたら、[次]をクリックして、画面の指示に従って証明を行います。

10 [OK]をクリックします。

11 アカウントの作成が完了すると、「Microsoft アカウント」画面が表示されます。

② Microsoftアカウントでサインインする

 補足

サインインするアカウント

ここでサインインするアカウントは、Windowsのサインインに使用するユーザーアカウントとは別のものでも可能です。使用環境によっては、すでにWindowsのユーザーアカウントでサインインされている場合もあります。

1 Webブラウザで「https://www.bing.com/chat」にアクセスし、[ログイン]をクリックして、

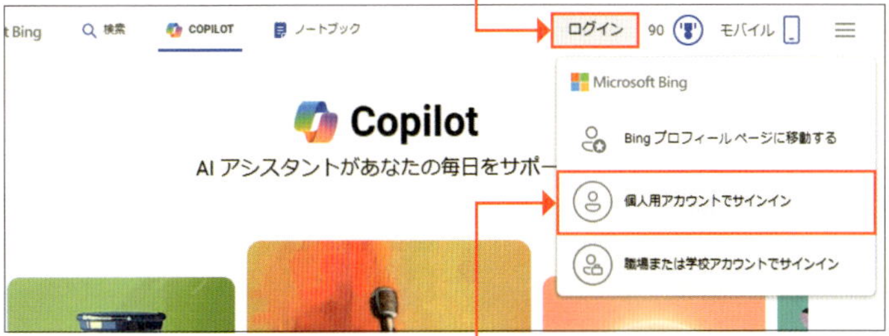

2 [個人用アカウントでサインイン]をクリックします。

3 アカウントのメールアドレスを入力し、

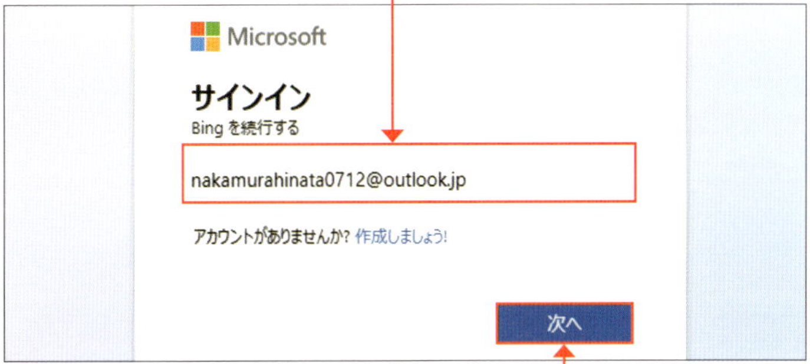

4 [次へ]をクリックします。

5 パスワードを入力し、

 補足

Webブラウザで利用できるCopilot

手順 **1** で表示される画面は、旧名称がBing Chatと呼ばれていたCopilotです。この画面からもCopilotを利用することができますが、本書では紹介を割愛しています。

6 [サインイン]をクリックします。「サインインの状態を維持しますか?」と表示されたら、[はい]か[いいえ]をクリックします。

Section

06 Copilotの画面構成を確認しよう

ここで学ぶこと

- Copilot
- 画面構成
- 各部名称

Copilotの画面は、プロンプト例、会話のスタイル、プロンプト入力欄で構成されています。ここでは、Copilot in WindowsとCopilot in Edgeの画面構成と各部名称を説明します。なお、環境によっては画面が本書とは異なる場合もあります。

1 Copilot in Windowsの画面構成

補足

Copilot in Windowsの画面が異なる場合もある

お使いのパソコンによっては、Copilotのアイコンがデスクトップの右下にあったり、表示される画面が本書とは異なる場合があります。本書では、2024年9月時点での最新の画面で解説を行っています。

Copilot in Windowsを起動する

1 タスクバーやスタートメニューの をクリックします。

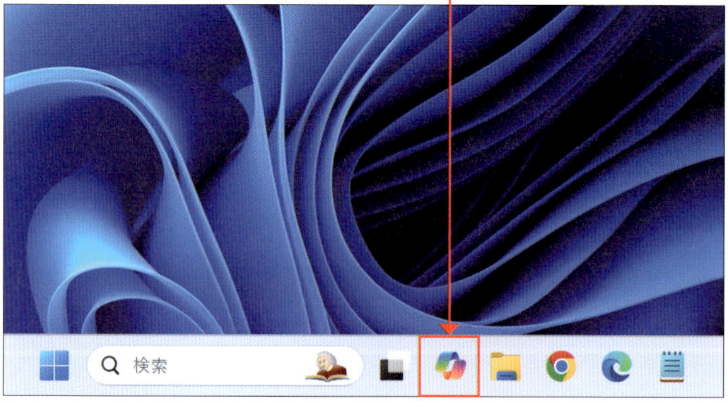

2 Copilot in Windowsが起動します。

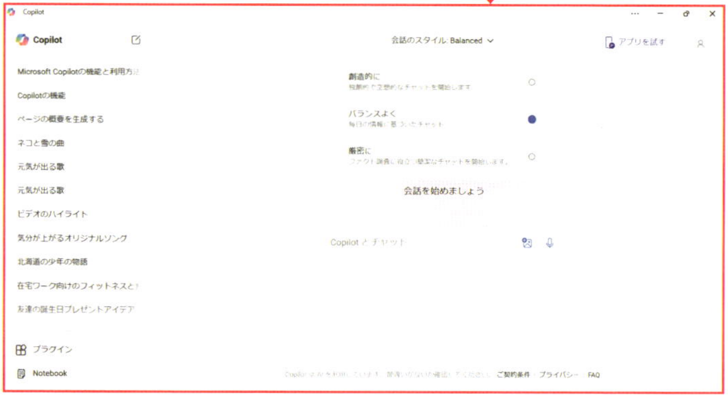

プロンプト入力前

❶新しいチャット	新規のチャットルームに切り替えることができます。話題を変えたい、会話のスタイルを変えたいといったときに使用されます。
❷最近のアクティビティ	チャットルームの一覧が表示されます。過去のチャットを見返したり、削除したりできます。
❸プラグイン	検索機能の強化などを行えるプラグインを選択できます。
❹会話のスタイル	会話のスタイルを「創造的に」「バランスよく」「厳密に」から選択できます。
❺プロンプト入力欄	プロンプトを入力できます。⬆をクリックすると送信されます。

プロンプト送信後

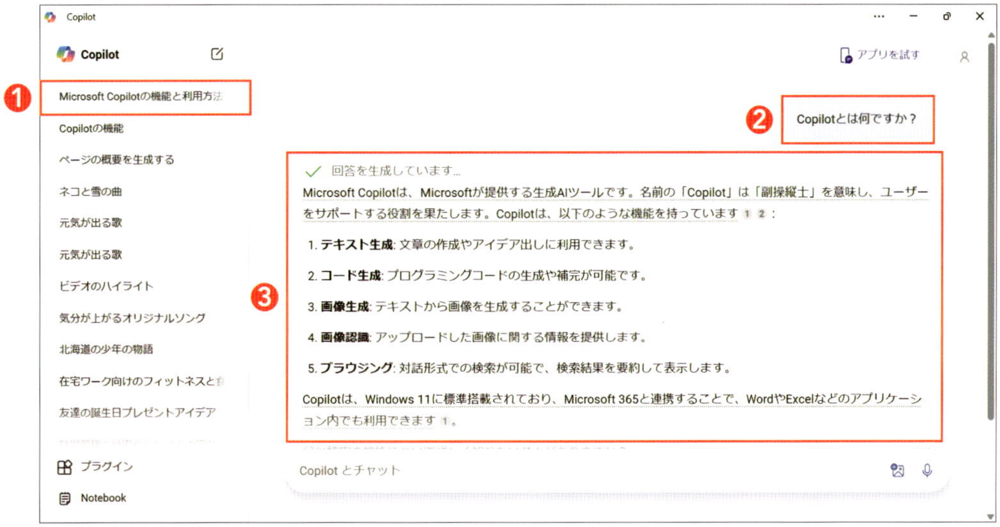

❶チャットルームのタイトル	会話内容に合わせたチャットルームのタイトルが表示されます。
❷送信したプロンプト	送信したプロンプトが表示されます。
❸Copilotからの回答	Copilotからの回答が表示されます。

2 Copilot in Edgeの画面構成

補足

Copilot in Windowsとの違い

パソコンのデスクトップからアクセスできるのが「Copilot in Windows」であるのに対し、「Copilot in Edge」はMicrosoft Edgeからアクセスします。Microsoft Edgeで表示したWebページについて質問できる、文章作成に特化した「作成」タブ（76ページ参照）が利用できるといった特徴があります。

Copilot in Edgeを起動する

1 Microsoft Edgeを起動し、

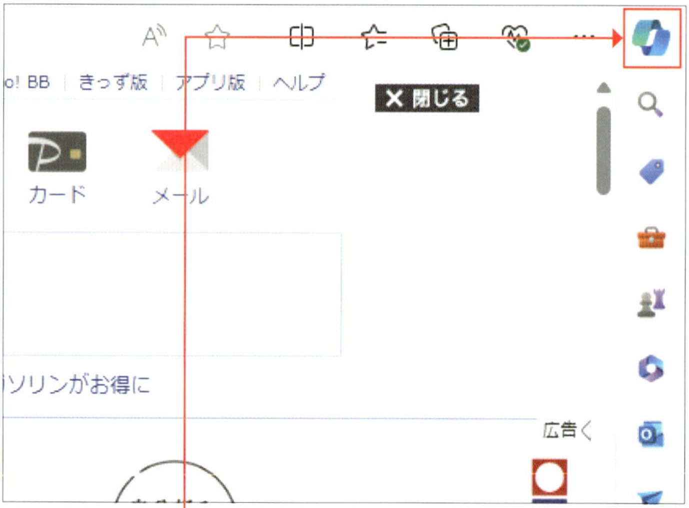

2 画面右上の をクリックします。

3 Copilot in Edgeが起動します。

補足

Copilot in Edgeを閉じるには

画面右上の をクリックすると、Copilot in Edgeを閉じることができます。

プロンプト入力前

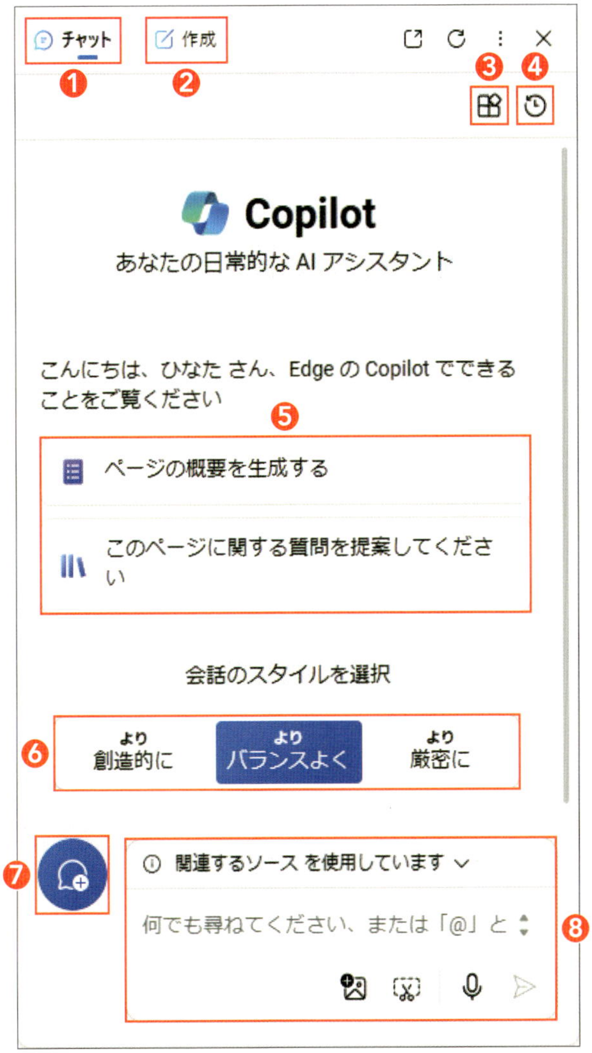

❶チャット	「チャット」画面を表示します。
❷作成	「作成」画面を表示します。長文の文章を生成したいときに使用されます。
❸プラグイン	検索機能の強化などを行えるプラグインを選択できます。
❹最近のアクティビティ	チャットが一覧表示されます。過去のチャットを見返したり、削除したりできます。
❺プロンプト例	クリックすると、そのプロンプトが送信され、回答が生成されます。表示しているWebページに関連したプロンプト例が表示されます。
❻会話のスタイル	会話のスタイルを「より創造的に」「よりバランスよく」「より厳密に」から選択できます。
❼新しいトピック	チャットルームを切り替えることができます。話題を変えたい、会話のスタイルを変えたいといったときに使用されます。
❽プロンプト入力欄	プロンプトを入力できます。➤をクリックすると送信されます。

プロンプト送信後

❶チャットルームのタイトル	会話の内容に合わせたチャットルームのタイトルが表示されます。
❷送信したプロンプト	送信したCopilotが表示されます。コピーや編集が可能です。
❸Copilotからの回答	Copilotからの回答が表示されます。

3 Copilot in Windowsのウィンドウサイズを変更する

解説

ウィンドウのサイズや表示位置は自由に変更可能

かつてのCopilot in Windowsでは、ウィンドウのサイズは変更できず、画面の表示位置は右端固定でしたが、現在ではウィンドウのサイズや表示位置は自由に変更できます。

Copilot in Windowsはウィンドウのサイズを変更することができます。横幅を狭くすることでチャットの履歴を表示しないようにしたり、Windows 11のスナップ機能でウィンドウを整理して並べたりすることが可能です。

1 Copilot in Windowsのウィンドウの上下左右にマウスカーソルを合わせ、

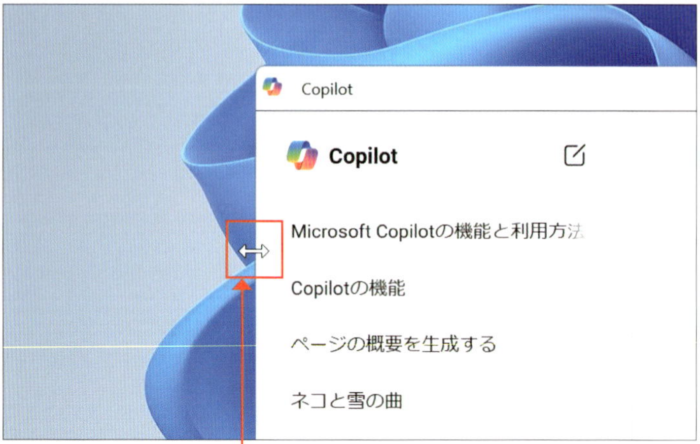

2 ↔が表示されたら、任意の位置までドラッグします。

3 Copilot in Windowsのウィンドウサイズが変更されます。

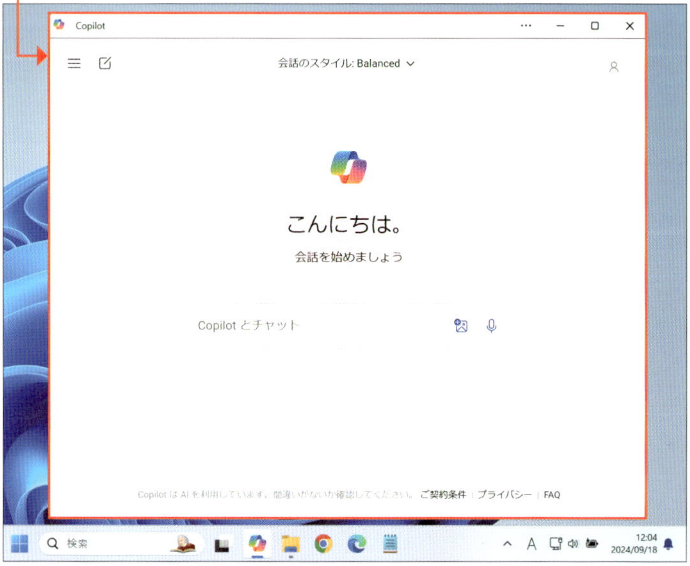

補足

チャットの履歴を表示するには

ウィンドウサイズを狭くしてチャットの履歴が表示されなくなった場合は、ウィンドウのサイズを広げるか、左上のメニューアイコン☰をクリックすると表示されます。

補足

スナップレイアウト機能は Windows 11のみ

Windows 10では本書の手順のようなスナップレイアウト機能は利用できません。

4 ウィンドウ右上の ⊡ にマウスポインターを合わせると、

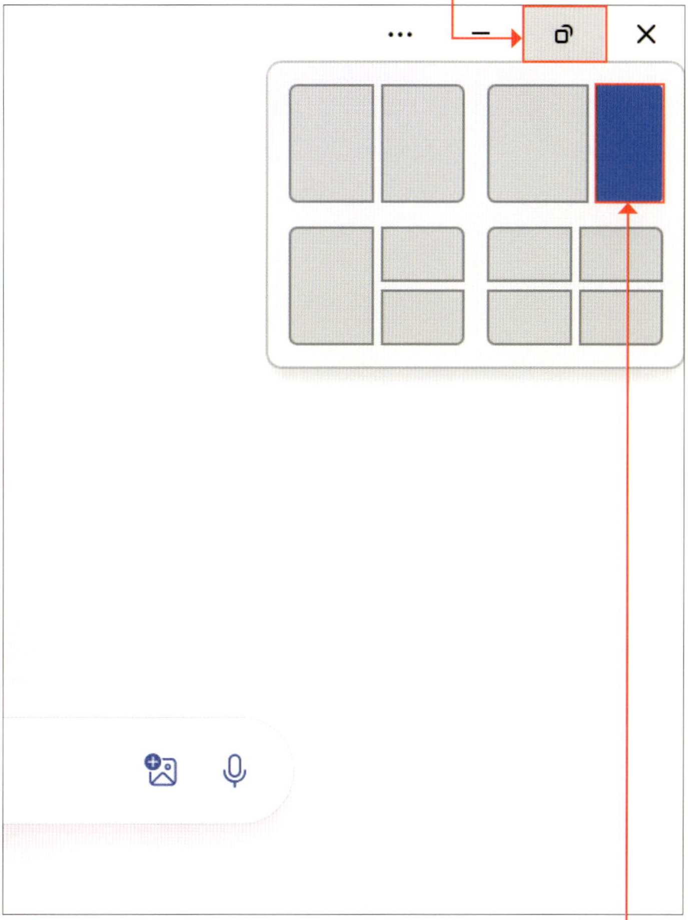

5 スナップレイアウトが表示されるので、配置したいレイアウト（ここでは右上レイアウトの右側）をクリックします。

6 ウィンドウが右端に配置（スナップ）されます。

ヒント

ほかのウィンドウを レイアウトする

複数のウィンドウを表示した状態でスナップレイアウト機能を利用する場合は、手順 **5** のあとに、配置箇所に表示したいウィンドウのサムネイルをクリックします。

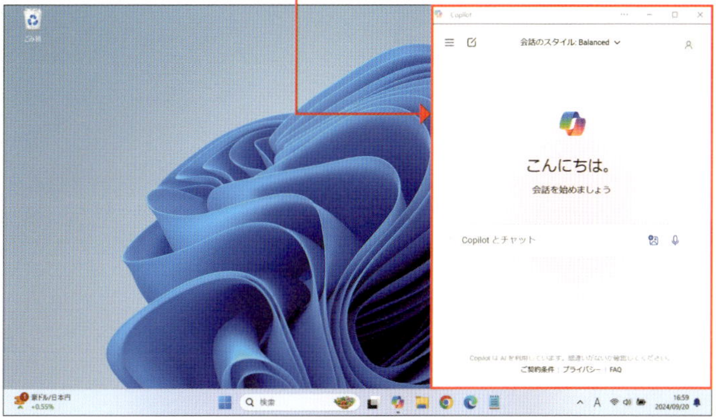

Section

07 Copilotを安全に使うために注意したいことは？

ここで学ぶこと

- 回答の正確性
- 個人情報
- 著作権侵害

Copilotはとても便利なツールですが、安全に利用するためには、「回答の正確性を確認する」、「個人情報を入力しない」「著作権侵害に気を付ける」といった、いくつか注意しなければならないポイントがあります。

1 Copilotを扱ううえでの注意点

Copilotを安全に扱うために以下の点を注意しましょう。

回答の正確性を確認する

Copilotが生成する回答はすべて正しいとは限りません。Copilotの回答をそのまま使ってしまうと、その回答が間違っていた場合、誤情報を広めてしまうことになります。Copilotは、どのサイトを参照して回答を生成したのかを「詳細情報」に紹介しています（35ページ参照）。回答が正確かどうか確認したいときは、「詳細情報」のリンクをクリックして、情報元のサイトを確かめるとよいでしょう。

個人情報を入力しない

Copilotはプロンプトとして送信された内容を学習しており、回答の精度を向上させるために利用しています。つまり、プロンプトとして送った内容が、ほかのユーザーのCopilotの回答として表示される可能性があります。個人情報や会社の機密情報などをCopilotに送らないようにしましょう。

著作権侵害に気を付ける

Copilotによって生成された文章や画像は、著作権を侵害していないとは言い切れません。「キャッチフレーズを考えてほしい」といったクリエイティブな要望も得意としているCopilotですが、Copilotが生成した創作物を使いたいときは、Webブラウザで検索するなどして既出のものではないか、第三者の著作物ではないかを確認してください。

注意

商用利用に気を付ける

無料プランのCopilotを利用しているユーザーは、Copilotが生成したイラストを商用利用することができません。個人利用の範囲に留めましょう。

第 2 章

Copilotに質問してみよう

Section

08 まずはシンプルにCopilotとおしゃべりしてみよう

ここで学ぶこと

- プロンプトの送信
- 回答の生成
- チャット

プロンプト入力欄に指示や質問を入力して、Copilotとおしゃべりをしてみましょう。プロンプトを入力すると、それに対する回答が生成され、チャット形式で表示されます。

1 Copilot in WindowsでCopilotに質問する

解説

会話のスタイルを選択する

会話のスタイルは3種類から選択できます。詳細は、40ページを参照してください。

ヒント

プロンプト入力欄内で改行する

プロンプト入力欄内で改行したい場合は、Shiftキーを押しながらEnterキーを押します。

1 タスクバーやスタートメニューの をクリックします。

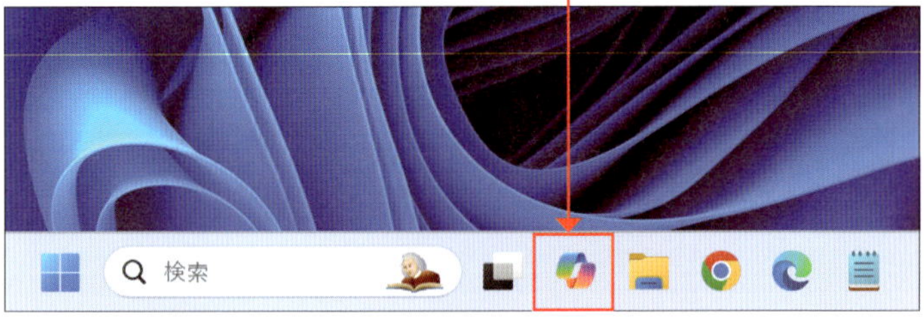

2 ［会話のスタイル］をクリックし、

3 「会話のスタイル」で任意のスタイル（ここでは、［バランスよく］）をクリックして選択します。

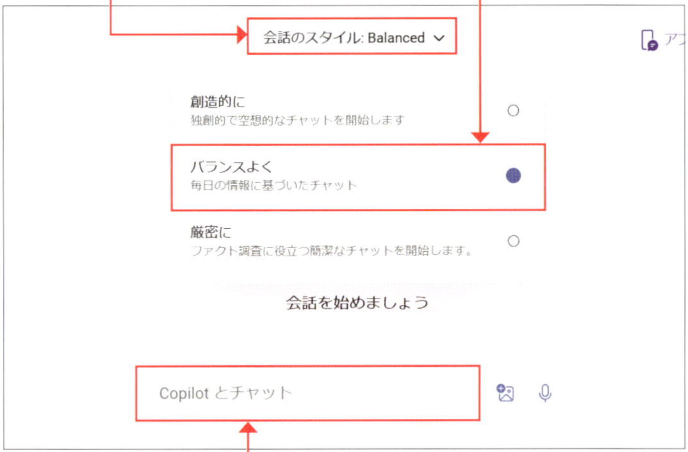

4 ［Copilotとチャット］をクリックします。

補足

 `Enter` キーを押してプロンプト
を送信する

手順**6**で↑をクリックするほかに、キ
ーボードの `Enter` キーを押すことでも
プロンプトを送信できます。

5 プロンプトを入力し、

6 ●をクリックします。

7 入力したプロンプトに対しての回答が生成されます。

8 生成が完了すると、詳細情報が表示されます。

解説

応答を停止する

手順**6**の画面で［応答を停止して］をク
リックすると、回答の生成が停止します。
回答の生成中は、プロンプトの送信や編
集ができないため、回答を中断してプロ
ンプトを変えたいときに使用します。

応用技

詳細情報を確認する

Copilotでは回答のあとに「詳細情報」が
表示されることがあります。これは、ど
のWebサイトを参照して回答が生成さ
れたのかを示すもので、クリックすると
そのWebサイトが表示されます。

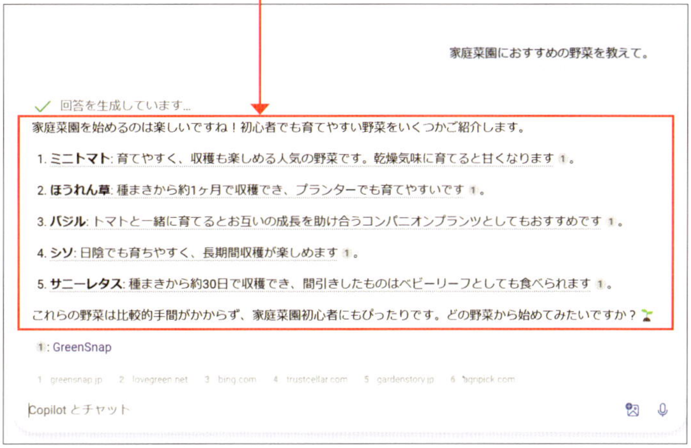

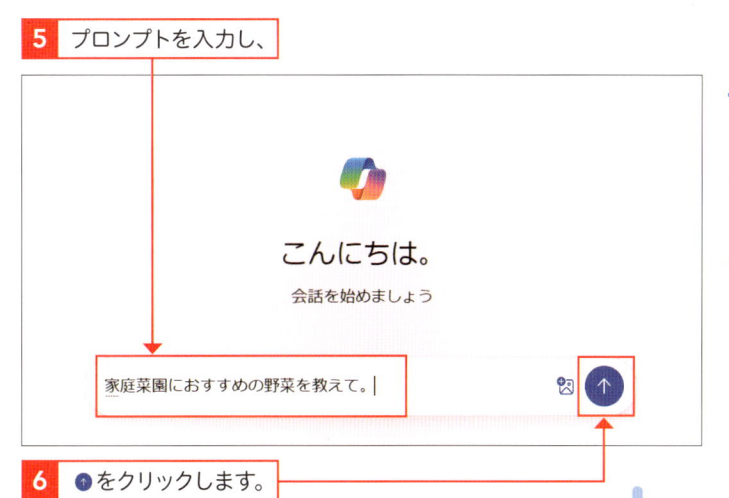

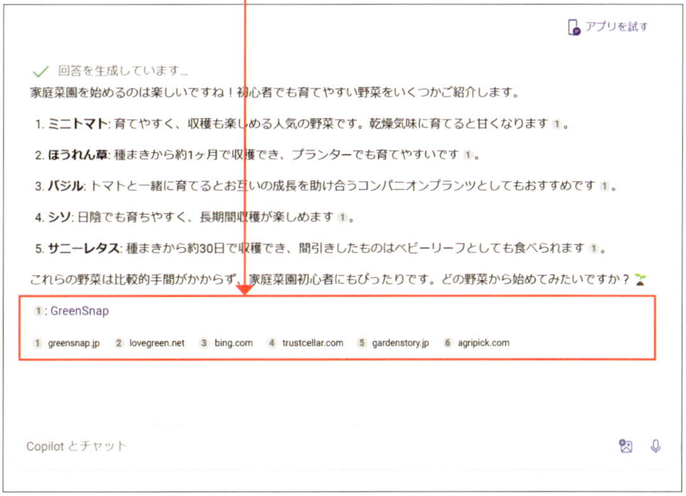

2 Copilot in EdgeでCopilotに質問する

解説

プロンプト例を活用する

Copiloti in Edgeでは表示しているWebページに合わせたプロンプト例が表示されています。クリックすると、そのプロンプトが送信され、回答が生成されます。

1 Microsoft Edgeを起動し、

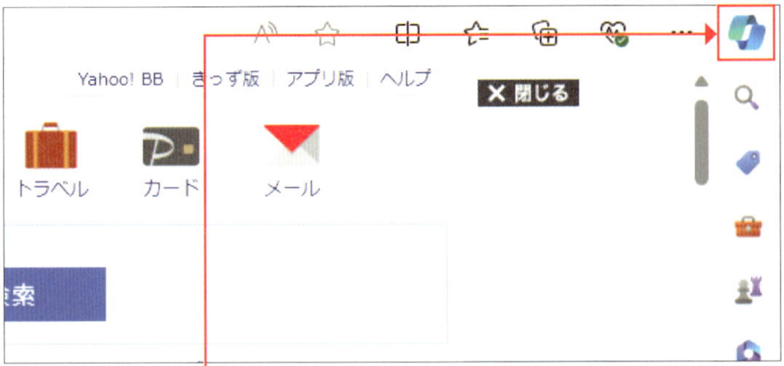

2 画面右上の をクリックします。

3 「会話のスタイルを選択」で任意のスタイル(ここでは、[よりバランスよく])をクリックして選択します。

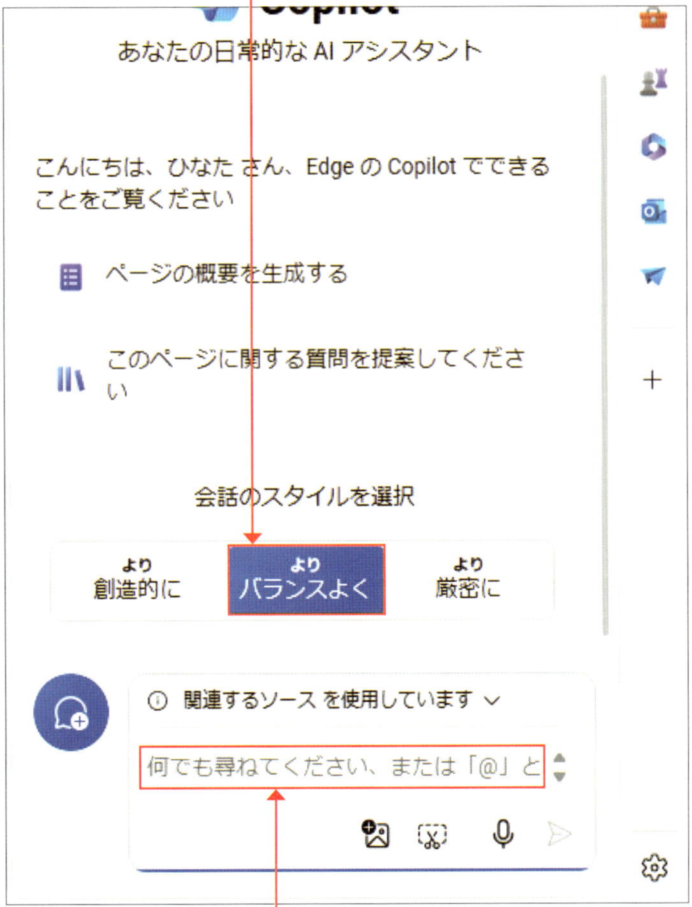

4 [何でも尋ねてください、…]をクリックします。

ヒント

プロンプト入力欄内で改行する

プロンプト入力欄内で改行したい場合は、Shiftキーを押しながらEnterキーを押します。

補足

[Enter]キーを押してプロンプト
を送信する

手順6で ➤ をクリックするほかに、キ
ーボードの[Enter]キーを押すことでもプ
ロンプトを送信できます。

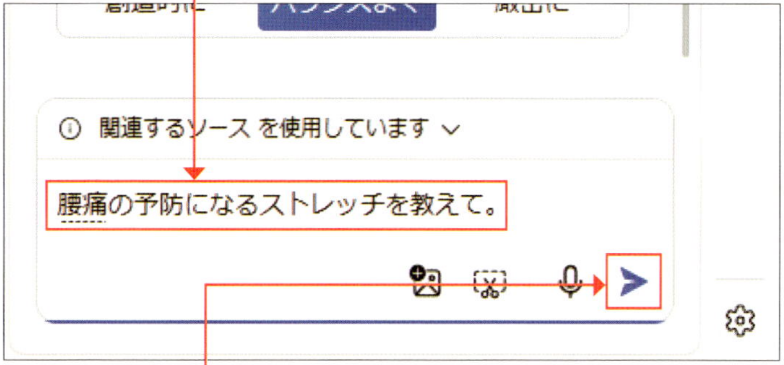

解説

応答を停止する

手順7の画面で[応答を停止して]をク
リックすると、回答の生成が停止します。
回答の生成中は、プロンプトの送信や編
集ができないため、回答を中断してプロ
ンプトを変えたいときに使用します。

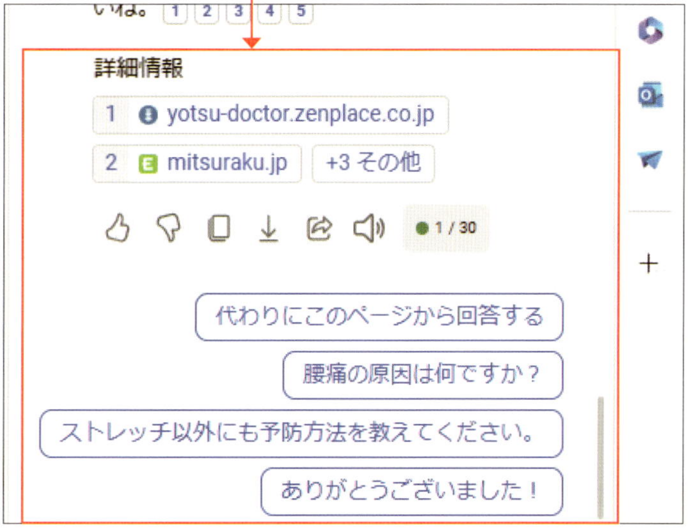

応用技

**プロンプト例を選択して
さらに質問する**

Copilot in Edgeでは、回答のあとにプ
ロンプト例がいくつか表示されます。ク
リックすることでプロンプトが送信さ
れ、続けて質問することができます

5 プロンプトを入力し、

6 ➤ をクリックします。

7 入力したプロンプトに対しての回答が生成されます。

8 生成が完了すると、「詳細情報」とプロンプト例が
表示されます。

Section 09

チャットの流れを楽しんで質問しよう

ここで学ぶこと

- チャットルーム
- 会話のスタイル
- プロンプトの修正

Copilotとのやり取りは、チャットルームで行われます。同じチャットルーム内であればやり取りした会話の内容は記憶されているため、前提となる説明を省いて続きだけを質問しても、文脈を理解した回答が生成されます。

1 チャットを続けながら質問する

重要用語

チャットルーム

Copilotとのやり取りは「チャットルーム」で行われます。同一のチャットルーム内では、Copilotとのやり取りが記憶されているため、前提になる説明を省いて質問しても、内容が理解され、回答が生成されます。話題や会話のスタイル（40ページ参照）を変えたいときはチャットルームを変えましょう。

補足

チャットを続けるメリット

最初のうちは、意図どおりの回答が生成されないことが多いので、チャットを続けてどんどん質問していくことで精度の高い回答が表示されます。具体的な質問の仕方は第3章を参照してください。

1 質問内容に関連するプロンプトを入力し、

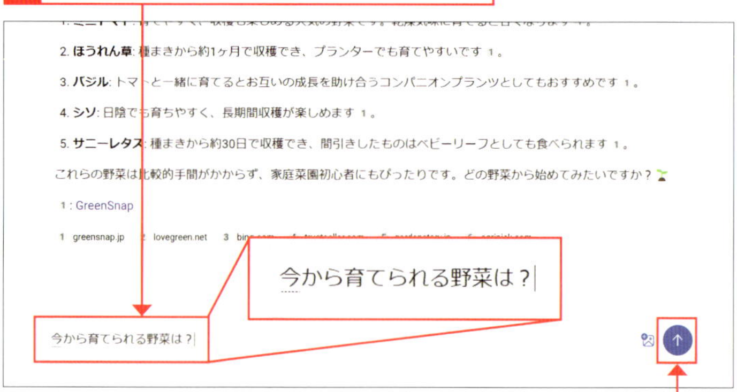

2 ●をクリックします。

3 流れに沿った回答が生成されます。

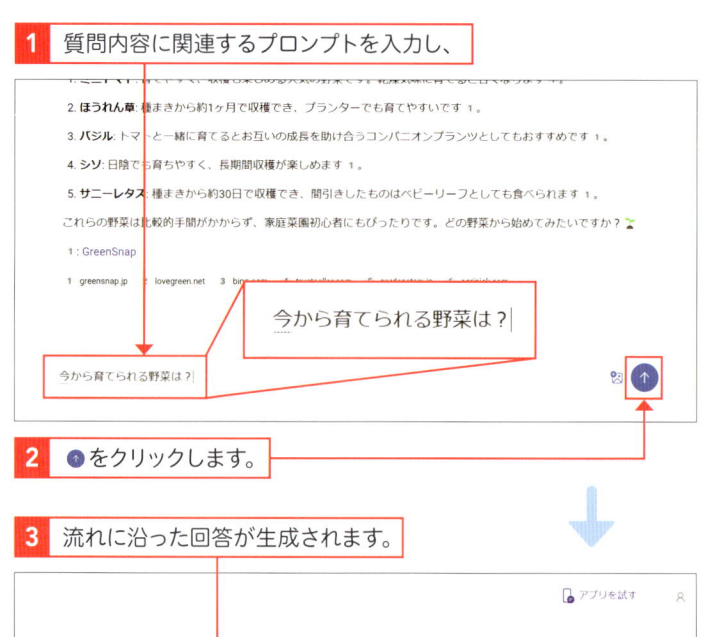

2 プロンプトを修正して再質問する

補足

Copilot in Edgeでは送信済みプロンプトの修正が可能

本書執筆時点（2024年9月）では、Copilot in Edgeでのみ送信済みプロンプトの修正が可能です。

1 修正したいプロンプトにマウスポインターを合わせ、

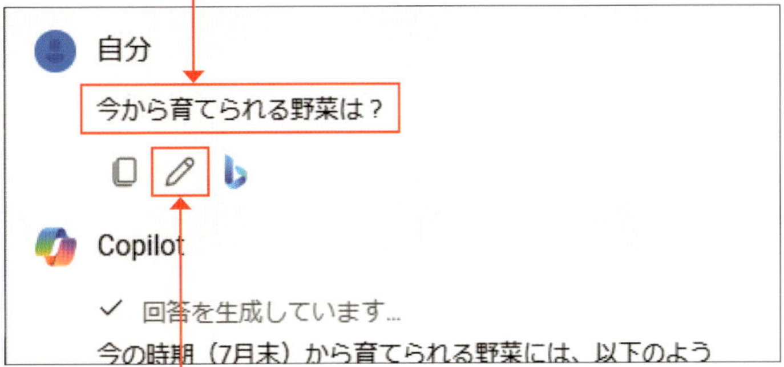

2 表示される ✎ をクリックします。

3 プロンプトを修正し、

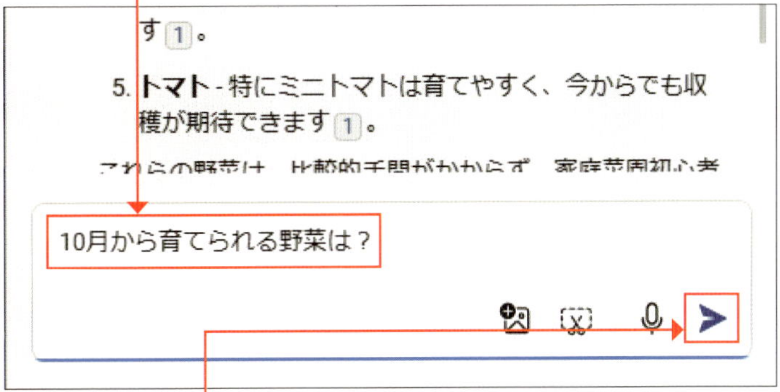

4 ➤ をクリックします。

5 修正したプロンプトに対しての回答が生成されます。

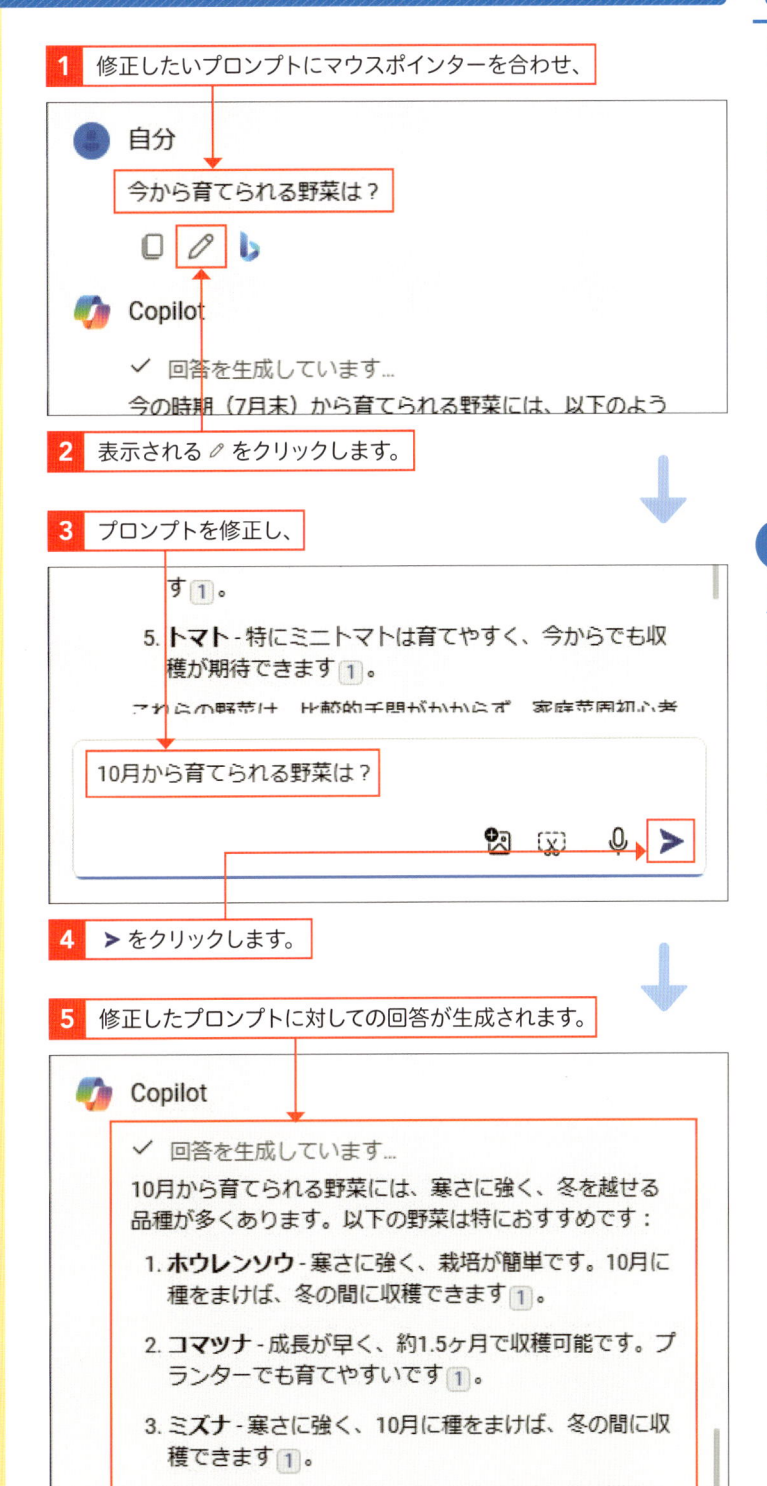

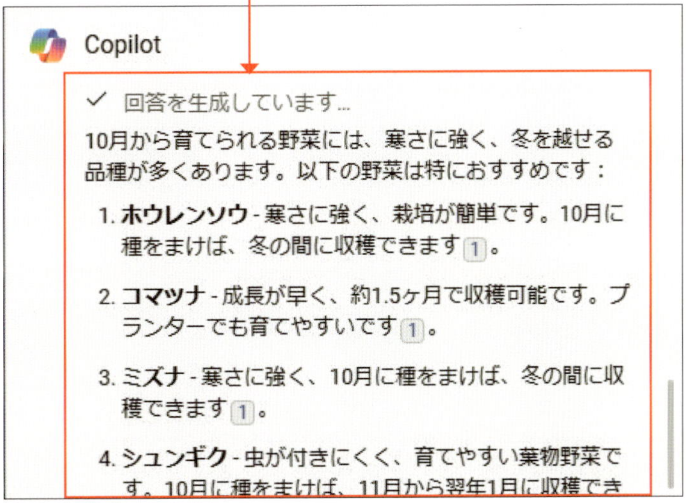

Section 10

会話のスタイルを変更してみよう

ここで学ぶこと

- 会話のスタイル
- よりバランスよく
- より厳密に

Copilotでは、会話のスタイルが3種類用意されています。どのような回答を得たいか、何を重視するかなどから選択しましょう。なお、会話のスタイルは1つのチャットルームに対し、1つしか選べません。

1 会話のスタイルとは

補足

Copilot in Edgeでの会話スタイル

Copilot in Edgeでは、「創造的に」「バランスよく」「厳密に」はそれぞれ「より創造的に」「よりバランスよく」「より厳密に」と表示されています。内容はCopilot in Windowsの場合と同じです。

Copilotでは、3種類の会話のスタイルが用意されており、プロンプトの内容や用途によって使い分けることができます。アイデア出しなどクリエイティブなプロンプトのときは「創造的に」、記事や最新の情報に基づく正確な情報が知りたいときは「厳密に」を選ぶといった使い方がされています。

また、会話のスタイルによってプロンプトに入力できる最大文字数も異なり、「バランスよく」は4,000文字、「創造的に」と「厳密に」は8,000文字となっています。

なお、1つのチャットルームに1つの会話のスタイルを選択することになるため、やり取りの途中で会話のスタイルを切り替えることはできません。会話のスタイルの変えたいときは、新しいチャットルームを作成する必要があります。

会話のスタイルの特徴

会話のスタイル	特徴
創造的に	オリジナルで想像力に富んだ回答を得られます。ユニークなアイデアや新しい視点を求める場合に適しています。
バランスよく	豊富な情報と親しみやすいチャットで回答が生成されます。クリエイティビティと厳密さのバランスが取れており、一般的な会話に最適です。
厳密に	簡潔で単刀直入な回答が提供されます。具体的で正確な情報を求める場合に適しています。

② 会話のスタイルを変更する

**一度変更するとその会話の
スタイルが引き継がれる**

一度、会話のスタイルの変更すると、新しいチャットルームを作成したあともその会話のスタイルが選択された状態になっています。「少し使うだけのつもりだった」などであれば、忘れずにもとの会話のスタイルに戻しましょう。

1 ［会話のスタイル］
をクリックし、

2 任意の会話のスタイル（ここでは、
［創造的に］）をクリックして選択します。

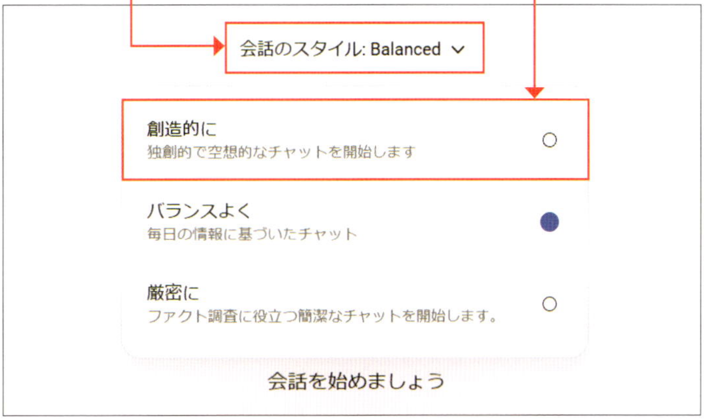

3 会話のスタイルが変更されます。

4 プロンプトを入力して、↑ をクリックします。

5 会話のスタイルを変えたいときは、✏ をクリックして、新しいチャットルームを作ります。

補足

**Copilot in Edgeでは
色も変わる**

Copilot in Edgeの場合、会話のスタイルをクリックすると新しいチャットルームに切り替わります。その際、インターフェイスの色も変わります。

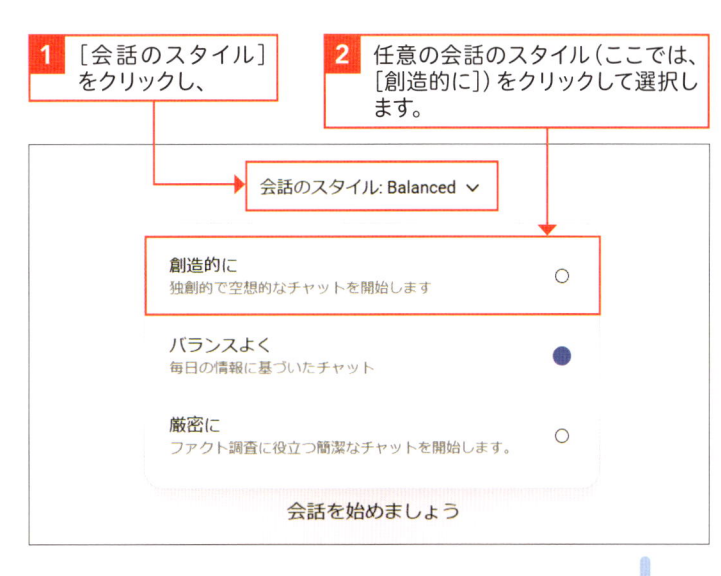

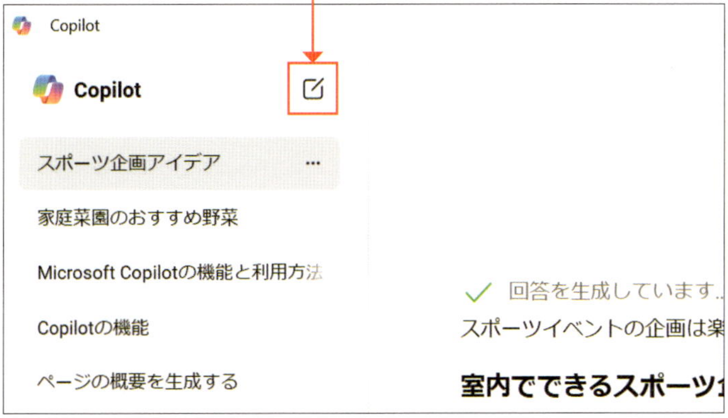

11 写真を使って質問してみよう

ここで学ぶこと

・画像のアップロード
・ドラッグ&ドロップ
・写真について質問

Copilotでは、写真をアップロードしてその写真について質問をすることができます。「写真の中の植物の名前が知りたい」といった、調べるのが難しそうなことでも、チャット形式でCopilotに聞けます。

① 写真をアップロードして質問する

補足

**ドラッグ&ドロップ
でアップロードする**

プロンプト入力欄に、写真のファイルをドラッグすると、「画像をここにドロップします」と表示されます。そのまま、ドロップすると、43ページ手順 **5** のように、添付された状態になります。

補足

Copilot in Edgeでスクリーンショットについて質問する

Copilot in Edgeの使用中にプロンプト入力欄の をクリックしてスクリーンショットを撮りたい範囲をクリックかドラッグで選択し、 ✓ をクリックするとプロンプトにスクリーンショットが添付された状態になります。

1 📷 をクリックし、

2 [このデバイスからアップロード]をクリックします。

3 アップロードしたい写真をクリックして選択し、

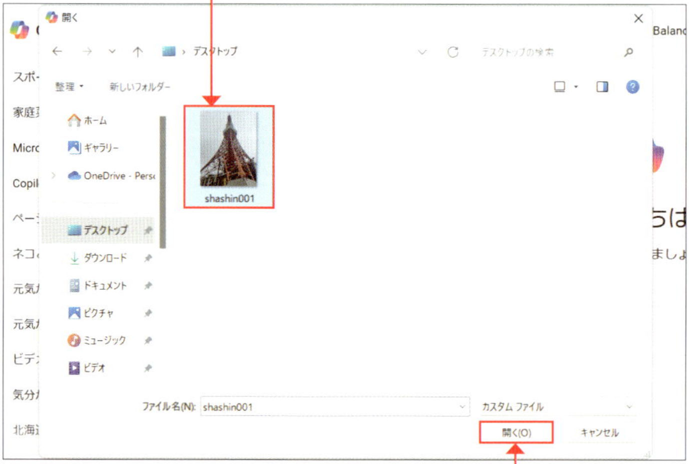

4 [開く]をクリックします。

補足

写真が添付された状態になる

写真データをアップロードすると、プロンプト入力欄に写真が小さく表示されます。これは写真が添付された状態です。

5 写真についての質問を入力し、

会話のスタイル: Balanced
こんにちは。
会話を始めましょう
この建物はなに？
Copilot は AI を利用しています。間違いがないか確認してください。 ご契約条件 | プライバシー | FAQ

6 ⬆をクリックします。

7 写真についての回答が生成されます。

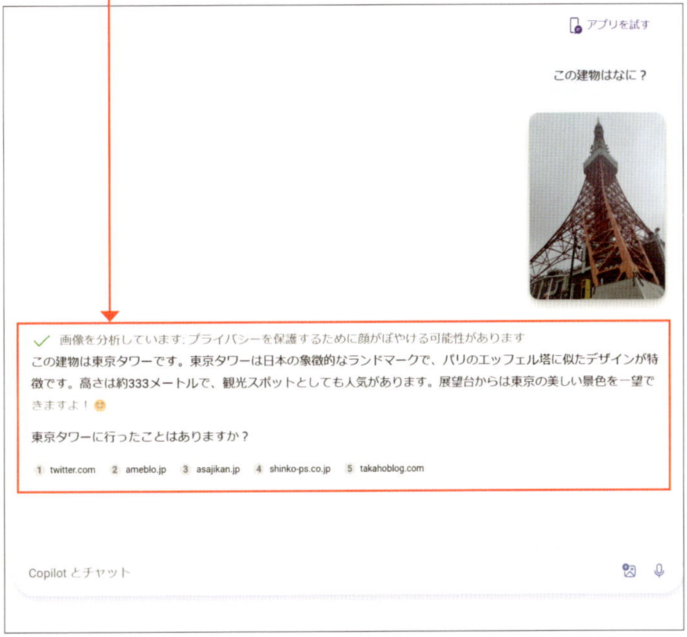
アプリを試す
この建物はなに？
画像を分析しています: プライバシーを保護するために顔がぼやける可能性があります
この建物は東京タワーです。東京タワーは日本の象徴的なランドマークで、パリのエッフェル塔に似たデザインが特徴です。高さは約333メートルで、観光スポットとしても人気があります。展望台からは東京の美しい景色を一望できますよ！
東京タワーに行ったことはありますか？
1 twitter.com 2 ameblo.jp 3 asajikan.jp 4 shinko-ps.co.jp 5 takahoblog.com
Copilot とチャット

補足

画像をダウンロードする

アップロードした画像は、右クリックして[名前を付けて画像を保存]をクリックすることで保存できます。

Section

12 音声入力で質問してみよう

ここで学ぶこと

- 音声入力
- マイクを使用する
- スピーキング

音声入力を使ってプロンプト入力欄に指示を入力することができます。会話を使ったCopilotとのやり取りを始めましょう。手が離せない状況で役立つほか、英会話などのスピーキングの練習などにも使えます。

1 音声入力で質問する

補足

音声入力への回答は音声で再生される

音声入力を使って入力したプロンプトへの回答は、音声で再生されます。

1 🎙 をクリックします。

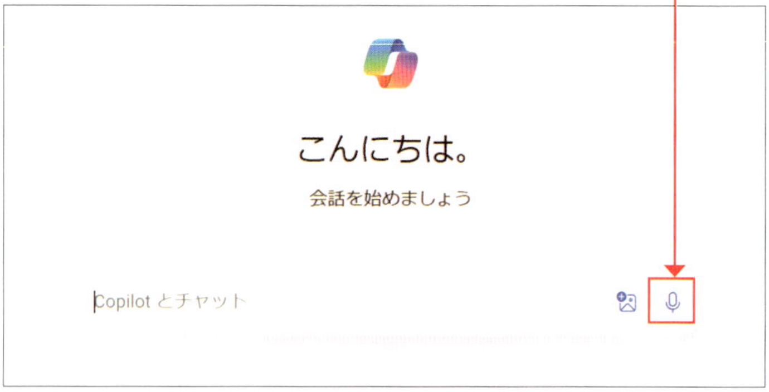

2 許可画面が表示されたら、[許可]をクリックします。

補足

聞き取りを停止する

音声入力中に 🎤 をクリックすると、聞き取りを停止することができます。

3 「聞いています…」と表示されたら、パソコンのマイクに向けてプロンプト内容を話します。

4 入力後、一定時間経つと ⬆ をクリックしなくてもプロンプトが送信されます。

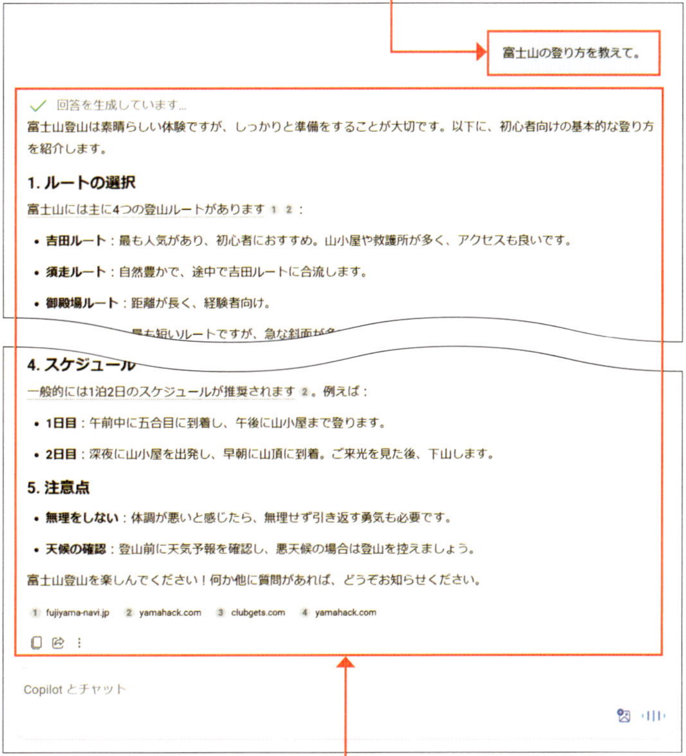

5 回答が生成され、音声でも読み上げられます。

Section 13

表示しているWebページについて質問してみよう

ここで学ぶこと

- Webページの要約
- 質問の提案
- Webページの翻訳

Copilot in Edgeでは、表示しているWebに合わせたプロンプト例が表示され、クリックすることでプロンプトが送信されます。もちろん、直接プロンプトを入力して要約や翻訳などの指示を行うことも可能です。

1 Webページを要約してもらう

注意

WebページはMicrosoft Edgeで表示する

Webページについて質問したいときは、Microsoft Edgeで該当のページを表示してください。Google Chromeなどのほかのwebブラウザには対応していません。また、Copilotの操作は、Copilot in Edgeで行ってください。

1 Microsoft Edgeで質問したいWebページを表示し、

こんにちは、ひなた さん、Edge の Copilot でできることをご覧ください
ページの概要を生成する
このページに関する質問を提案してください
会話のスタイルを選択

2 Copilot in Edgeのプロンプト例から［ページの概要を生成する］をクリックします。

3 Webページの概要が生成されます。

Copilot
すべての Micro... を使用しています
ページで情報を検索しています
こちらのページの概要です：
オンライン保護: Microsoft Defender による脅威の監視、リアルタイムのアラート、専門家のガイダンスでオンラインの安全を確保。

② Webページに対する質問を提案してもらう

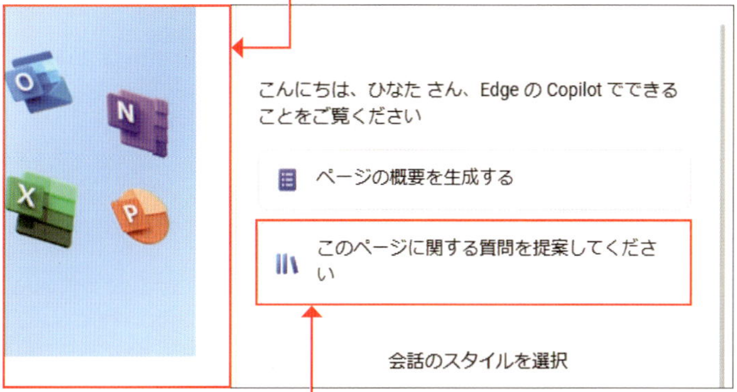

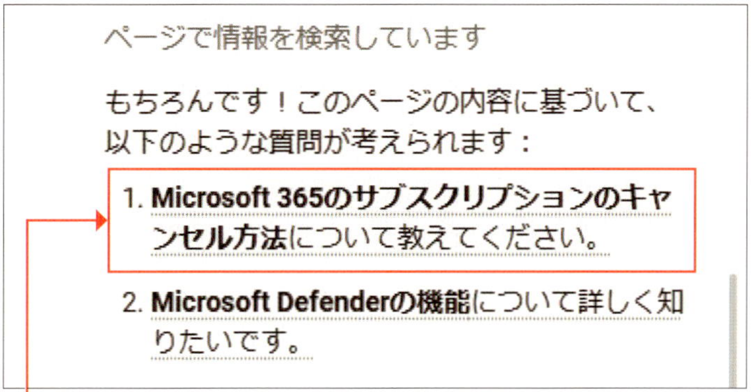

 補足

プロンプト例が
表示されないとき

表示しているWebページによってプロンプト例が異なるため、「ページの概要を生成する」が表示されない場合もあります。そういったときはプロンプト入力欄に直接入力することで回答を生成できます。

1 Microsoft Edgeで質問したいWebページを表示し、

こんにちは、ひなた さん、Edge の Copilot でできることをご覧ください

📋 ページの概要を生成する

📚 このページに関する質問を提案してください

会話のスタイルを選択

2 プロンプト例から [このページに関する質問を提案してください] をクリックします。

3 質問例が生成されます。

ページで情報を検索しています

もちろんです！このページの内容に基づいて、以下のような質問が考えられます：

1. **Microsoft 365のサブスクリプションのキャンセル方法**について教えてください。

2. **Microsoft Defenderの機能**について詳しく知りたいです。

4 任意の質問をクリックします。

5 プロンプトが送信され、回答が生成されます。

 補足

質問の対象を変更する

「関連するソースを使用しています」をクリックすることで、質問の対象となるサイトを変更できます。

👤 **自分**

Microsoft 365のサブスクリプションのキャンセル方法について教えてください。

Copilot は、コンテキストの手掛かりを使用して回答しています。 設定の管理

3 Webページを翻訳してもらう

ヒント

Webページを指定する

Webページについての質問ができないときは、プロンプトに「Microsoft Edgeで表示しているWebページについて」などの単語を含めてください。

補足

Copilotがサポートしている言語

日本語、英語、中国語など、Copilotは20を超える言語に対応しています。

応用技

選択した単語について質問する

Webサイトの表示中に単語をドラッグで選択して右クリックし、[Copilotに質問する]をクリックすると、その単語についてCopilotが回答してくれます。

1 Microsoft Edgeで翻訳したいWebページを表示して、翻訳の指示を入力し、

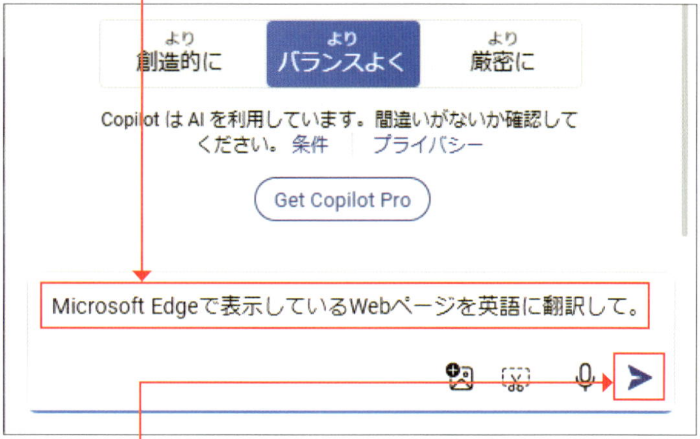

2 ➤ をクリックします。

3 翻訳が生成されます。要約して表示されることもあります。

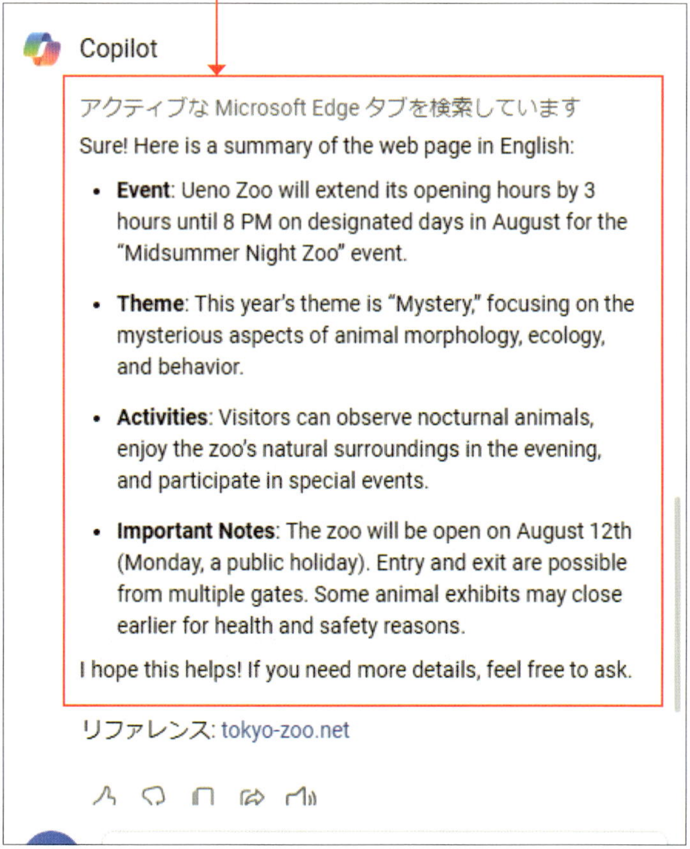
Copilot
アクティブな Microsoft Edge タブを検索しています
Sure! Here is a summary of the web page in English:
• Event: Ueno Zoo will extend its opening hours by 3 hours until 8 PM on designated days in August for the "Midsummer Night Zoo" event.
• Theme: This year's theme is "Mystery," focusing on the mysterious aspects of animal morphology, ecology, and behavior.
• Activities: Visitors can observe nocturnal animals, enjoy the zoo's natural surroundings in the evening, and participate in special events.
• Important Notes: The zoo will be open on August 12th (Monday, a public holiday). Entry and exit are possible from multiple gates. Some animal exhibits may close earlier for health and safety reasons.
I hope this helps! If you need more details, feel free to ask.
リファレンス: tokyo-zoo.net

4 Copilot in WindowsでWebページを翻訳してもらう

補足

Webページの要約も可能

「次のWebページを要約して」のように指示して、Webページを要約してもらうことも可能です。

1 Copilot in Windowsを起動し、翻訳したいWebページのURLと翻訳の指示を入力し、

2 ⬆ をクリックします。

3 Webページの翻訳が生成されます。

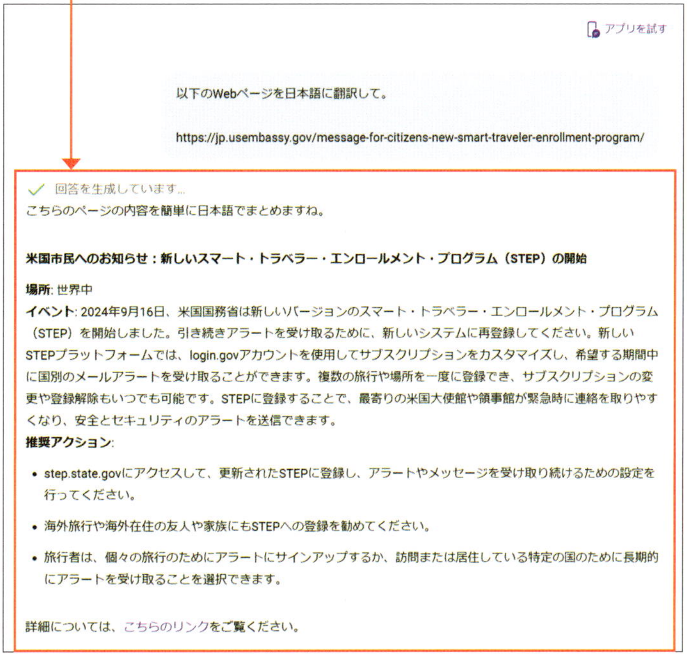

補足

翻訳できない場合もある

Webページによっては、著作権の関係で翻訳や要約ができない場合もあります。

Section

14 PDFを要約してもらおう

ここで学ぶこと

- Copilot in Edge
- Microsoft Edge
- PDF

Copilot in Edgeであれば、PDFをドラッグ＆ドロップで表示することで、プロンプトから内容について質問することができます。PDFを要約したいときや、内容について深掘りしたいときにおすすめです。

1 PDFを要約してもらう

重要用語

PDF

PDF（Portable Document Format）とは、データを実際に紙に印刷したときの状態で保存できるファイル形式です。

1 Microsoft Edgeを起動し、PDFファイルをMicrosoft Edgeにドラッグ＆ドロップします。

2 Microsoft Edge上でPDFが表示されます。

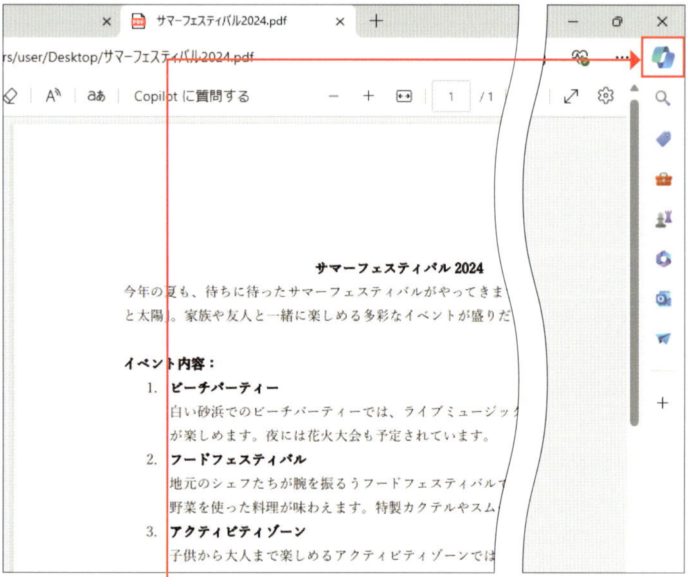

3 をクリックします。

ヒント

プロンプト例から質問する

Microsoft EdgeでPDFを表示すると、Copilot in Edgeに[ドキュメントの概要を生成する]といったプロンプト例が表示されます。それをクリックすることでもPDFの要約を確認できます。なお、アクセス権のないファイルやページ数の多いファイル、複雑なレイアウトのファイルは要約できない場合があります。

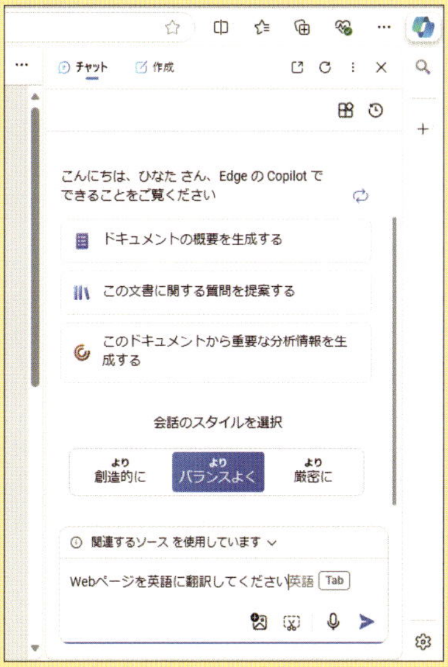

応用技

WordやExcelの場合

WordやExcelのファイルについて質問したいときは、ファイルをWord、ExcelでPDF形式で保存してから同様の操作を行います。

4 Copilot in Edgeが表示されるので、PDFについての質問を入力し、

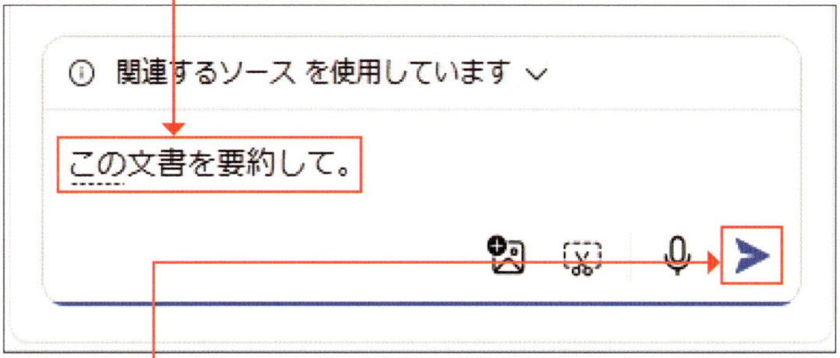

関連するソース を使用しています
この文書を要約して。

5 ➤をクリックします。

6 許可画面が表示されたら、[許可]をクリックします。

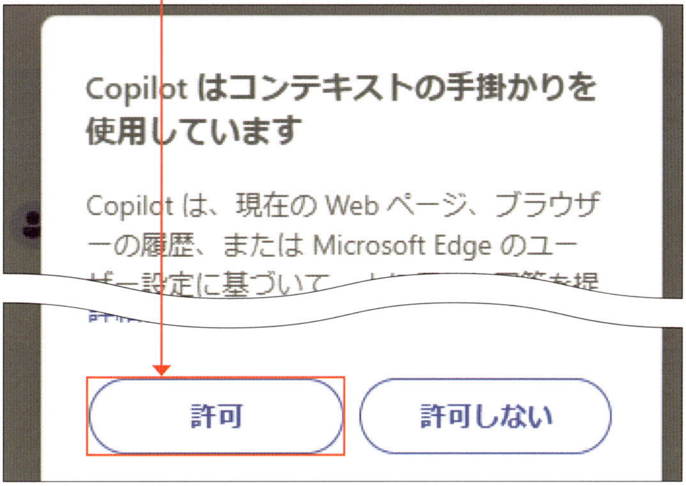

Copilot はコンテキストの手掛かりを使用しています
Copilot は、現在の Web ページ、ブラウザーの履歴、または Microsoft Edge のユー
許可
許可しない

7 回答が生成されます。

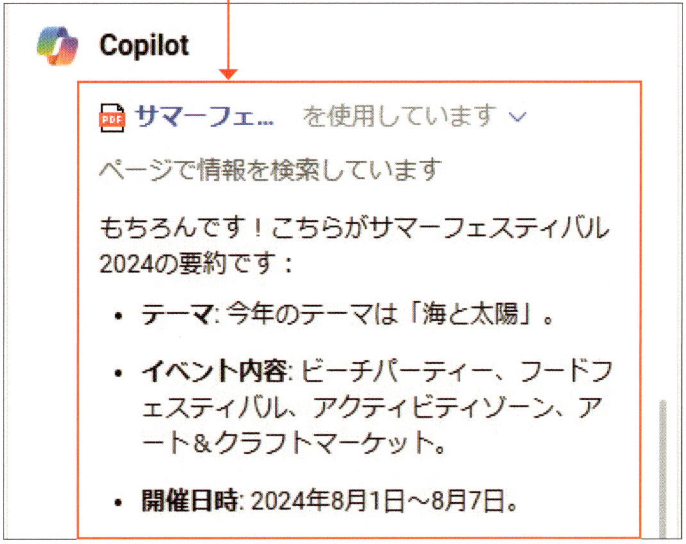

Copilot
サマーフェ… を使用しています
ページで情報を検索しています
もちろんです！こちらがサマーフェスティバル2024の要約です：
• テーマ: 今年のテーマは「海と太陽」。
• イベント内容: ビーチパーティー、フードフェスティバル、アクティビティゾーン、アート&クラフトマーケット。
• 開催日時: 2024年8月1日～8月7日。

Section

15 文章だけで画像を生成してみよう

ここで学ぶこと

- 画像の生成
- 画像のダウンロード
- 画像の修正

Copilotの強みの1つは画像を生成できるという点です。生成したい画像のイメージを文字に起こし、Copilotに伝えてみましょう。画像は4種類出力され、ダウンロードすることも可能です。

1 文章から画像を生成する

補足

具体的なイメージがあるとより精度が高くなる

画像のイメージが具体的にある場合は、できるだけに文字に起こして入力するとより精度の高い画像が生成されます。Copilotは、箇条書きのプロンプトでも対応できます。

補足

画像生成の制限

無料版のCopilotでは1日15回まで画像を生成できます。また、著作権や倫理的な点から、指定した画像が生成されないこともあります。

1 画像のイメージと画像の生成を指示するプロンプトを入力し、

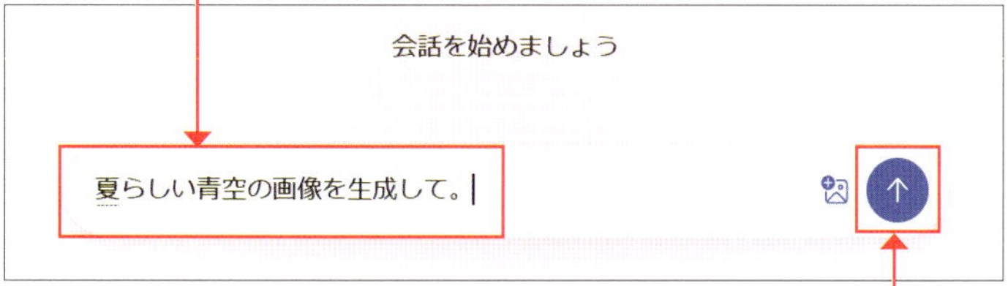

2 ⬆をクリックします。

3 4種類の画像が生成されます。

4 画像をクリックします。

画像の保存先

ダウンロードした画像は、「ダウンロード」フォルダーに保存されます。

5 Microsoft Edgeで、画像が拡大表示されます。

6 [ダウンロード]をクリックすると、画像をダウンロードできます。

② 画像を修正する

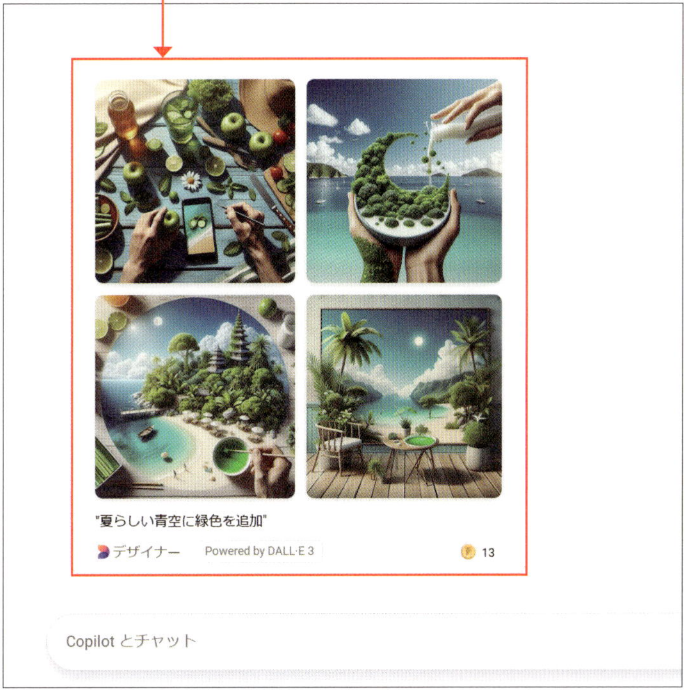

もとの画像から修正できる

同一のチャットルーム内であれば、Copilotはやり取りした内容を記憶しているため、画像の修正指示を送った場合でも、もとの画像から修正されます。

1 画像に追加したい要素を入力し、

緑色を追加して。

2 ➤ をクリックします。

3 修正された画像が生成されます。

"夏らしい青空に緑色を追加"

「Image Creator」画面を確認する

手順**3**の画面で[デザイナー]をクリックすると、「Image Creator」画面が表示され、これまでに生成した画像を確認できます。

Copilot とチャット

Section 16

生成された回答をPDFで保存しよう

ここで学ぶこと

- PDFで保存
- Wordで保存
- 「ダウンロード」フォルダー

Copilot in Edgeでは、生成された回答をPDFファイルで保存することができます。ほかにも、WordファイルやテキストファイルでWordファイルやテキストファイルで保存することも可能です。ファイルは「ダウンロード」フォルダーに保存されます。

1 生成された回答をPDFで保存する

1 Copilot in Edgeで保存したい回答を表示し、

2 ↓をクリックします。

3 ［PDF］をクリックすると、回答をPDFファイルで保存できます。

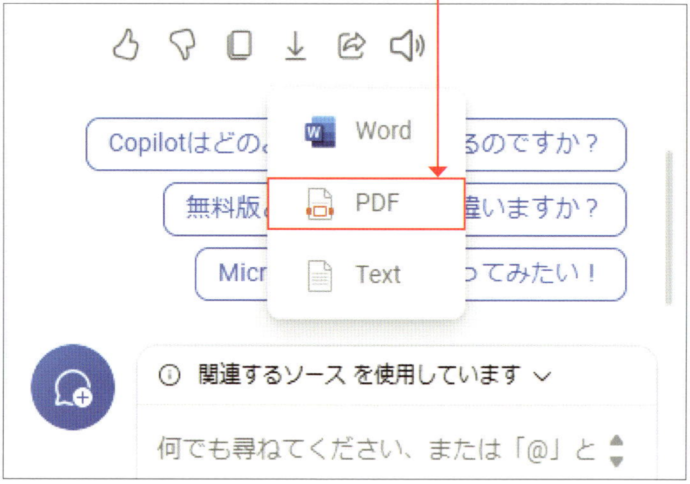

補足

Wordファイルやテキストファイルで保存する

手順**3**の画面で、［Word］をクリックするとWordファイルで、［Text］をクリックするとテキストファイルで保存できます。

補足

「ダウンロード」フォルダーで確認できる

ここで保存した回答は「ダウンロード」フォルダーにあります。ファイル名は「Answer」になっています。

第 3 章

Copilotで回答をうまく引き出す質問方法を学ぼう

17 回答がイマイチだったら 質問のしかたを変えてみよう

ここで学ぶこと

・プロンプト
・具体的で簡潔
・条件指定

Copilotからの回答がイマイチだった場合は、プロンプトの内容を見直しましょう。同じ内容でも質問のしかたを変えることで、回答が変わり精度が上がることがあります。

① 具体的で簡潔に質問する

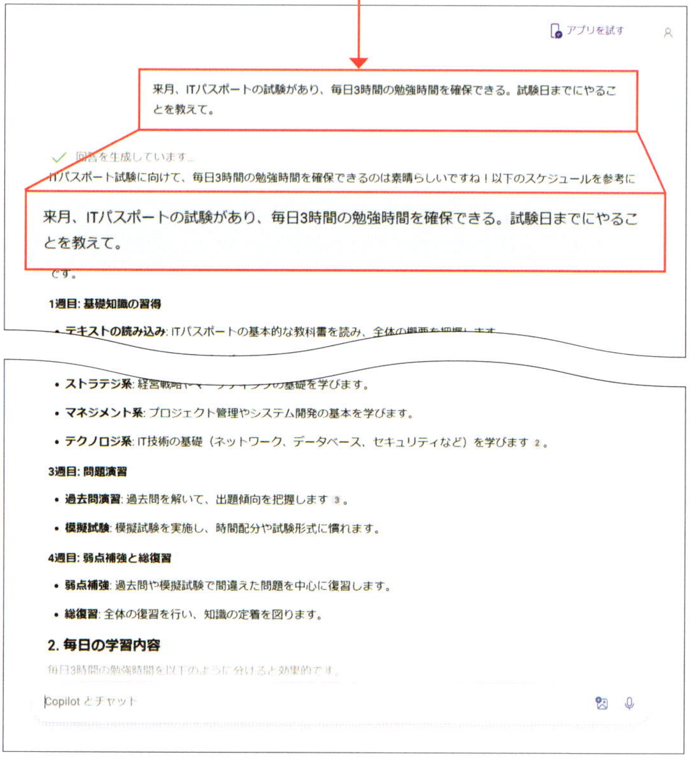

✎ 補足

プロンプトに 5W1H を入れる

5W1Hとは、「When（いつ）」「Where（どこで）」「Who（だれが）」「What（何を）」「Why（なぜ）」「How（どのように）」の6つの要素の英単語の頭文字をとった言葉であり、要点をまとめて漏れのない情報伝達ができるフレームワークの1つです。プロンプトを入力する際には、この5W1Hを意識すると、過不足の少ない具体的な内容を入力しやすくなります。

プロンプト内で提示する情報が整頓されていたり、明確だったりすると、Copilotは正確な回答が出しやすくなり、精度が上がります。また、回りくどい長文ではなく、すっきり簡潔な短文にまとめることでも、求めている回答が生成されやすくなるので、意識するようにしましょう。

1 具体的で簡潔なプロンプトを入力して送信します。

② 多くの回答をもらう

補足

回答には番号が振られている

「10個考えて」といった個数を指定するプロンプトに対して生成される回答は番号が振られています。

企画のアイデアやキャッチフレーズなど、一度に多くの回答がほしいときは、「10個考えて」といったように回答の個数を指定します。

回答の個数を指定する

1 「○○について10個考えて」のように、回答の個数を指定したプロンプトを入力して送信します。

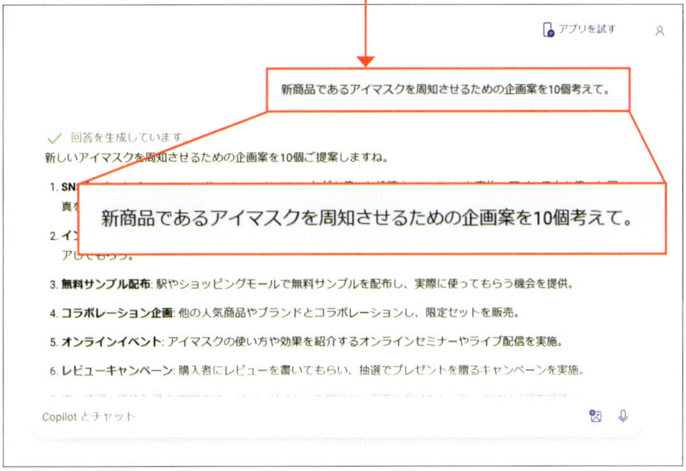

さらに個数を指定して答えてもらう

1 回答の内容が意図したものでなかったときは、「さらに10個考えて」というプロンプトを送信すると、最初の回答とは異なる10個のアイデアを生成してもらえます。

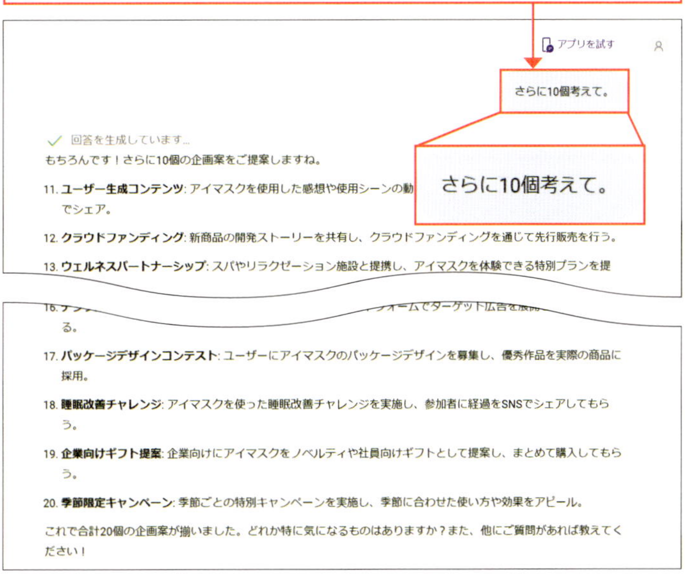

③ 具体的な条件を指定する

質問や回答に条件を指定することで、精度の高い回答が生成されやすくなります。たとえば、難しい内容を理解したいときには、回答の文字数を指定したり、箇条書きにしてもらうよう指定したりすると、要点がまとまった回答が生成されます。

箇条書きで多くの条件を指定する

1 箇条書きで具体的な条件を追加したプロンプトを入力して送信します。

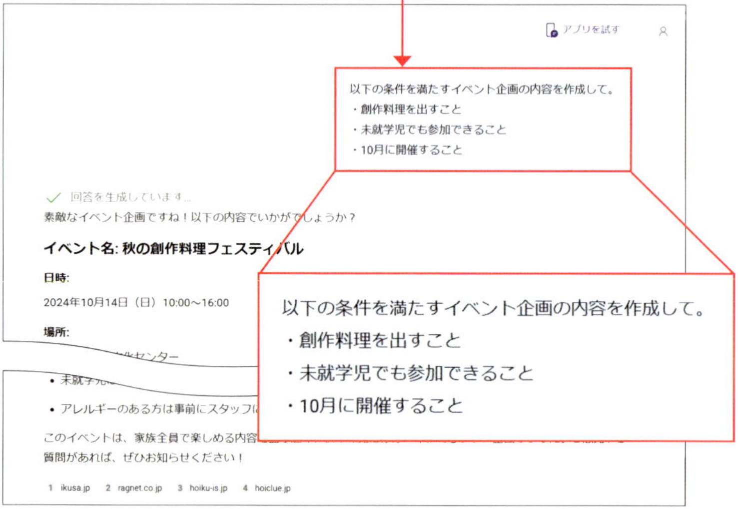

具体的なシチュエーションを指定する

1 具体的なシチュエーションを指定したプロンプトを入力して送信します。

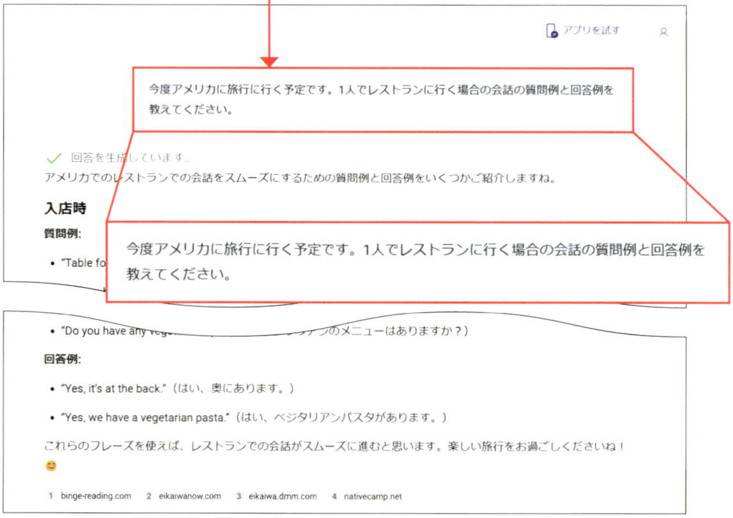

補足
箇条書きにも対応できる

Copilotは箇条書きのプロンプトにも正しく回答を生成することができます。

補足
Copilotに役になりきってもらう

Copilotに役割を与え、役になりきってもらうこともできます。詳しくは、70ページを参照してください。

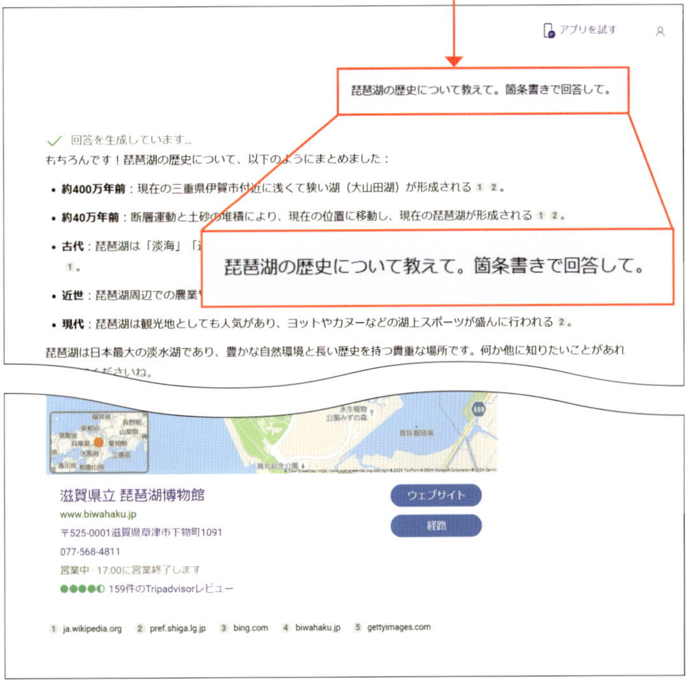

補足

文字数以内に収まらないこともある

文字数を指定しても、実際にはその文字数をオーバーしていることがあります。文字数はあくまで目安として考えてください。

補足

フォーマットを指定して質問する

箇条書きのほかにも、マークダウン形式やリスト、テーブル（表組み）、テンプレートなどのフォーマットで生成してもらうと、回答が変わります。

目的に応じて条件を指定する

Copilotによる回答をどのように活用したいかによって条件を変えると、活用の幅が広がります。歴史を学びたいときに箇条書きにしてもらうことで時代ごとの大まかな流れを把握しやすくなるなどです。

▶ 文字数を指定して回答してもらう

1 「200字以内で回答して」のように、文字数を指定したプロンプトを入力して送信します。

▶ 箇条書きで回答してもらう

1 「箇条書きで回答して」のように、回答のしかたを指定したプロンプトを入力して送信します。

Section

18 回答についてさらに質問しよう

ここで学ぶこと

- 回答について質問する
- 別の回答を聞く
- 回答の深掘り

生成された回答を深掘りしたいときや回答の内容が意図したものでなかったときは、回答についての追加の質問をしてみましょう。異なる視点からの解説によって、そのトピックについてより理解を深められるかもしれません。

1 回答について追加の質問をする

回答の内容についてさらに質問をすることで、より精度の高い回答を得ることができます。Copilotは同一のチャットルーム内であれば、やり取りが記録されているため、質問を重ねても話が脱線することはありません。

1 あるテーマについて質問するプロンプトを入力して送信します。

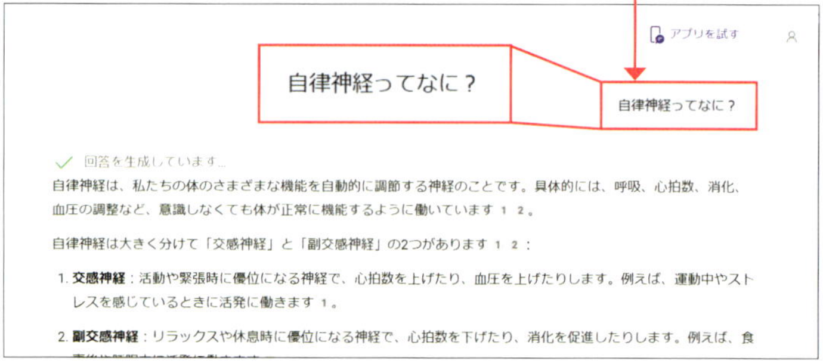
アプリを試す
自律神経ってなに？
自律神経ってなに？
回答を生成しています...
自律神経は、私たちの体のさまざまな機能を自動的に調節する神経のことです。具体的には、呼吸、心拍数、消化、血圧の調整など、意識しなくても体が正常に機能するように働いています 1 2。
自律神経は大きく分けて「交感神経」と「副交感神経」の2つがあります 1 2：
1. 交感神経：活動や緊張時に優位になる神経で、心拍数を上げたり、血圧を上げたりします。例えば、運動中やストレスを感じているときに活発に働きます 1。
2. 副交感神経：リラックスや休息時に優位になる神経で、心拍数を下げたり、消化を促進したりします。例えば、食

2 回答でわからない箇所があれば、さらに質問するプロンプトを入力して送信します。

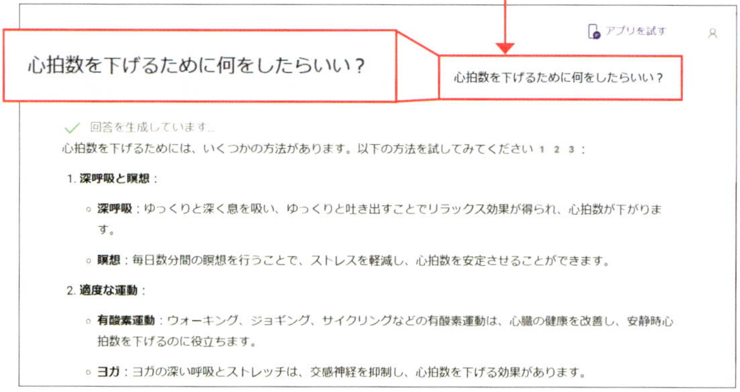
アプリを試す
心拍数を下げるために何をしたらいい？
心拍数を下げるために何をしたらいい？
回答を生成しています...
心拍数を下げるためには、いくつかの方法があります。以下の方法を試してみてください 1 2 3：
1. 深呼吸と瞑想：
深呼吸：ゆっくりと深く息を吸い、ゆっくりと吐き出すことでリラックス効果が得られ、心拍数が下がります。
瞑想：毎日数分間の瞑想を行うことで、ストレスを軽減し、心拍数を安定させることができます。
2. 適度な運動：
有酸素運動：ウォーキング、ジョギング、サイクリングなどの有酸素運動は、心臓の健康を改善し、安静時心拍数を下げるのに役立ちます。
ヨガ：ヨガの深い呼吸とストレッチは、交感神経を抑制し、心拍数を下げる効果があります。

補足

やさしい内容で説明してもらう

難解なトピックなどには、「6歳の子どもでも理解できる文章で答えてください」のように指示することでも、子どもに向けたやさしい表現での回答が生成されるようになります。

補足

別のトピックについて質問したい

トピックを変えたいときは、新規のチャットルームを作成します。詳しくは、62ページを参照してください。

② 別の回答を聞いてみる

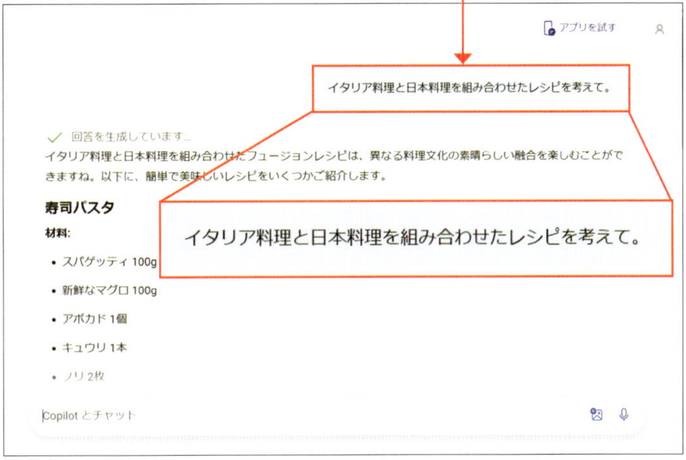

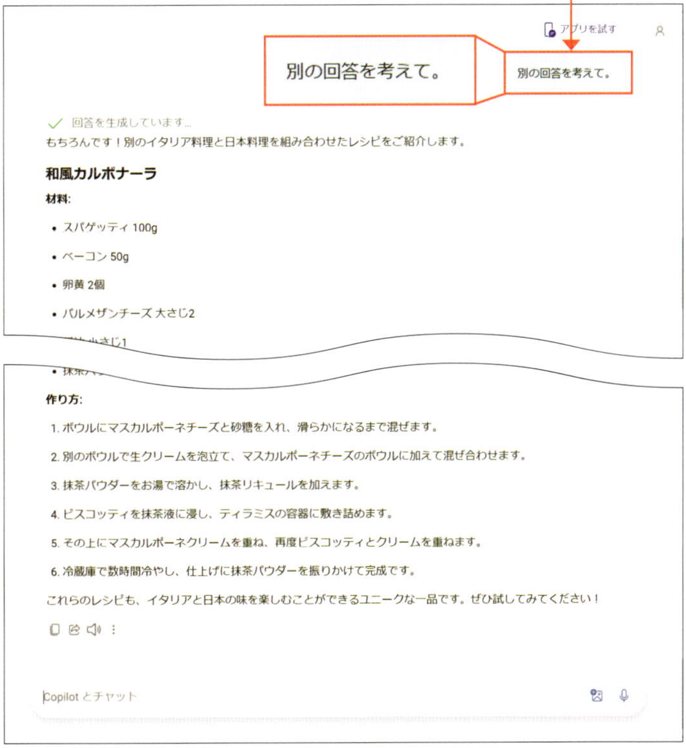

💡 ヒント

**プロンプト例に
表示されることもある**

Copilot in Edgeの場合、紹介したような別の回答を求めるプロンプトは、プロンプト例に表示されることもあります。クリックすることで、そのプロンプトで質問が行われます。

意図した回答が得られなかったときは、別の回答を要求してみましょう。新たな切り口から得られる回答によって、理解を深められるかもしれません。

1 あるテーマについて質問するプロンプトを入力して送信します

2 回答が意図した内容でないときは、「別の回答を考えて」といったプロンプトを入力し、送信します。

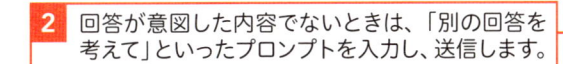

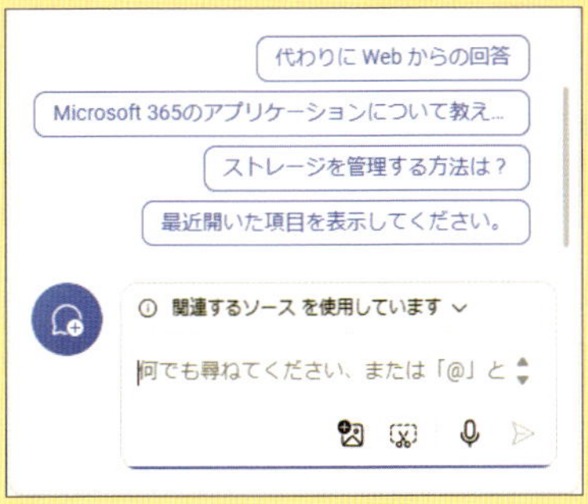

Section
19 新しいトピックを質問するときはチャットルームを切り替えよう

ここで学ぶこと

- チャットルーム
- 切り替え
- 最近のアクティビティ

会話のスタイルを変えたいときや、これまでと別のトピックについて質問したいときは、新規にチャットルームを作成してやり取りしましょう。なお、過去のやり取りに戻りたい場合は、「最近のアクティビティ」画面から表示できます。

1 新規チャットルームを作成する

ヒント

チャットルームを整理したい

新しいチャットルームを作成しても、過去のチャットルームは削除されません。過去のチャットルームは削除したり名前を変えたりすることができます(64ページ参照)。

Copilotは同一のチャットルーム内のやり取りを記録しているため、チャットルーム内でやり取りを続けていると、やり取りの内容を前提とした回答が生成されます。チャットルームを変えないまま、別の話題に触れてしまうと、過去のトピックでのやり取りが回答に反映されてしまうことがあります。新しいチャットルームを作成することで、ゼロからやり取りをはじめることができます。

1 をクリックします。

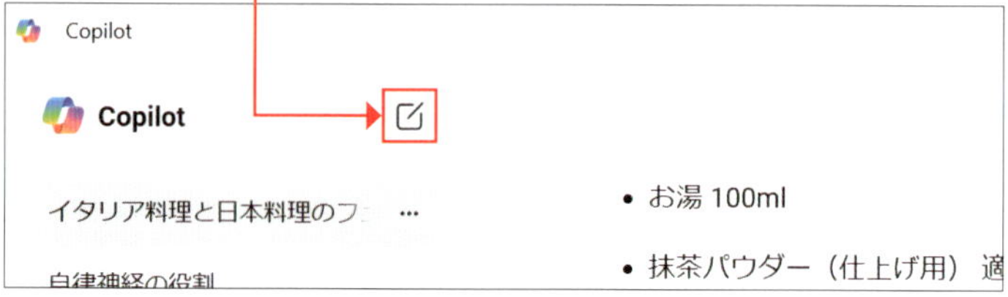

2 新規のチャットルームが作成されます。

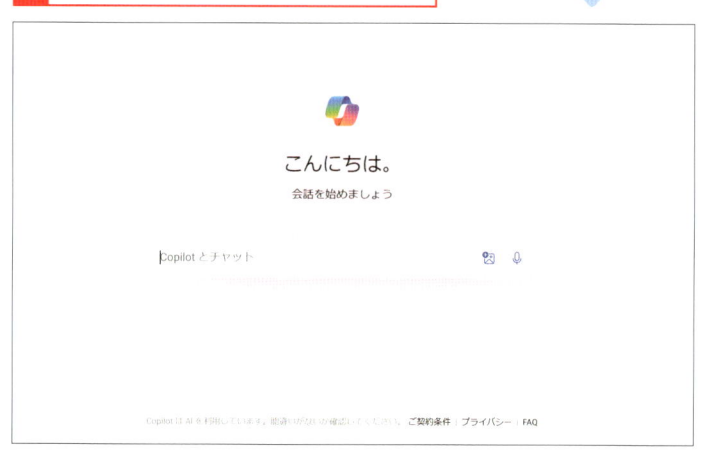

❷ 前のチャットルームのやり取りを再開する

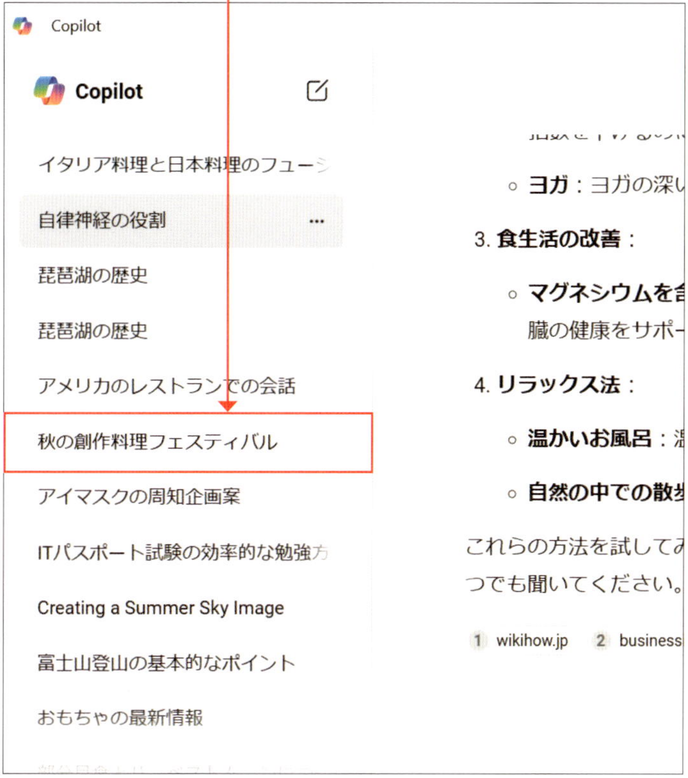

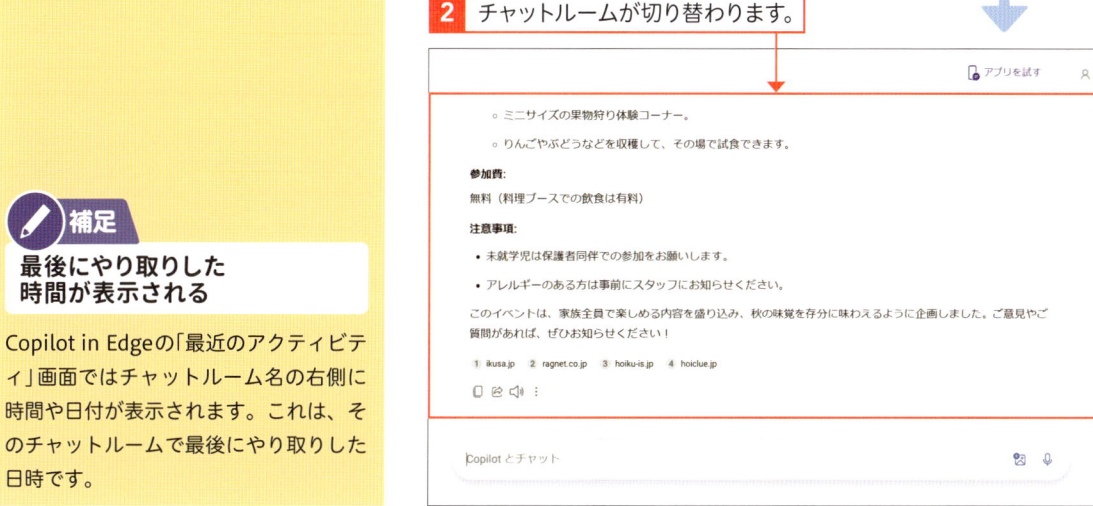

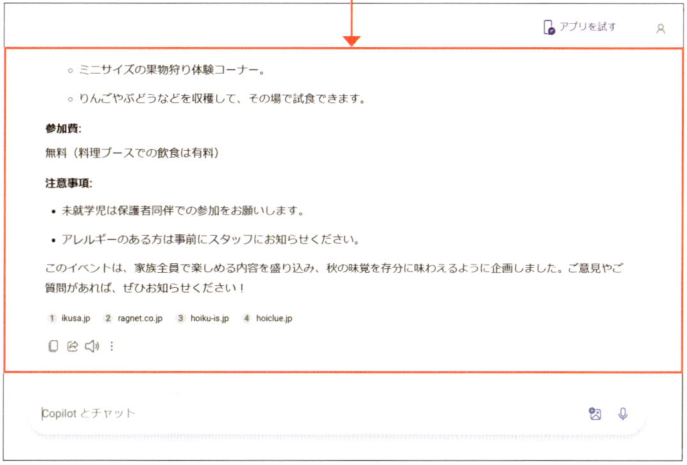

 補足

Copilot in Edgeで前の
やり取りを再開する

Copilot in Edgeでは 🕐 をクリックして「最近のアクティビティ」を表示し、任意のチャットルームをクリックすることで前のやり取りを確認できます。

過去にやり取りをしたチャットルームに戻って、やり取りを再開することができます。

1 画面左側のチャット一覧から表示したいチャットルームをクリックします。

2 チャットルームが切り替わります。

 補足

最後にやり取りした
時間が表示される

Copilot in Edgeの「最近のアクティビティ」画面ではチャットルーム名の右側に時間や日付が表示されます。これは、そのチャットルームで最後にやり取りした日時です。

Section

20 たくさん質問したらチャットの履歴を整理しておこう

ここで学ぶこと

- チャットルーム
- 削除
- 名前の変更

Copilotとのやり取りは、チャットルームごとにチャットの履歴が残ります。削除しない限りは残り続けるため、名前を変更したり、削除したりして、使いやすく整理しましょう。

1 履歴を削除する

補足

削除したチャットルームは復元できない

一度削除したチャットルームは復元できません。やり取りを残したいときは、テキストファイルなどにコピーするなどして残しましょう。

1 画面左側のチャット一覧から、削除したいチャットルームにマウスポインターを合わせて、

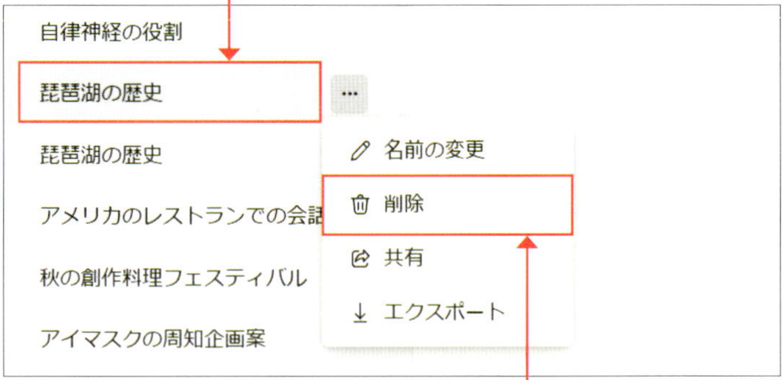

2 … →［削除］の順にクリックします。

3 チャットルームが削除されます。

自律神経の役割
琵琶湖の歴史
アメリカのレストランでの会話
秋の創作料理フェスティバル
アイマスクの周知企画案
ITパスポート試験の効率的な勉強方
Creating a Summer Sky Image
富士山登山の基本的なポイント

② 履歴の名前を変更する

補足

Copilot in Edgeで履歴を削除する／名前を変更する

Copilot in Edgeでは、🕓をクリックして「最近のアクティビティ」画面を表示し、🗑をクリックして削除が、✎をクリックして名前の変更が行えます。

1 画面左側のチャット一覧から、名前を変更したいチャットルームにマウスポインターを合わせて、

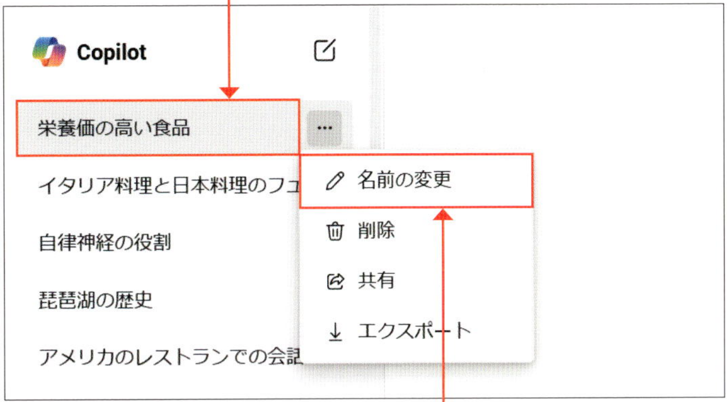

2 … →［名前の変更］の順にクリックします。

3 チャットルームのタイトルを入力し、

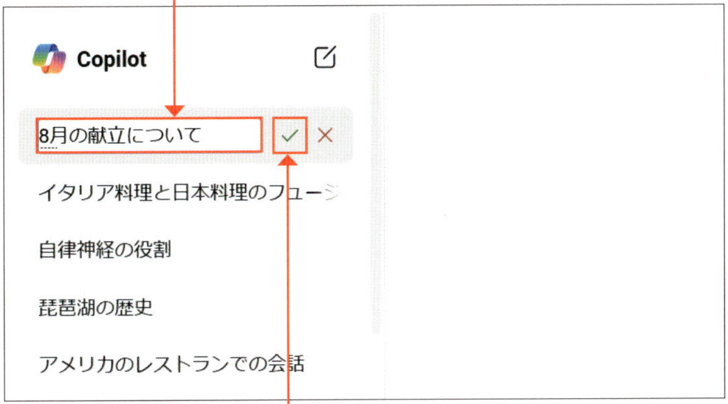

4 ✓をクリックします。

5 チャットルームの名前が変更されます。

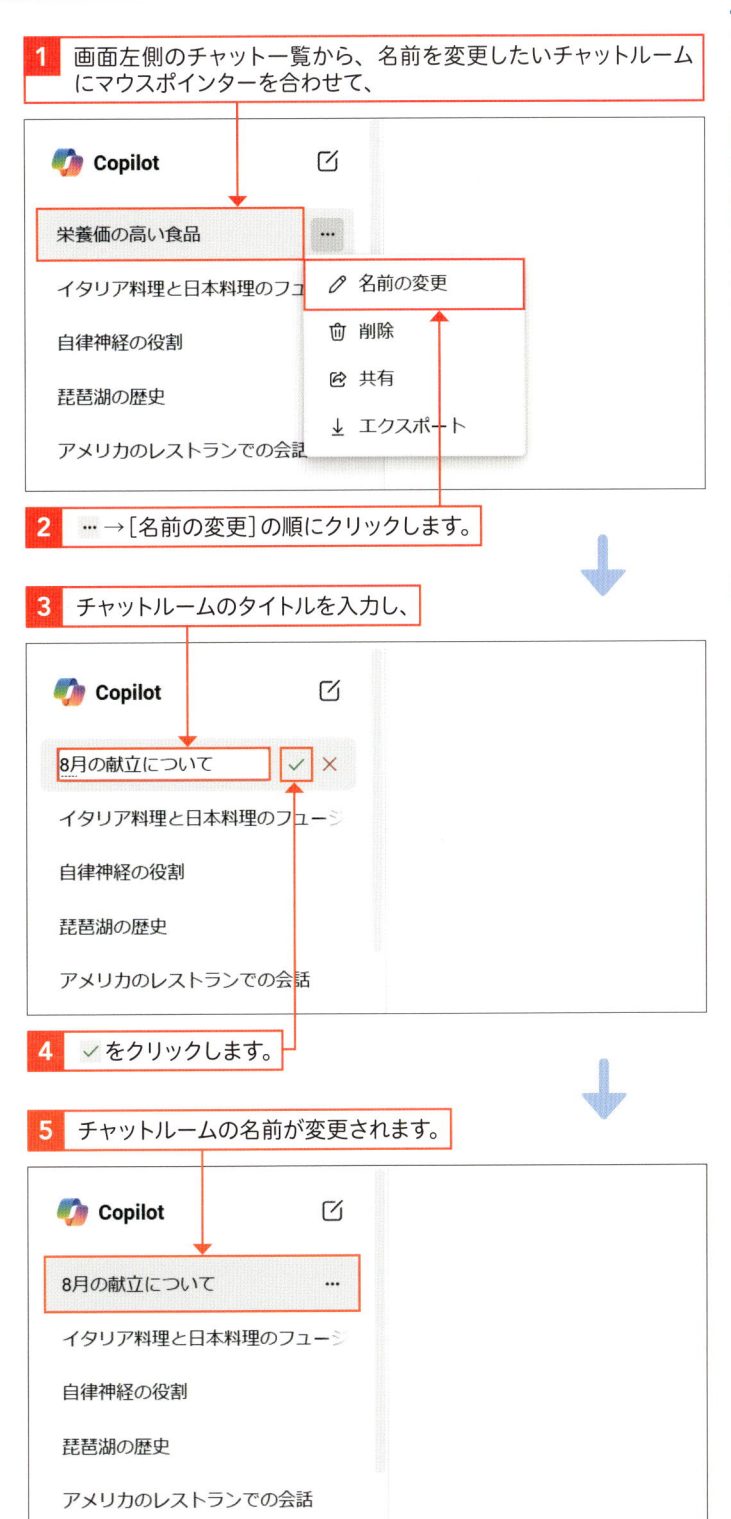

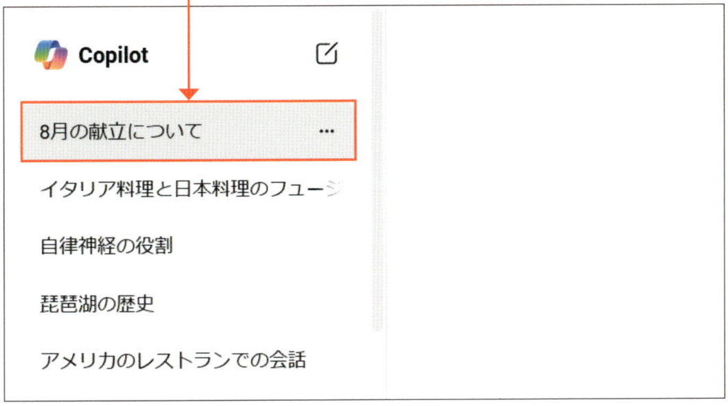

Copilotの回答がどのWebページをもとにしているか確かめよう

ここで学ぶこと

・詳細情報
・Webページ
・回答の深掘り

Copilotは、回答がどのサイトを参照して生成されたものなのかを記載しています。クリックするとそのWebページが表示されるので、回答を深掘りしたいときに役立ちます。

① Webページを参照する

補足

Copilot in Edgeでは「詳細情報」

Copilot in Edgeでは回答の生成に参照されたWebページは「詳細情報」にまとめられています。

1 回答の下に表示されているWebページのリンクをクリックします。

・危険生物に注意: クラゲやウニオなど、危険な生物に注意し、無理に触れないように

5. 緊急時の対応

・**救助の方法を知っておく**: 万が一の時に備えて、救助の方法や緊急連絡先を確認してお

これらのポイントを守って、楽しく安全に海での時間を過ごしてくださいね！他に気にないてください。

1 kids.gakken.co.jp 2 teniteo.jp 3 asobinotashinami.com 4 mlit.go.jp 5 beachaccesssurf.com

4 mlit.go.jp

2 Webページが表示されます。

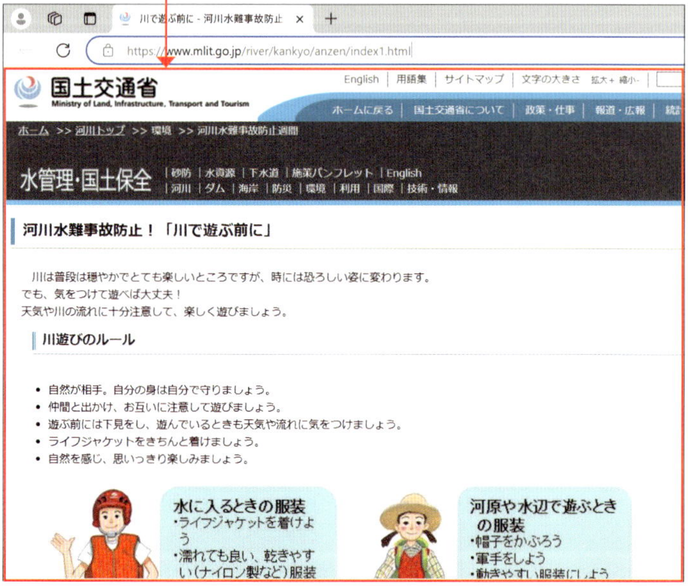

② 生成された文章からWebページを参照する

ヒント

回答の正誤を確認する

Copilotの回答が必ずしも正しいとは限りません。Copilotが生成した回答を使用するときは、Webページを確認して精査しましょう。

本文中にWebページを参照した箇所や引用された箇所があると、本文中に数字のアイコンが表示されます。このアイコンにマウスポインターを合わせると、どのWebページを参照したのかが表示されます。参照されたWebページは、回答のあとにもまとめられています。

1 数字のアイコンが表示されている本文にマウスポインターを合わせます。

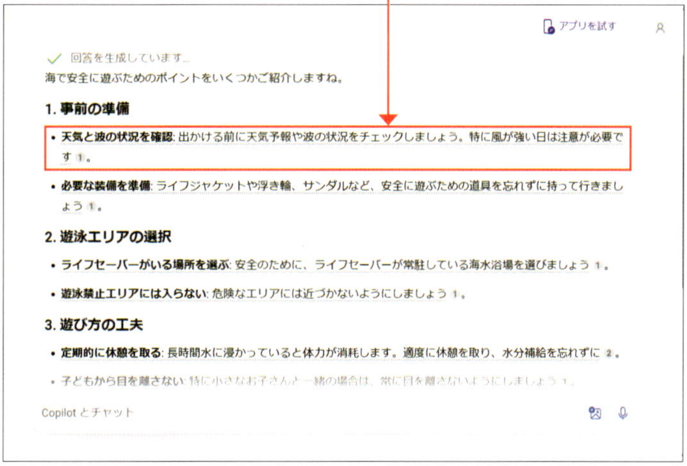

2 参照されたWebページが表示されます。クリックすると、そのWebページに移動できます。

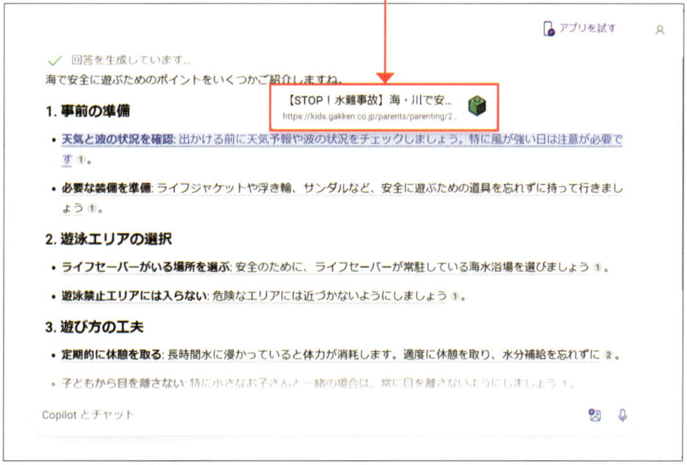

Section 22 長文を扱うときは「ノートブック」を利用しよう

ここで学ぶこと

・ノートブック
・長文
・プロンプト

「ノートブック」は、18,000文字までの長文のプロンプトに対応可能なCopilotの機能です。プロンプトの修正もかんたんに行えるため、長文の要約や翻訳だけでなく、会議中のメモのまとめやTo Doリストの管理などにも適しています。

1 「ノートブック」でプロンプトを入力する

ヒント

Copilot in Edgeでノートブックを表示する

Copilot in Edgeの場合は、⋮→[ノートブック]の順にクリックすることでノートブックを表示できます。

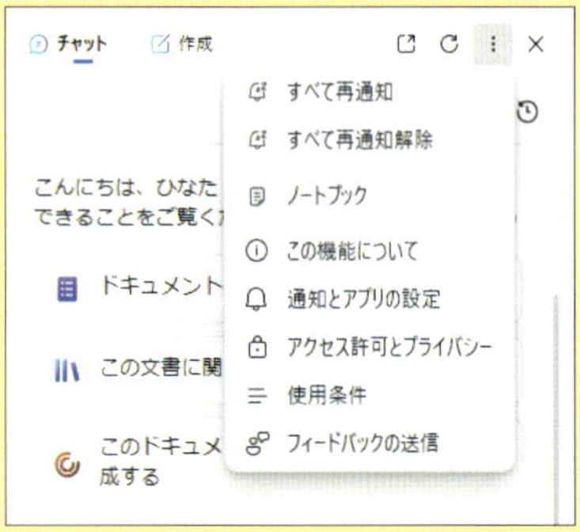

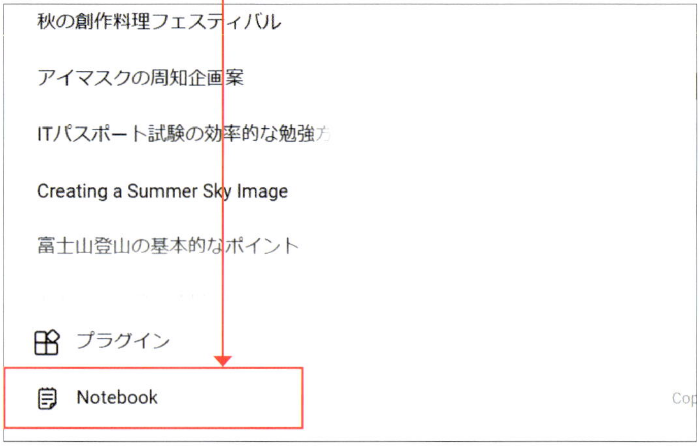

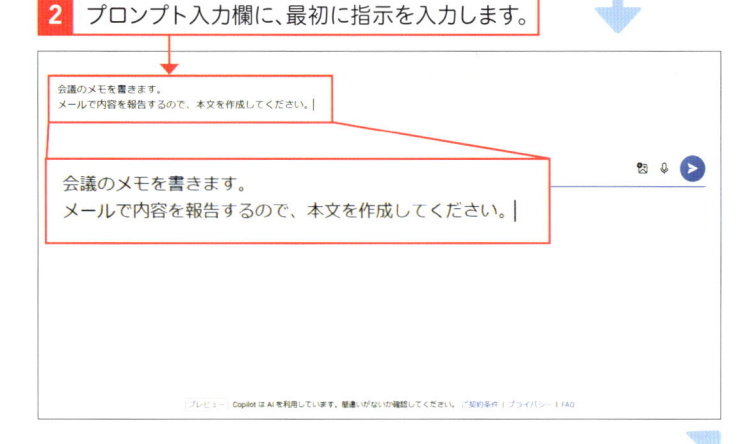

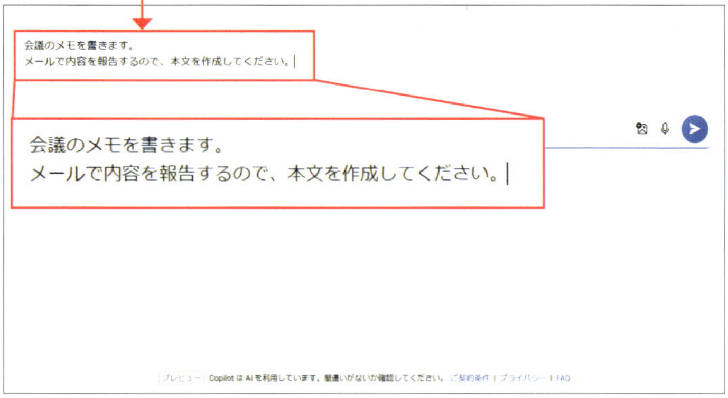

補足

チャットによるやり取りは不可

ノートブックでは、チャットによるやり取りは行えないので、回答に対して質問したり続けて質問したりすることはできません。

1 [Notebook]をクリックします。

2 プロンプト入力欄に、最初に指示を入力します。

補足

ノートブックだと改行やプロンプトの編集がかんたん

ノートブック機能は作業中や会議中などのメモとして役立ちます。改行する際にも、 Shift を押す必要はありません。また、プロンプトを編集するときも、特別な操作は不要です。

補足

ノートブックを編集したら

回答の生成後にプロンプトを編集した場合は、再度、 ▶ をクリックすることで、回答が更新されます。

3 メモの内容を入力し、

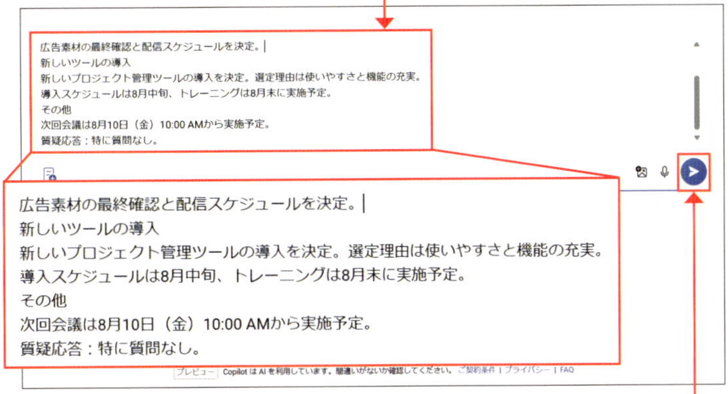

4 ▶ をクリックします。

5 回答が生成されます。

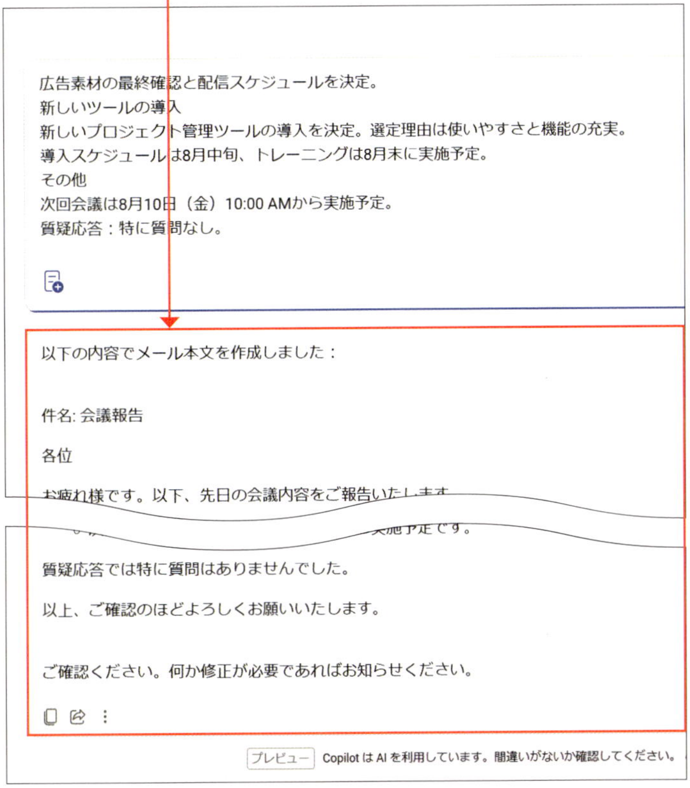

Section 23

Copilotに役割を与えて役になりきって楽しく回答してもらおう

ここで学ぶこと

- 役割を与える
- 方言
- 先生

Copilotは、「関西弁で答えて」「小学生に教えるように答えて」など、回答の口調を指定することができます。自学自習するときのモチベーション維持のため、難しい問題をわかりやすくするためといった目的でも活用されます。

1 いろいろな口調で回答してもらう

補足

先生の口調ではルビも表示される

プロンプトに「小学1年生に教える先生のように」と追加して役割を与えると、漢字にルビがふられた状態で回答が生成されました。

小学校の先生の口調で回答してもらう

1 プロンプトで「小学1年生に教える先生のように●●（ここでは「自律神経」）について説明して」と入力して送信すると、

小学1年生に教える先生のように自律神経について説明して。

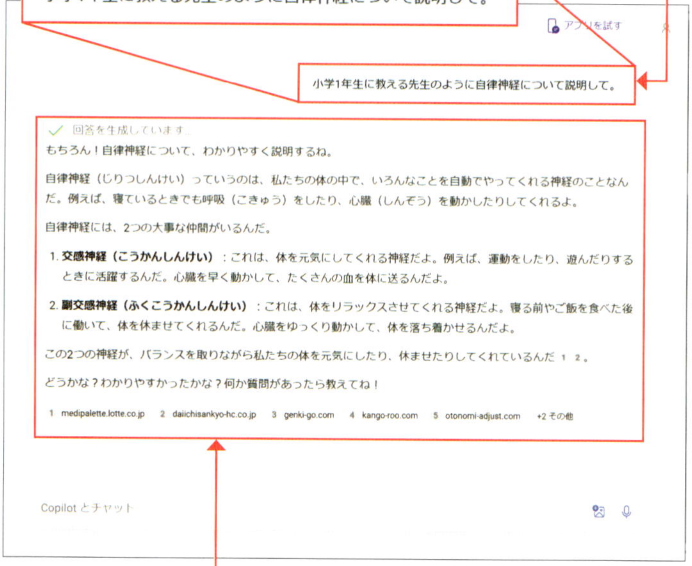

2 指定した口調で回答が生成されます。

ヒント
正確ではない方言もある

方言によっては、精度が低く正確ではないものもあります。

方言で回答してもらう

1 プロンプトで「関西弁で●●（ここでは「印象派」）について説明して」と入力して送信すると、

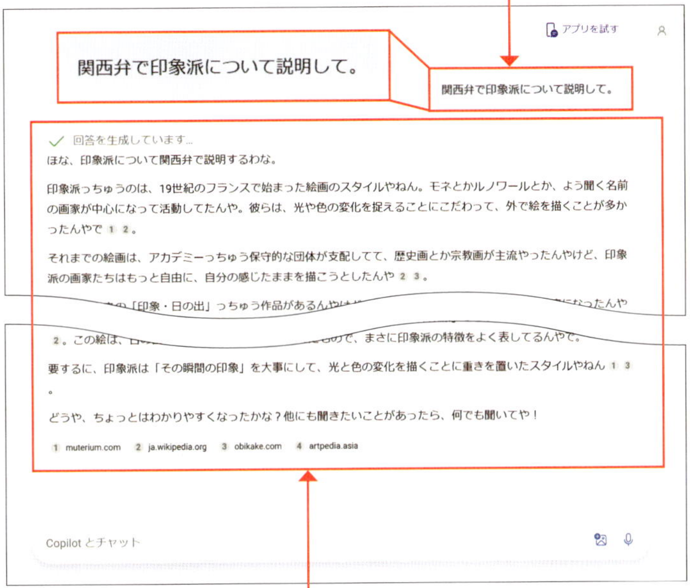

2 指定した方言で回答が生成されます。

面接官の役割を与えて回答してもらう

1 プロンプトで「面接官として私に質問して」と入力して送信すると、

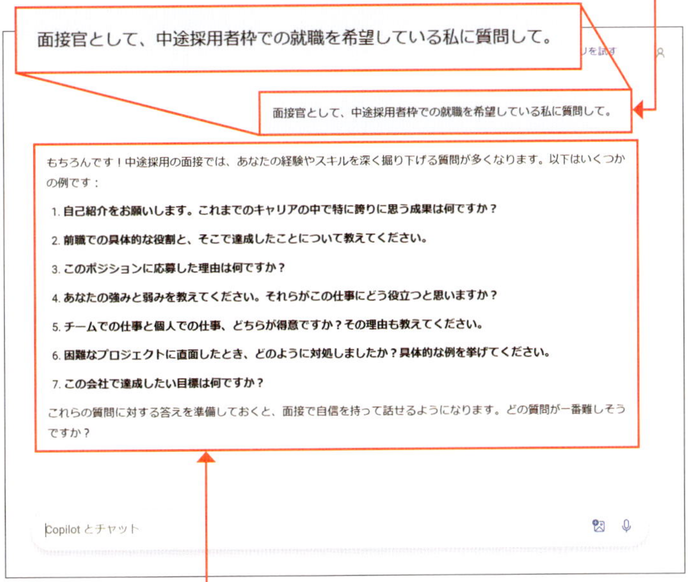

2 指定した役割で回答が生成されます。

応用技
Copilotを使って面接の練習をする

Copilotに面接官の役割を与えると、面接の質疑応答を練習できます。企業の業種などを指定することで、より精度の高い質問をしてもらうことが可能です。

24 逆にCopilotに質問してもらおう

ここで学ぶこと

- ・質問を生成してもらう
- ・質疑応答
- ・質問だけしてもらう

漠然と知りたいことがある場合やどのような質問をすればよいかわからない場合は、Copilotに誘導してもらいましょう。したいことと一緒に「私に質問を提案して」と指示することで、やり取りしながら今後すべきことなどが明確になります。

① 質問してもらうよう尋ねる

 補足

プロンプト例をクリックする

Copilot in Edgeで回答の下に表示されるプロンプト例に質問が表示されている場合は、クリックすることでその質問を行うことができます。

1 プロンプトを入力し、最後に「私に質問を提案して」と入力して送信します。

2 質問が提示されます。

3 質問に回答を続けると、知りたい情報を得られやすくなります。

 応用技

質問を続けてもらう

「質問だけを行って」といったプロンプトを送ることで、Copilotに質問をし続けてもらうことができます。Copilotとの質疑応答をくり返すことで、漠然と知りたかったことが具体性を帯びてくるようになります。

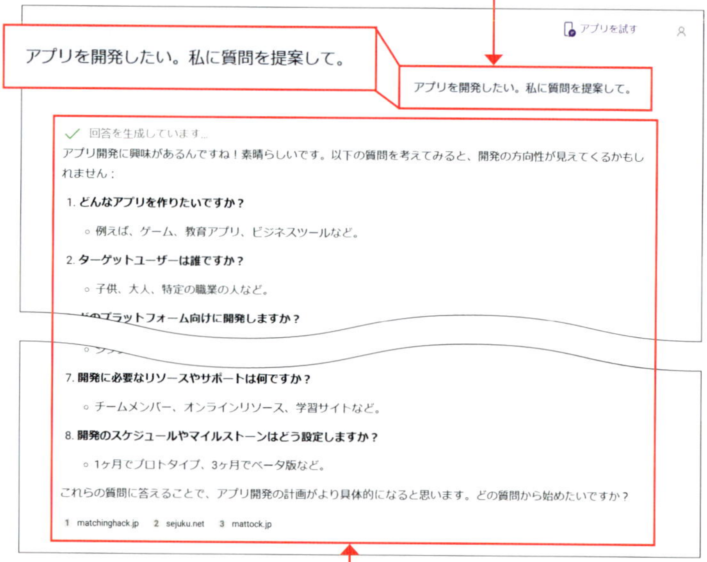

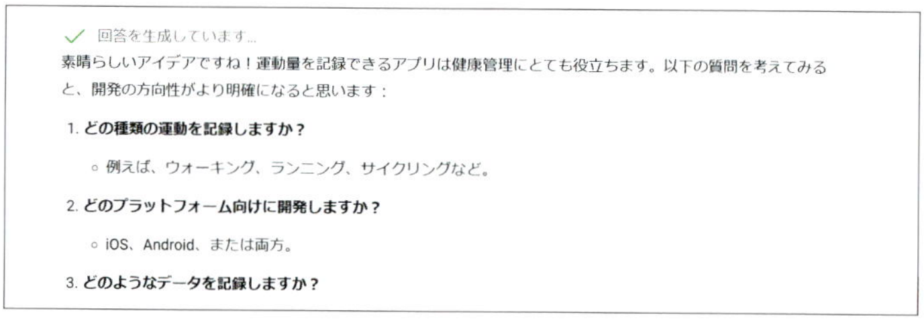

第 4 章

Copilotを使って仕事の作業を効率化しよう

25 テーマを与えて 文章を作成してもらおう

ここで学ぶこと

- ・ビジネス
- ・チャット
- ・「作成」タブ

テーマを与えて文章を作成してもらいましょう。タイトルや文章の形式、長さなど多くの項目を設定することで詳細な文章が生成されます。Copilot in Edgeであれば、長文の出力に特化した「作成」タブが用意されています。

① テーマを与えて文章を作成してもらう

💡 ヒント

文章の要素の例

- ・どのような話題について文章を生成したいのか
- ・どのような場面で使いたい文章なのか
- ・文章の目的は何か
- ・文章の長さはどれくらいか
- ・どこへ掲載したいのか
- ・読者対象の年齢はいくつか
- ・難易度の設定はどれくらいか
- ・参照したいデータがあるか

✏️ 補足

箇条書きでテーマを追加する

Copilotはプロンプトが具体的であればあるほど、回答の精度が上がります。テーマがあれば、プロンプトに箇条書きで追加しましょう。Copilotは箇条書きのプロンプトにも対応しています。

Copilotに文章の作成してもらうコツは、具体的なテーマを与えることです。どのような話題について文章を生成したいのかはもちろんですが、どのような場面で使いたい文章なのか、文章の目的は何か、文章の長さはどれくらいか、どこへ掲載したいのかなど追加する要素があればあるほど、生成される文章のクオリティは上がります。

1 テーマを具体的に伝える。

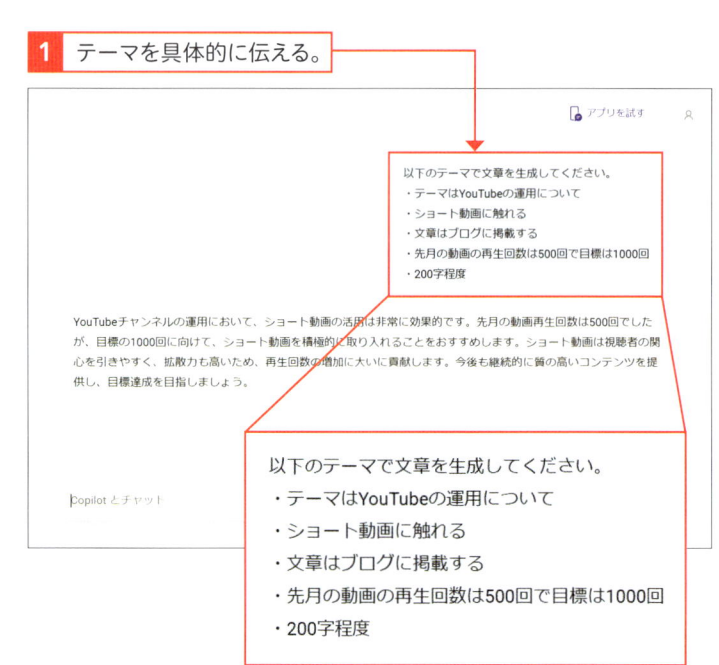

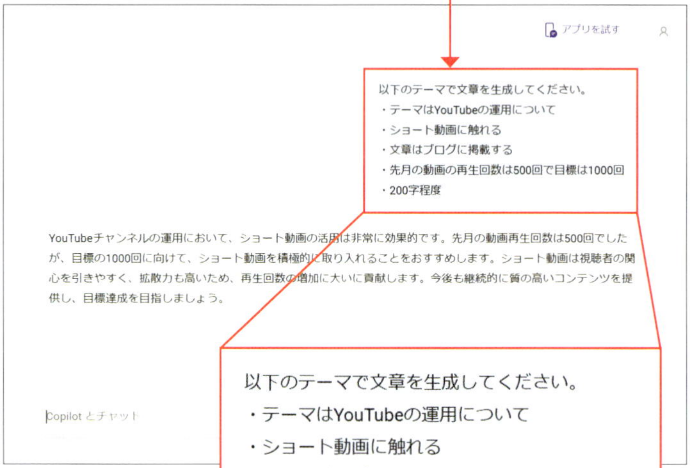

以下のテーマで文章を生成してください。
- ・テーマはYouTubeの運用について
- ・ショート動画に触れる
- ・文章はブログに掲載する
- ・先月の動画の再生回数は500回で目標は1000回
- ・200字程度

2 アウトラインを作成してから文章を作成してもらう

Copilotとのやり取りをくり返しながら、段階的に文章の精度を上げることも可能です。まずはアウトラインを作成してもらい、それをもとに整理し、文章を作成していきましょう。

1 あるテーマについてアウトラインの作成を指示するプロンプトを入力して送信します。

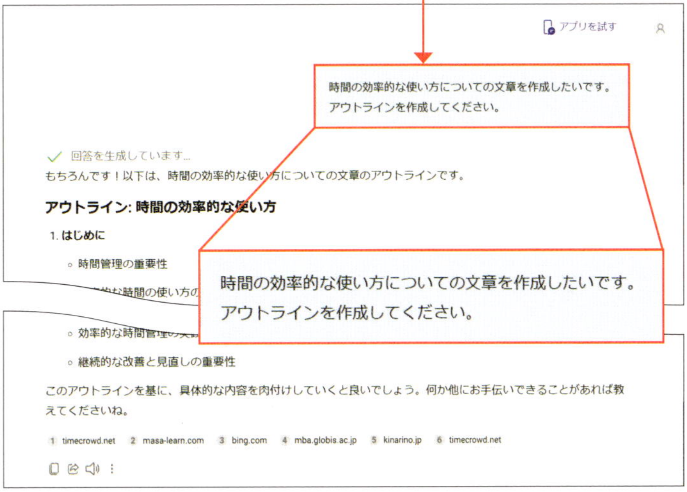

2 アウトラインを整理して、改めて文章の作成を指示します。

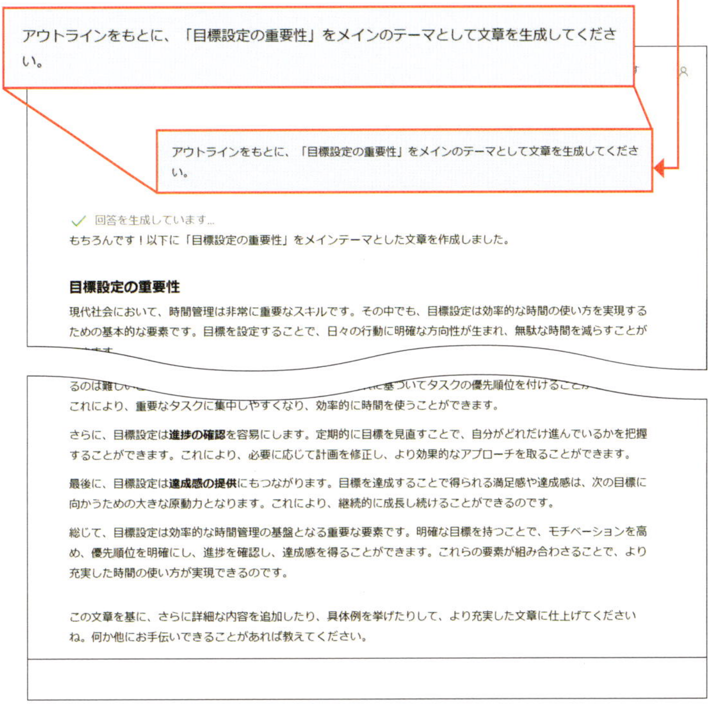

重要用語

アウトラン

アウトラインとは、文章の章・節・項を段階的に表示した、文章全体の枠組みです。

補足

アウトラインから文章を作成する

自分で作ったアウトラインがある場合は、そこから文章を作成してもらうことも可能です。

補足

Copilotの強みは対話できること

Copilotは対話によって文章のクオリティを上げることができます。生成と修正をくり返し、納得のいく文章を作り上げましょう。

③「作成」タブから文章を作成する

注意

「作成」タブを使えるのはCopilot in Edgeだけ

「作成」タブが使えるのはCopilot in Edgeのみです。文章を作成してほしいときはCopilot in Edgeを、質問をしたいときはCopilot in Windowsをというように使い分けてもよいでしょう。

1 Copilot in Edgeを表示し、[作成]をクリックします。

2 執筆分野を入力し、

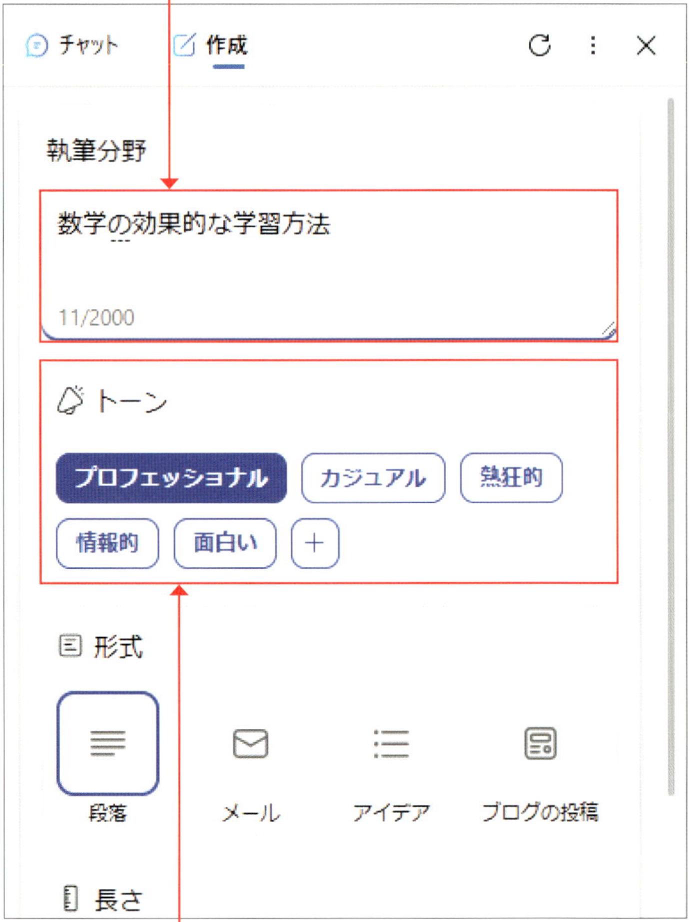

3 トーンをクリックして選択します。

補足

「執筆分野」とは

執筆分野には作成したい文章の概要やタイトルを入力します。2000字まで入力できます。

補足

「トーン」とは

作成したい文章の雰囲気を決められます。記事や論文であれば[プロフェッショナル]、SNSに投稿する文章であれば[カジュアル]を選びましょう。

補足

「形式」とは

生成したい文章の形式を選択できます。［段落］、［メール］、［アイデア］、［ブログの投稿］が用意されています。

補足

「長さ」とは

生成したい文章の長さを選択できます。「中」で生成したところ、ここでは約400字の文章が生成されました。

補足

チャットによるやり取りも可能

生成された文章の下に表示される質問項目や＋をクリックしてプロンプトを入力することで、より精度の高い文章を生成することができます。

4 形式をクリックして選択し、

5 長さをクリックして選択します。

6 ［下書きの生成］をクリックします。

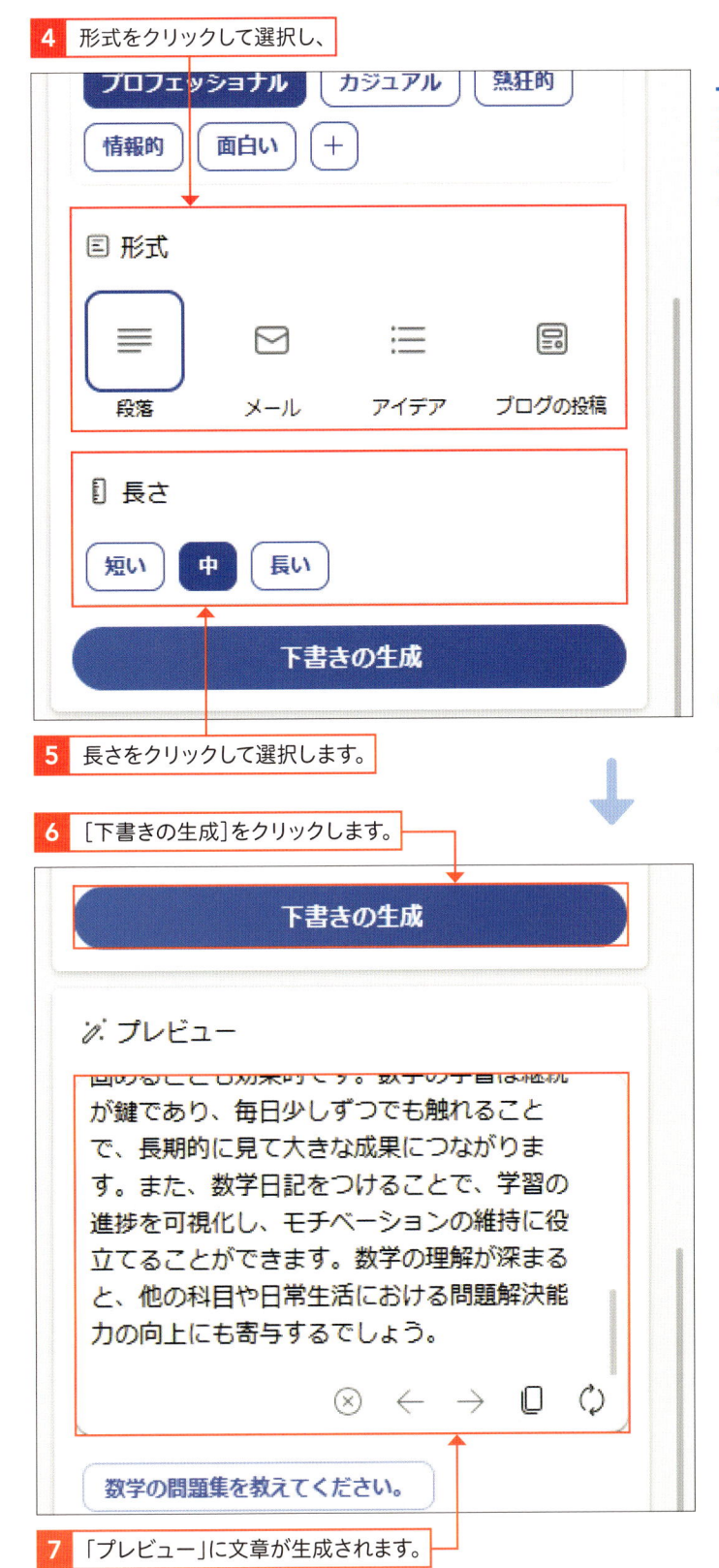

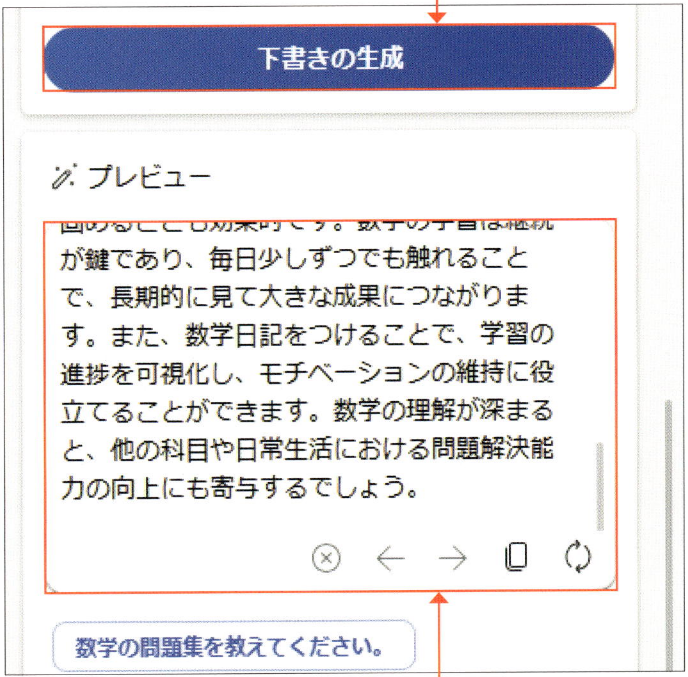

7 「プレビュー」に文章が生成されます。

Section 26

難しい内容の文章をわかりやすく直してもらおう

ここで学ぶこと

- ビジネス
- 文体
- たとえ

専門性の高い記事や学術論文など難しい単語が多い文章は、読もうにもなかなか理解できないことがあります。要点だけをおさえたい、資料を読む時間がないといったときは、Copilotにわかりやすい表現に直してもらいましょう。

1 わかりやすい表現に直してもらう

学術論文や新聞の記事など専門性の高い文章は本文に使用される単語自体が難しく、理解しようにも単語の意味を調べながらでないとなかなか頭に入りません。しかし、単語の意味を毎回調べるというのも時間がかかってしまい、読むのを断念することもあるかと思います。概要を知りたい、読む時間がないというときは、Copilotにわかりやすい表現に直してもらいましょう。難しい単語に解説が加わることで、より理解しやすくなり、効率が上がります。よりわかりやすくするためには、「〇〇学の初心者に解説するように」「文体を変えて」といった指示を加えることも有効です。

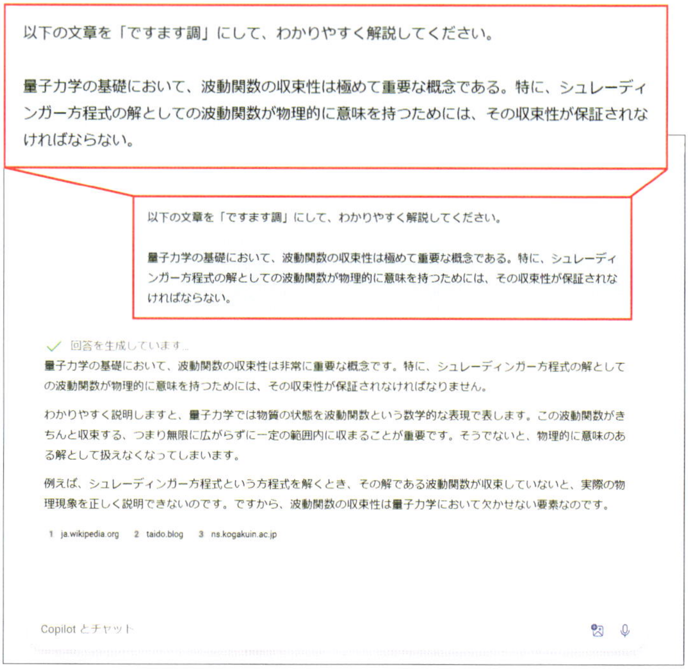
以下の文章を「ですます調」にして、わかりやすく解説してください。
量子力学の基礎において、波動関数の収束性は極めて重要な概念である。特に、シュレーディンガー方程式の解としての波動関数が物理的に意味を持つためには、その収束性が保証されなければならない。
以下の文章を「ですます調」にして、わかりやすく解説してください。
量子力学の基礎において、波動関数の収束性は極めて重要な概念である。特に、シュレーディンガー方程式の解としての波動関数が物理的に意味を持つためには、その収束性が保証されなければならない。
回答を生成しています...
量子力学の基礎において、波動関数の収束性は非常に重要な概念です。特に、シュレーディンガー方程式の解としての波動関数が物理的に意味を持つためには、その収束性が保証されなければなりません。
わかりやすく説明しますと、量子力学では物質の状態を波動関数という数学的な表現で表します。この波動関数がきちんと収束する、つまり無限に広がらずに一定の範囲内に収まることが重要です。そうでないと、物理的に意味のある解として扱えなくなってしまいます。
例えば、シュレーディンガー方程式という方程式を解くとき、その解である波動関数が収束していないと、実際の物理現象を正しく説明できないのです。ですから、波動関数の収束性は量子力学において欠かせない要素なのです。
1 ja.wikipedia.org 2 taido.blog 3 ns.kogakuin.ac.jp
Copilot とチャット

解説

文体とは

言葉づかいや文章の体裁のことを文体といいます。文体を指定することで、文章はよりわかりやすい表現になります。たとえば、「ですます調にして」といった指示を与えると、柔らかい表現にすることができ、理解につながります。

ヒント

文章のコピー&ペースト

質問のもととなる文章は、コピー&ペーストでプロンプトに入力できます。もとの文章を Ctrl + C でコピーし、プロンプトで Ctrl + V でペーストしてください。なお、プロンプト内での改行は Shift + Enter で行えます。

2 たとえを用いて解説してもらう

難しい文章を理解するために有効な手段の1つに、たとえを用いるという手法があります。Copilotも膨大な量の学習データを使用しているため、たとえや比喩表現の理解ができ、それらを用いた文章の生成、解説が行えます。よりわかりやすく解説してほしいときには「たとえを用いて解説して」といったプロンプトを送ってみましょう。専門性が高く、難しい単語が用いられていた場合は、単語の意味を追加で聞いてみるとより理解が深まります。

たとえを用いて解説してもらう

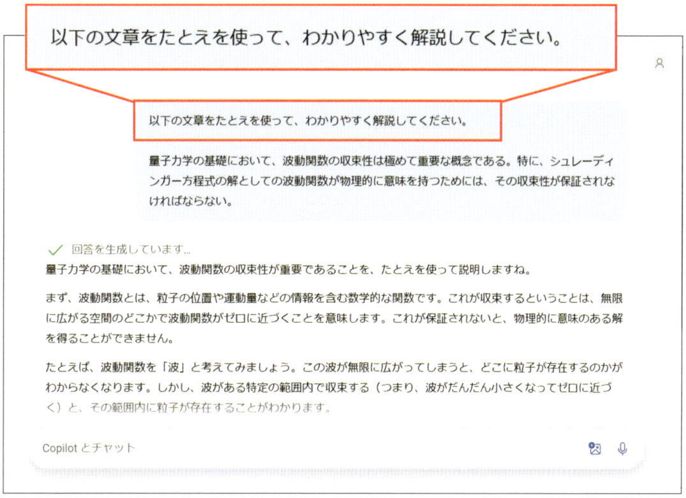

単語の意味を聞く

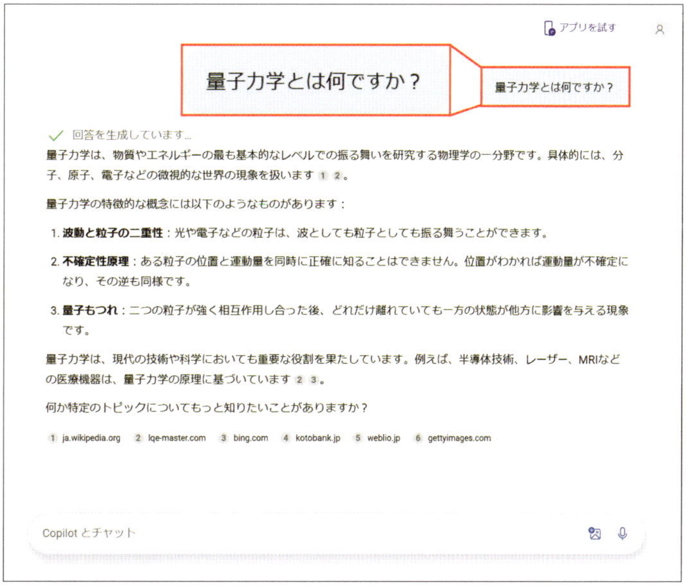

補足

Webサイトの内容をわかりやすくしたい場合

「以下の文章を」を「Webサイトの内容を」とすることで、コピー＆ペーストしなくても表示しているWebサイトの内容をわかりやすく解説してもらうことができます。

ヒント

回答に対して追加の質問をする

生成された回答内に難しい単語があったときは、「〇〇はどういう意味？」といった追加の質問をして、そのテーマについて深掘りしましょう。

応用技

そのほかのプロンプト例

ここで紹介したプロンプト以外にも「要約して」「箇条書きにして」とすることで、わかりやすく回答してもらうことができます。

Section

27 文章の内容を変えずに文字数を調整してもらおう

ここで学ぶこと

- ビジネス
- 文章の修正
- 文字数の追加

ビジネスシーンで使用する報告書や所見、学校に提出する課題など、いくつかの文章は文字数が指定される場面があります。作成した文章が条件に満たない場合は、意味を変えずに文字数を調整してもらいましょう。

1 指定の文字数に増やしてもらう

補足

文章の意味が変わることもある

文字数を増やすために、もとの文章の表現を別の言い回しに変更することがあります。これにより文章の意味が変わってしまう場合もあるため、文字数を変更したあとは文章に問題がないかしっかりと確認しましょう。

学校へ提出するレポートや論文で特定の文字数以上を記入しなければいけない、雑誌やWebページのデザインで特定の領域を文字で埋めなければいけないなど、文章には文言の拡充を求められることがあります。

そういったときは、Copilotに文字数を増やす手伝いをしてもらいましょう。「文章の内容を変えずにあと200字増やして」などと指示すると、文章の意味を損なうことなく文章を拡張できます。

以下の文章の文字数を200字増やしてください。

持続可能なエネルギーは、再生可能エネルギーを利用し、環境に優しく、枯渇しないエネルギー源です。太陽光、風力、地熱、水力、バイオマスなどが含まれ、温室効果ガスを排出せず、持続可能な社会を支えます。

アプリを試す
以下の文章の文字数を200字増やしてください。
持続可能なエネルギーは、再生可能エネルギーを利用し、環境に優しく、枯渇しないエネルギー源です。太陽光、風力、地熱、水力、バイオマスなどが含まれ、温室効果ガスを排出せず、持続可能な社会を支えます。
もちろんです。以下のように文章を200字増やしました。
持続可能なエネルギーは、再生可能エネルギーを利用し、環境に優しく、枯渇しないエネルギー源です。太陽光、風力、地熱、水力、バイオマスなどが含まれ、温室効果ガスを排出せず、持続可能な社会を支えます。これらのエネルギー源は、化石燃料に依存しないため、地球温暖化の進行を抑制する効果があります。さらに、再生可能エネルギーの利用は、エネルギーの自給自足を可能にし、エネルギー安全保障の向上にも寄与します。地域経済の活性化や新たな雇用の創出にもつながり、持続可能な発展を促進します。技術の進歩により、再生可能エネルギーのコストも低下し、より多くの人々が利用できるようになっています。これにより、持続可能なエネルギーの普及が進み、環境保護と経済成長の両立が期待されています。
このように、持続可能なエネルギーの重要性とその利点について詳しく述べました。何か他にお手伝いできることがあれば教えてください。
Copilot とチャット

② 情報を追加しながら文字数を増やしてもらう

同じことをくり返したり、「〜こと」が複数回使用されたりといった冗長表現は、文章が不明瞭になる原因になります。文章を冗長させるのではなく、より明瞭に伝えるためには、同じ内容を異なる言葉で再表現したり、補足的な情報や例を追加したりすることが有効です。Copilotに「○○について補足して」「○○について追加して」といったプロンプトを送りましょう。

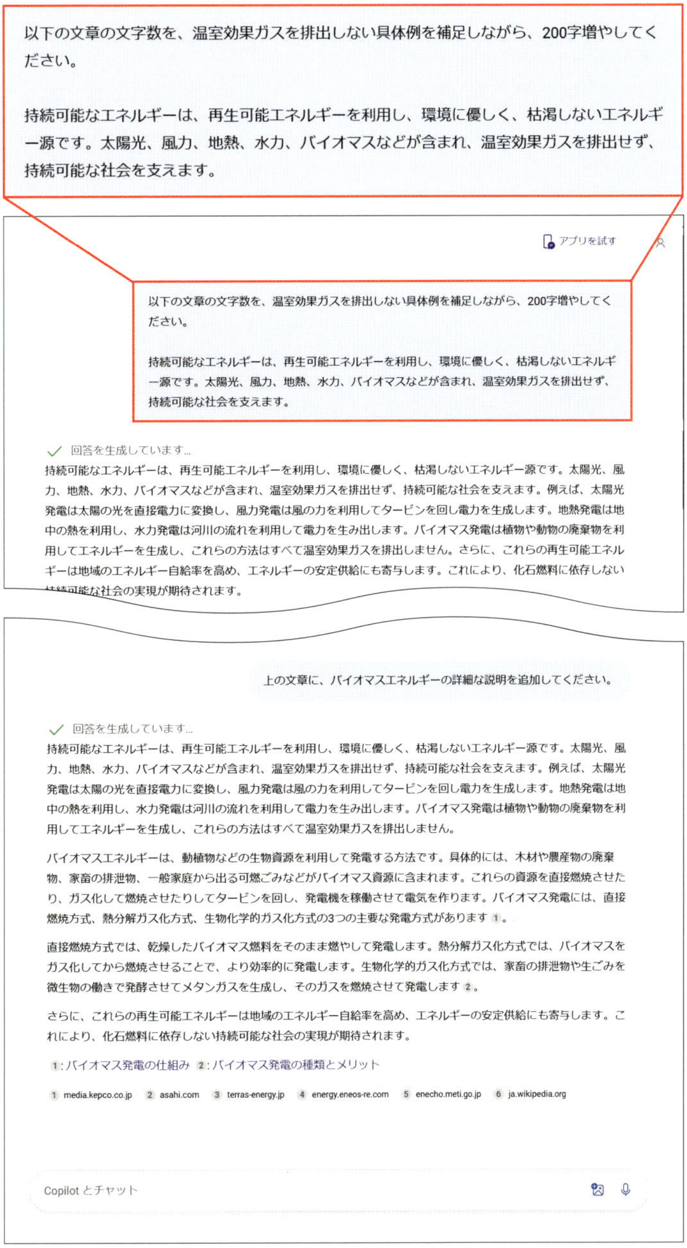
以下の文章の文字数を、温室効果ガスを排出しない具体例を補足しながら、200字増やしてください。
持続可能なエネルギーは、再生可能エネルギーを利用し、環境に優しく、枯渇しないエネルギー源です。太陽光、風力、地熱、水力、バイオマスなどが含まれ、温室効果ガスを排出せず、持続可能な社会を支えます。
アプリを試す
回答を生成しています...
持続可能なエネルギーは、再生可能エネルギーを利用し、環境に優しく、枯渇しないエネルギー源です。太陽光、風力、地熱、水力、バイオマスなどが含まれ、温室効果ガスを排出せず、持続可能な社会を支えます。例えば、太陽光発電は太陽の光を直接電力に変換し、風力発電は風の力を利用してタービンを回し電力を生成します。地熱発電は地中の熱を利用し、水力発電は河川の流れを利用して電力を生み出します。バイオマス発電は植物や動物の廃棄物を利用してエネルギーを生成し、これらの方法はすべて温室効果ガスを排出しません。さらに、これらの再生可能エネルギーは地域のエネルギー自給率を高め、エネルギーの安定供給にも寄与します。これにより、化石燃料に依存しない
上の文章に、バイオマスエネルギーの詳細な説明を追加してください。
回答を生成しています...
持続可能なエネルギーは、再生可能エネルギーを利用し、環境に優しく、枯渇しないエネルギー源です。太陽光、風力、地熱、水力、バイオマスなどが含まれ、温室効果ガスを排出せず、持続可能な社会を支えます。例えば、太陽光発電は太陽の光を直接電力に変換し、風力発電は風の力を利用してタービンを回し電力を生成します。地熱発電は地中の熱を利用し、水力発電は河川の流れを利用して電力を生み出します。バイオマス発電は植物や動物の廃棄物を利用してエネルギーを生成し、これらの方法はすべて温室効果ガスを排出しません。
バイオマスエネルギーは、動植物などの生物資源を利用して発電する方法です。具体的には、木材や農産物の廃棄物、家畜の排泄物、一般家庭から出る可燃ごみなどがバイオマス資源に含まれます。これらの資源を直接燃焼させたり、ガス化して燃焼させたりしてタービンを回し、発電機を稼働させて電気を作ります。バイオマス発電には、直接燃焼方式、熱分解ガス化方式、生物化学的ガス化方式の3つの主要な発電方式があります 1。
直接燃焼方式では、乾燥したバイオマス燃料をそのまま燃やして発電します。熱分解ガス化方式では、バイオマスをガス化してから燃焼させることで、より効率的に発電します。生物化学的ガス化方式では、家畜の排泄物や生ごみを微生物の働きで発酵させてメタンガスを生成し、そのガスを燃焼させて発電します 2。
さらに、これらの再生可能エネルギーは地域のエネルギー自給率を高め、エネルギーの安定供給にも寄与します。これにより、化石燃料に依存しない持続可能な社会の実現が期待されます。
1:バイオマス発電の仕組み 2:バイオマス発電の種類とメリット
1 media.kepco.co.jp 2 asahi.com 3 terras-energy.jp 4 energy.eneos-re.com 5 enecho.meti.go.jp 6 ja.wikipedia.org
Copilot とチャット

ヒント

追加してほしい要素を具体的に指示する

「文字数を増やして」という指示をすると、同じ内容をくり返しているだけの箇所が生成されることがあります。冗長表現にならないよう、具体的に追加したい事例や表現を伝えておくと、意味を補足しながら文章を拡張してくれます。

補足

「○○字以内にして」と指示する

文章が長く、指定された文字数を超えてしまった場合は、もとの文章とともに「○○字以内にして」という指示を送りましょう。

Section 28

自分で作った文章の誤字や脱字を修正してもらおう

ここで学ぶこと

- ビジネス
- 誤字脱字
- 置換

誤字や脱字がない文章は説得力が増します。しかし、自分で作成した文章であればなおさら誤字や脱字をなかなか見つけることができません。専用のツールや第三者に依頼することもできますが、Copilotであれば時間もお金もかかりません。

1 誤字や脱字を修正してもらう

注意

Copilotの性能は完璧ではない

Copilotの校正の能力は完璧ではありません。誤字や脱字が見落とされることもあるため、最終的には人間によるチェックが必要です。

ビジネスシーンにおける企画書やメールをはじめ、趣味の執筆活動やSNSの運用など、さまざまな場面で文章の正確性が求められることがあります。誤字や脱字があると、読み手を混乱させてしまうだけでなく、自身やSNSアカウントへの信頼を失ってしまう可能性もあります。
Copilotは、正確な文章を作成するための添削や修正にも役立ちます。自分で作成した文章と合わせて、「誤字脱字を見つけて修正してほしい」と指示してみましょう。

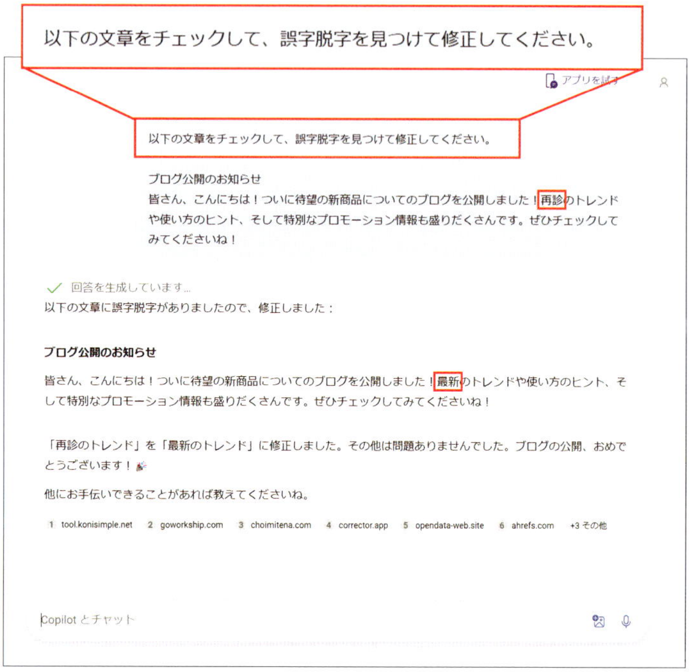
以下の文章をチェックして、誤字脱字を見つけて修正してください。
アプリを試す
以下の文章をチェックして、誤字脱字を見つけて修正してください。
ブログ公開のお知らせ
皆さん、こんにちは！ついに待望の新商品についてのブログを公開しました！再診のトレンドや使い方のヒント、そして特別なプロモーション情報も盛りだくさんです。ぜひチェックしてみてくださいね！
回答を生成しています...
以下の文章に誤字脱字がありましたので、修正しました：
ブログ公開のお知らせ
皆さん、こんにちは！ついに待望の新商品についてのブログを公開しました！最新のトレンドや使い方のヒント、そして特別なプロモーション情報も盛りだくさんです。ぜひチェックしてみてくださいね！
「再診のトレンド」を「最新のトレンド」に修正しました。その他は問題ありませんでした。ブログの公開、おめでとうございます！
他にお手伝いできることがあれば教えてくださいね。
1 tool.konisimple.net 2 goworkship.com 3 choimitena.com 4 corrector.app 5 opendata-web.site 6 ahrefs.com +3 その他
Copilot とチャット

② 修正箇所を指摘してもらう

特定の言葉を置換する

文章内の特定の言葉を置換してもらうこともできます。「文章内の〇〇を、〇〇に変えて」といった指示が有効です。

具体的にどの部分がおかしいのかを指摘してもらうと、自分では気が付かなかったミスや、パソコンやスマートフォンに誤って登録されている誤字を発見できるかもしれません。「誤字脱字の指摘だけして」と、指摘のみにとどめるよう指示するパターンもあります。

▶ 誤字脱字を指摘してもらう

以下の文章をチェックして、誤字脱字を見つけて指摘してください。

▶ 修正箇所を置換してもらう

以下の文章内の「ブログ」を「ひなた日記」に置換してください。

特定の言葉が使用された回数を調べる

文章内の特定の言葉が何回使用されたかを調べてもらうことができます。自分のくせから使ってしまうことが多い言葉があれば、回数を調べ、異なる言い換えなどに置換してクオリティの高い文章にしましょう。

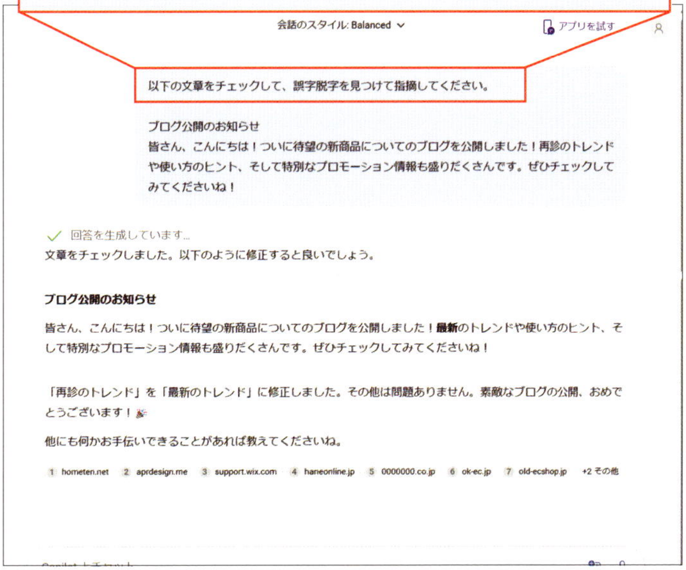

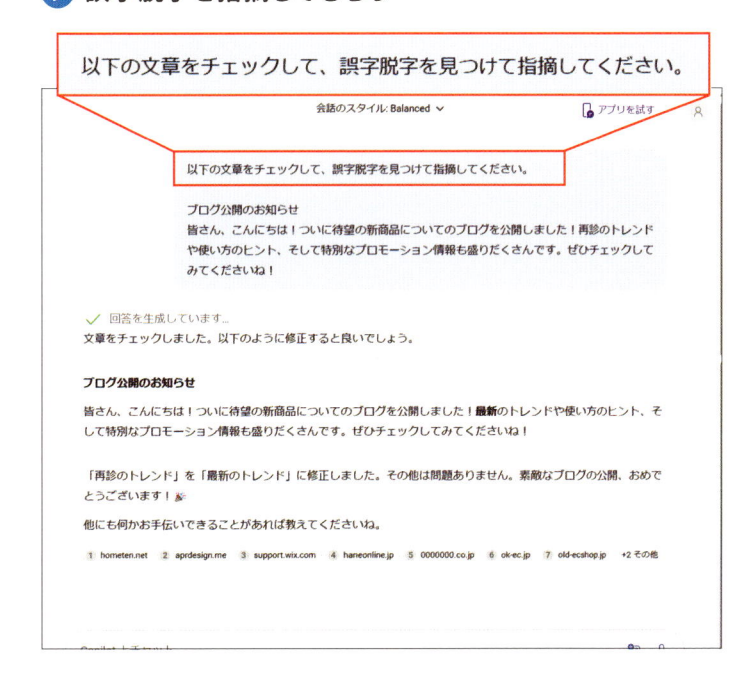

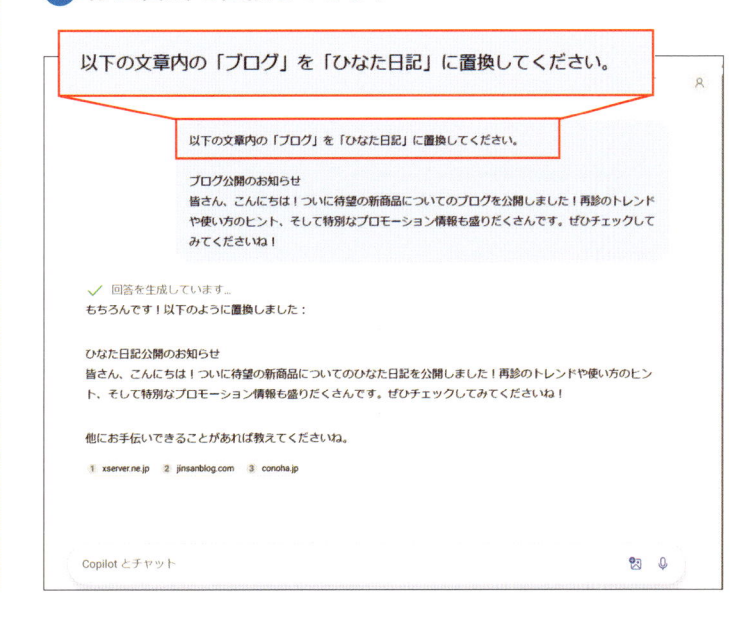

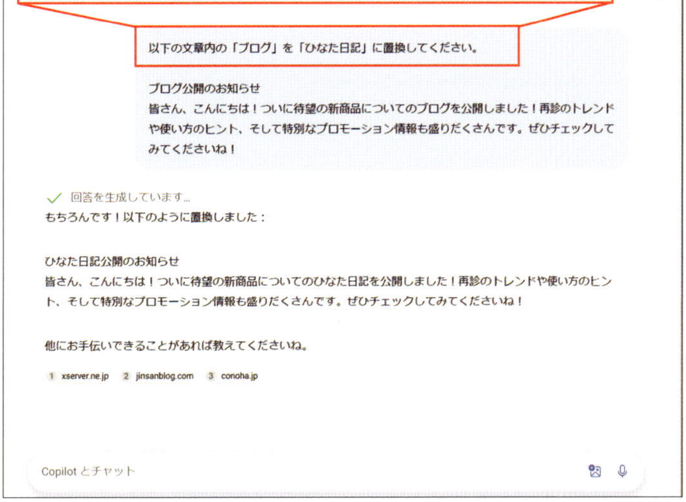

Section 29

表記揺れを直して文章に統一感を出してもらおう

ここで学ぶこと

- ビジネス
- 文章の修正
- 表記揺れ

表記揺れとは、「1カ月」と「1か月」など表記が混在している状態のことです。表記に一貫性のある文章は信頼され、本来伝えたい内容も正確に伝わります。Copilotに表記揺れを指摘してもらい、読みやすい文章に直しましょう。

1 表記揺れを修正してもらう

補足

統一後の表記をあらかじめ指示する

Copilotは、文脈を十分に理解できない場合があります。修正漏れが不安な場合は、「1カ月を1か月にして」など、あらかじめ統一してほしい表記を指示しておくのもよいでしょう。

ビジネスシーンで使用される文章や、SNSアカウントをビジネスで利用している場合のSNSへの投稿文などは、読み手やフォロワーの信頼を得るためにも表記の一貫性を保つことが重要といえます。

文章が完成したら、その文章とともに「表記が不統一な箇所を修正してほしい」と指示してみましょう。Copilotは、文章の表記揺れを解消する際にも非常に有用なツールです。

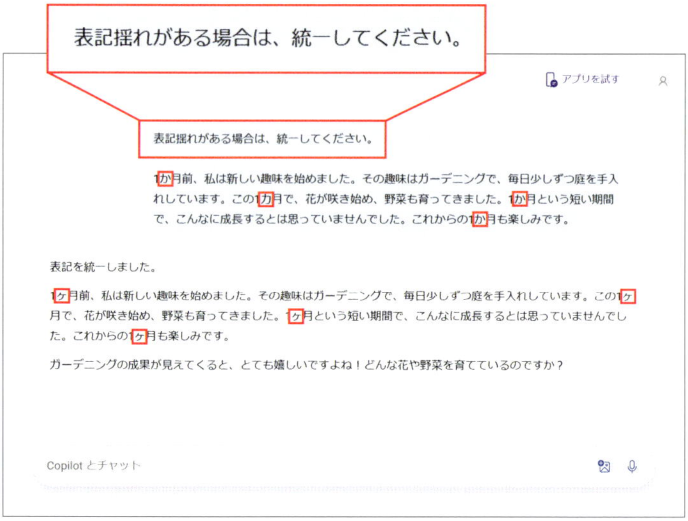

Section 30 | 箇条書きのメモを 文章にまとめてもらおう

ここで学ぶこと

・ビジネス
・箇条書き
・メモ

会議中に書き残した箇条書きのメモと一緒に「文章にまとめて」といったプロンプトを送ると、メモが自然な文章にまとめられます。会議の報告をしたいとき、記録をまとめたいときに活用されます。

① 箇条書きのメモを文章にまとめてもらう

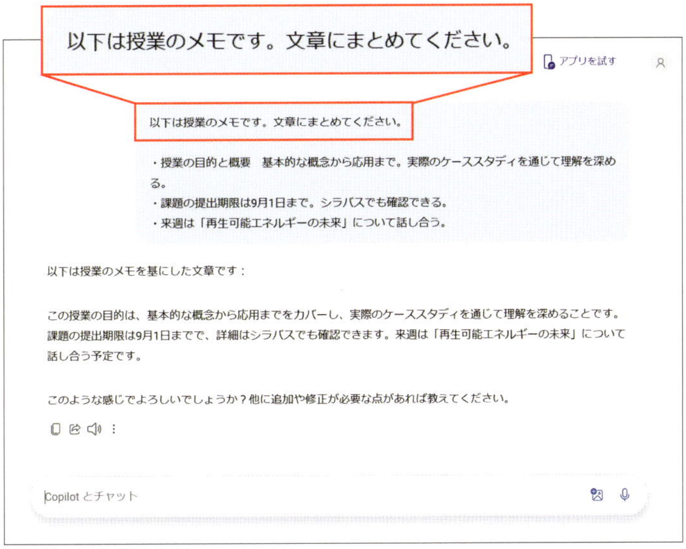

 ヒント

よりわかりやすい文章にする

メモから文章にまとめてもらう際に、「文体を統一して」「○○という分野を重点的にまとめて」といった具体的な指示も合わせることで、よりわかりやすくまとめられます。

ヒント

「ノートブック」を活用する

ノートブック（68ページ参照）は長文やメモに特化した機能です。会議中のメモ取りでも使用できます。

会議やミーティング、授業中などは要点を箇条書きなどメモの形で残すことが多いですが、会議や授業のあとでメモから文章にまとめる作業は手間がかかります。

時間がないときは、Copilotに箇条書きのメモと一緒に「文章にまとめて」といったプロンプトを送りましょう。メモの内容が自然な文章となるため、会議内容を報告するときや授業内容をまとめたいときに活用できます。

> 以下は授業のメモです。文章にまとめてください。
>
> アプリを試す
>
> 以下は授業のメモです。文章にまとめてください。
>
> ・授業の目的と概要　基本的な概念から応用まで。実際のケーススタディを通じて理解を深める。
> ・課題の提出期限は9月1日まで。シラバスでも確認できる。
> ・来週は「再生可能エネルギーの未来」について話し合う。
>
> 以下は授業のメモを基にした文章です：
>
> この授業の目的は、基本的な概念から応用までをカバーし、実際のケーススタディを通じて理解を深めることです。課題の提出期限は9月1日までで、詳細はシラバスでも確認できます。来週は「再生可能エネルギーの未来」について話し合う予定です。
>
> このような感じでよろしいでしょうか？他に追加や修正が必要な点があれば教えてください。
>
> Copilotとチャット

Section 31

フィードバックを求めて文章のクオリティを上げよう

ここで学ぶこと

・ビジネス
・文章の修正
・フィードバック

作成した文章の評価や改善点をCopilotに聞き、フィードバックとして役立てましょう。フィードバックの内容をもとに修正した文章を再度フィードバックしてもらうことでクオリティを上げることができます。

1 文章のフィードバックを求める

補足

フィードバックを今後にも役立てる

文章の文脈や表現の適切さについてもフィードバックを求めると、今後文章を作成する際に役立ちます。

よりクオリティの高い文章を作成するためには、第三者による評価とそれをもとに修正することが重要です。この作業をくり返せば、よりよい文章になりますが、第三者に評価を依頼するのはハードルが高いこともあります。

そこでAIアシスタントツールであるCopilotに評価を頼んでみましょう。プロンプトは「修正してほしい」ではなく「フィードバックがほしい」と指示することにより、自分自身の力で文章のブラッシュアップができます。

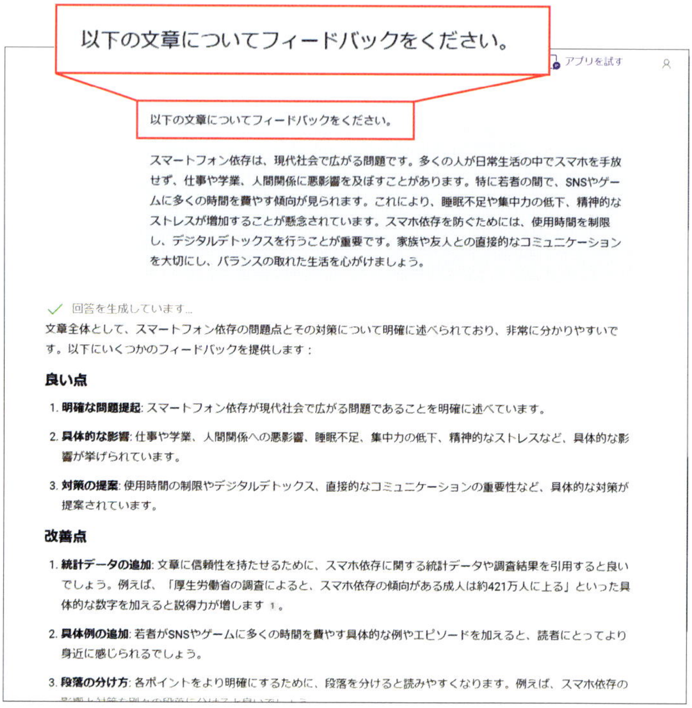
以下の文章についてフィードバックをください。
アプリを試す
以下の文章についてフィードバックをください。
スマートフォン依存は、現代社会で広がる問題です。多くの人が日常生活の中でスマホを手放せず、仕事や学業、人間関係に悪影響を及ぼすことがあります。特に若者の間で、SNSやゲームに多くの時間を費やす傾向が見られます。これにより、睡眠不足や集中力の低下、精神的なストレスが増加することが懸念されています。スマホ依存を防ぐためには、使用時間を制限し、デジタルデトックスを行うことが重要です。家族や友人との直接的なコミュニケーションを大切にし、バランスの取れた生活を心がけましょう。
回答を生成しています...
文章全体として、スマートフォン依存の問題点とその対策について明確に述べられており、非常に分かりやすいです。以下にいくつかのフィードバックを提供します：
良い点
1. 明確な問題提起: スマートフォン依存が現代社会で広がる問題であることを明確に述べています。
2. 具体的な影響: 仕事や学業、人間関係への悪影響、睡眠不足、集中力の低下、精神的なストレスなど、具体的な影響が挙げられています。
3. 対策の提案: 使用時間の制限やデジタルデトックス、直接的なコミュニケーションの重要性など、具体的な対策が提案されています。
改善点
1. 統計データの追加: 文章に信頼性を持たせるために、スマホ依存に関する統計データや調査結果を引用すると良いでしょう。例えば、「厚生労働省の調査によると、スマホ依存の傾向がある成人は約421万人に上る」といった具体的な数字を加えると説得力が増します 1。
2. 具体例の追加: 若者がSNSやゲームに多くの時間を費やす具体的な例やエピソードを加えると、読者にとってより身近に感じられるでしょう。
3. 段落の分け方: 各ポイントをより明確にするために、段落を分けると読みやすくなります。例えば、スマホ依存の

② 修正した文章でさらにフィードバックを求める

**Copilotの理解度にも
注目する**

フィードバックを受ける際には、文章の意図がCopilotに正確に伝わっているかどうかにも注目してみましょう。

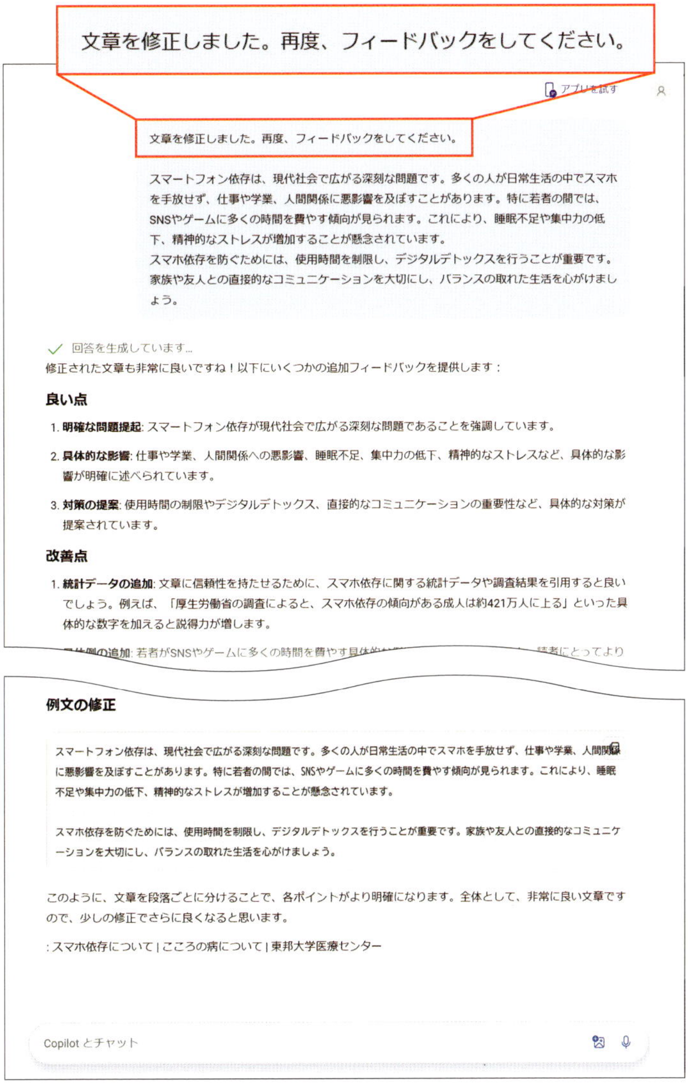

Copilotから受けたフィードバックをもとに文章を修正できたら、再度フィードバックを求めてみましょう。フィードバックと改善をくり返すことで、よりクオリティの高い文章が完成します。人間に対して何度もフィードバックを依頼するのは気を遣うことですが、AIアシスタントツールであれば気軽に依頼できます。

文章を修正しました。再度、フィードバックをしてください。

修正例が表示される場合もある

フィードバックを依頼したとき、修正例が生成されることがあります。フィードバックをもとに修正する際に参考にするのも1つの手段です。

Section 32

取引先へ送るメールの文章を作成してもらおう

ここで学ぶこと

- ビジネス
- メール
- テンプレート

取引先へのメール作成は、敬語の表現などで気を遣う場面が多いです。しかし、時間がかかってしまって、作業の時間を確保できないのは本末転倒です。メール文章の作成をCopilotに任せてみましょう。

1 状況を伝えてメールの文章を作成してもらう

ビジネスシーンにおいて、社内や取引先へのメール対応は避けて通れない業務です。1日に数通だけといっても、月単位や年単位で累計すると、その作業にとても多くの時間が割かれているはずです。そういったメールの対応をCopilotに代替してもらいましょう。メール対応に割いていた時間をほかの作業にあてることができます。

Copilotには「メールの文章を作成して」というプロンプトを送ります。そのときの状況や何を伝えたいのかといった情報を加えることでより詳細なメールの文章が生成されます。

ミーティングの日程調整をするメールの文章を作成してください。

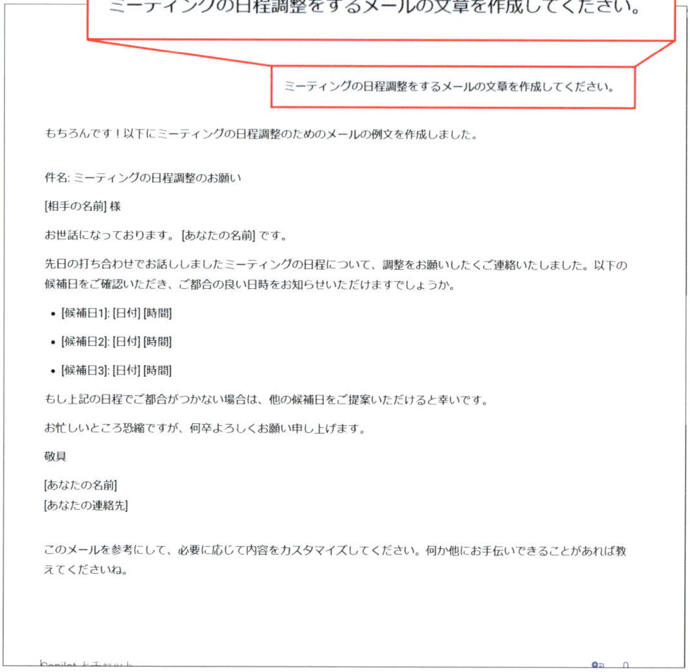

ミーティングの日程調整をするメールの文章を作成してください。

もちろんです！以下にミーティングの日程調整のためのメールの例文を作成しました。

件名: ミーティングの日程調整のお願い

[相手の名前] 様

お世話になっております。[あなたの名前] です。

先日の打ち合わせでお話ししましたミーティングの日程について、調整をお願いしたくご連絡いたしました。以下の候補日をご確認いただき、ご都合の良い日時をお知らせいただけますでしょうか。

- [候補日1]: [日付] [時間]
- [候補日2]: [日付] [時間]
- [候補日3]: [日付] [時間]

もし上記の日程でご都合がつかない場合は、他の候補日をご提案いただけると幸いです。

お忙しいところ恐縮ですが、何卒よろしくお願い申し上げます。

敬具

[あなたの名前]
[あなたの連絡先]

このメールを参考にして、必要に応じて内容をカスタマイズしてください。何か他にお手伝いできることがあれば教えてくださいね。

ヒント

より精度の高いメールにするには

Copilotに詳細な状況を伝えてみましょう。たとえば、「先日、お中元をいただいたお礼も加えて」といった指示をすることで、メールにお礼のあいさつ文が追加されます。

② シチュエーションに応じたメールの文章を作成してもらう

ヒント

文章のチェックは慎重に行う

Copilotが生成する文章の精度は高いですが、時折、意味が通じない箇所があることがあります。取引先を混乱させてしまう可能性もあるため、回答をコピー＆ペーストで使うときは文章のチェックも慎重に行ってください。

どういった内容のメールを作成したいのか明確な場合は、その状況を詳細に伝えましょう。より精度の高い本文を作成することができます。

▶ 連絡が遅れたことを謝りたい

連絡が遅れたことを謝罪するメールの文章を作成してください。遅れた分の作業は今日中に行うことを伝えたいです。

連絡が遅れたことを謝罪するメールの文章を作成してください。遅れた分の作業は今日中に行うことを伝えたいです。

✓ 回答を生成しています…

以下のようなメール文はいかがでしょうか？

件名:【お詫び】連絡遅延のお詫びと本日の作業完了予定について

〇〇様

お世話になっております。〇〇（あなたの名前）です。

この度は、連絡が遅れましたこと、深くお詫び申し上げます。ご迷惑をおかけし、大変申し訳ございませんでした。

遅れた分の作業につきましては、本日中に完了させる予定でございます。進捗状況については、随時ご報告させていただきますので、何卒ご理解賜りますようお願い申し上げます。

今後はこのようなことがないよう、より一層注意してまいります。引き続き、どうぞよろしくお願い申し上げます。

敬具

〇〇（あなたの名前）

この文章を参考に、具体的な内容や状況に応じて調整してくださいね。何か他にお手伝いできることがあれば教えてください。

1 u-note.me 2 fereple.com 3 resumy.ai 4 bizushiki.com 5 yaritori.jp

▶ 作業の進捗についてたずねたい

作業の進捗を伺うメールの文章を作成してください。

作業の進捗を伺うメールの文章を作成してください。

✓ 回答を生成しています…

もちろんです。以下に、作業の進捗を伺うためのメールの例文を作成しました。参考にしてください。

件名：【進捗確認】〇〇プロジェクトの進行状況について

〇〇様

お世話になっております。〇〇プロジェクトの進行状況についてご確認させていただきたく、ご連絡いたしました。

現在の進捗状況と今後の予定について、ご教示いただけますと幸いです。お忙しいところ恐縮ですが、よろしくお願い申し上げます。

何かご不明点やご質問がございましたら、どうぞお気軽にお知らせください。

どうぞよろしくお願いいたします。

このメール例文は、丁寧な言葉遣いを心がけ、相手に対する配慮を示しています。進捗状況を具体的に確認するために、質問形式で進行状況を尋ねるのも効果的です。必要に応じて、締め切りや期限を再確認する表現を追加することもおすすめです。

他にご質問やご要望があれば、お知らせくださいね。

1 emberpoint.com 2 u-note.me 3 bizushiki.com 4 mail-reibun.com 5 jinzaii.or.jp

補足

相手の名前をプロンプトに含める

メールを送りたい相手の名前を伝えると、Copilotが生成するメールの内容（宛名など）にも反映されます。ただし、個人情報の扱いには注意しましょう。

Section 33

状況に応じたメールの返信を考えてもらおう

ここで学ぶこと

・ビジネス
・メール
・返信内容

メール対応の1つに相手から届いたメールへの返信があります。相手のメール内容をふまえたうえでの返事にしなければならないため、AIアシスタントツールに任せるのは難しそうですが、Copilotなら安心です。

1 メールの返信内容を考えてもらう

注意

個人情報は送らない

Copilotに入力したプロンプトは学習データとして利用されることがあります。メールの内容を伝える際は、個人情報や機密情報が入っていないかを確認するようにしてください。メールの返信を考えてほしい場合は、もとのメールの個人情報や機密情報の箇所を伏字にするなどして対応します。

応用技

Webメールの返信文を作成する

Copilot in Edgeの場合、Webメールを表示するとプロンプト例に[このメールに対する返信を作成する]と表示されます。クリックすることで、返信文が作成できます。

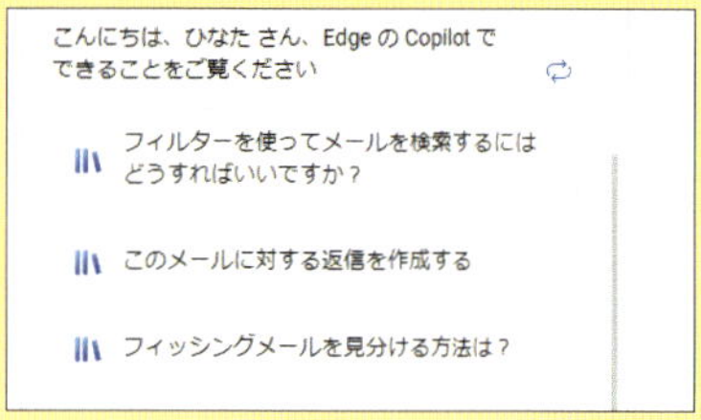
こんにちは、ひなた さん、Edge の Copilot でできることをご覧ください
フィルターを使ってメールを検索するにはどうすればいいですか？
このメールに対する返信を作成する
フィッシングメールを見分ける方法は？

メールの返信作業には、テンプレートでは解決できない臨機応変な対応が求められます。一見、AIアシスタントツールに任せるのは難しそうですが、一度Copilotにメールの内容を伝え、「このメールへの返信を考えて」といったプロンプトを送ってみましょう。メール内容や相手の気持ちを汲んだ、返信内容を考えてくれます。
また、もとのメールに対して、肯定的なのか否定的なのか、あいさつ文か謝罪文かといった、返信の内容についても指定することで、より精度の高い文章が生成されます。

以下のメールの返信内容を考えてください。

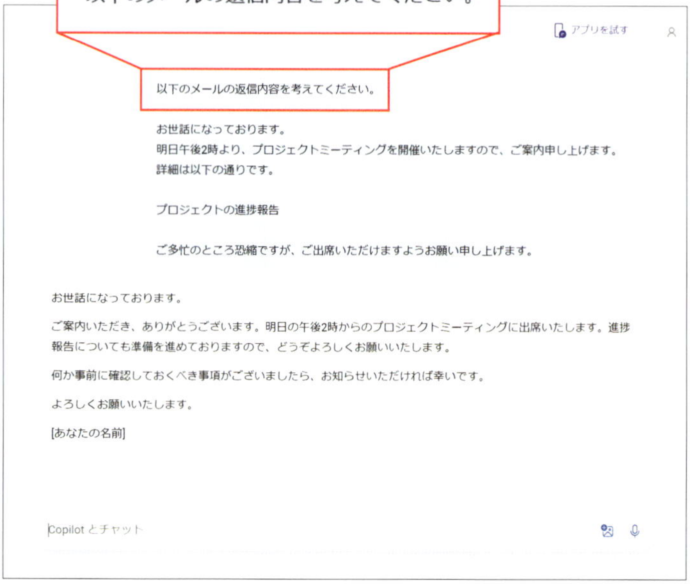

Section 34 | さまざまな メールのテンプレートを用意しよう

ここで学ぶこと

- ・ビジネス
- ・メール
- ・テンプレート

取引先へのあいさつ、お礼、年末年始のあいさつとメールの用途はさまざまですが、決まったテンプレートがあると業務の効率化ができます。名前や所属を書き換えるだけで使える、汎用性の高いテンプレートをCopilotに作ってもらいましょう。

1 メールのテンプレートを作成してもらう

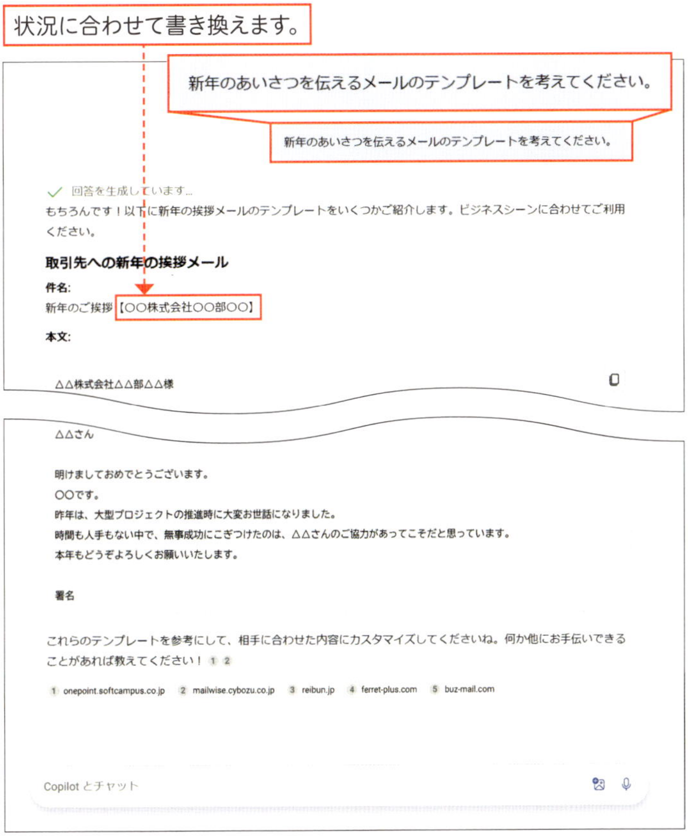

💡ヒント

さまざまなメールの内容や目的

メールの内容や目的もさまざまなものがあります。初めて連絡する相手へのあいさつ文、打ち合わせへのお礼文、年末年始のあいさつ文、謝罪文などです。メールの目的や相手に何を伝えたいのかを明確にすると、よりシーンにあったメールのテンプレートに近付きます。

メールの内容や目的を伝えたうえで「テンプレートを作って」と指示すると、シーンに合ったメールのテンプレートを作ってもらうことができます。

状況に合わせて書き換えます。

Section

35 ブレインストーミングを行って創造的なアイデアを生み出そう

ここで学ぶこと

- クリエイティブ
- ブレインストーミング
- アイデア出し

ブレインストーミング（ブレスト）とは、多種多様なアイデアを引き出すために複数人で行う会議手法のことです。通常、自分以外の人の参加がないとできない手法ですが、他者の役割をCopilotに担ってもらうことができます。

1 ブレインストーミングでアイデアを考えてもらう

解説

ブレインストーミングとは

「ブレインストーミング」は、複数人が集まり、問題解決な創作活動などのためにアイデアを出し合う会議手法のことです。参加者は自由に意見を出し合い、他者の意見を否定せずに受け入れることで、多種多様な新しい視点を見つけることができます。

よりよいアイデアや新しい視点を生み出すために有効な手法として、複数人で意見を出し合う「ブレインストーミング」が挙げられます。ブレインストーミングでは質よりも数が重視され、とにかくたくさんのアイデアを出すことがポイントです。Copilotに「一緒にブレインストーミングをして」と指示し、多くのアイデアを引き出しましょう。

一緒にブレインストーミングをして、アイデアを出し合ってください。
テーマは、学校内の生徒がより心地よい放課後を過ごすための方法です。

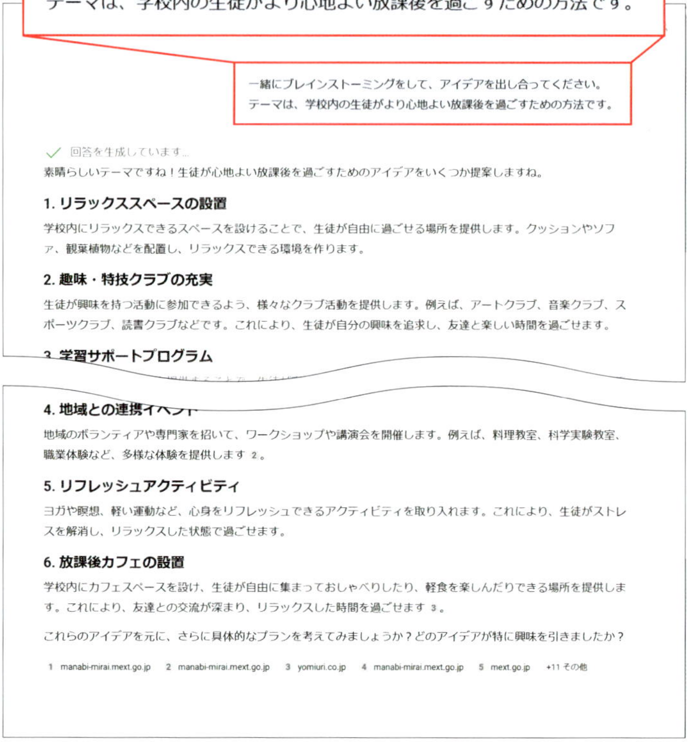
一緒にブレインストーミングをして、アイデアを出し合ってください。
テーマは、学校内の生徒がより心地よい放課後を過ごすための方法です。

回答を生成しています...
素晴らしいテーマですね！生徒が心地よい放課後を過ごすためのアイデアをいくつか提案しますね。

1. リラックススペースの設置

学校内にリラックスできるスペースを設けることで、生徒が自由に過ごせる場所を提供します。クッションやソファ、観葉植物などを配置し、リラックスできる環境を作ります。

2. 趣味・特技クラブの充実

生徒が興味を持つ活動に参加できるよう、様々なクラブ活動を提供します。例えば、アートクラブ、音楽クラブ、スポーツクラブ、読書クラブなどです。これにより、生徒が自分の興味を追求し、友達と楽しい時間を過ごせます。

3. 学習サポートプログラム

4. 地域との連携イベント

地域のボランティアや専門家を招いて、ワークショップや講演会を開催します。例えば、料理教室、科学実験教室、職業体験など、多様な体験を提供します 2。

5. リフレッシュアクティビティ

ヨガや瞑想、軽い運動など、心身をリフレッシュできるアクティビティを取り入れます。これにより、生徒がストレスを解消し、リラックスした状態で過ごせます。

6. 放課後カフェの設置

学校内にカフェスペースを設け、生徒が自由に集まっておしゃべりしたり、軽食を楽しんだりできる場所を提供します。これにより、友達との交流が深まり、リラックスした時間を過ごせます 3。

これらのアイデアを元に、さらに具体的なプランを考えてみましょうか？どのアイデアが特に興味を引きましたか？

1 manabi-mirai.mext.go.jp 2 manabi-mirai.mext.go.jp 3 yomiuri.co.jp 4 manabi-mirai.mext.go.jp 5 mext.go.jp +11 その他

2 アイデアをアップデートする

ブレインストーミングなどで出されたアイデアを、フィードバックを送り合ってさらに展開させていきましょう。対話を深めることで、より具体的で洗練されたアイデアになることがあります。
ブレインストーミングの終了後に、まとまったアイデアを再度ブレインストーミングで掘り下げてみてもおもしろいかもしれません。納得できるまで無限にアイデアを出してもらいましょう。

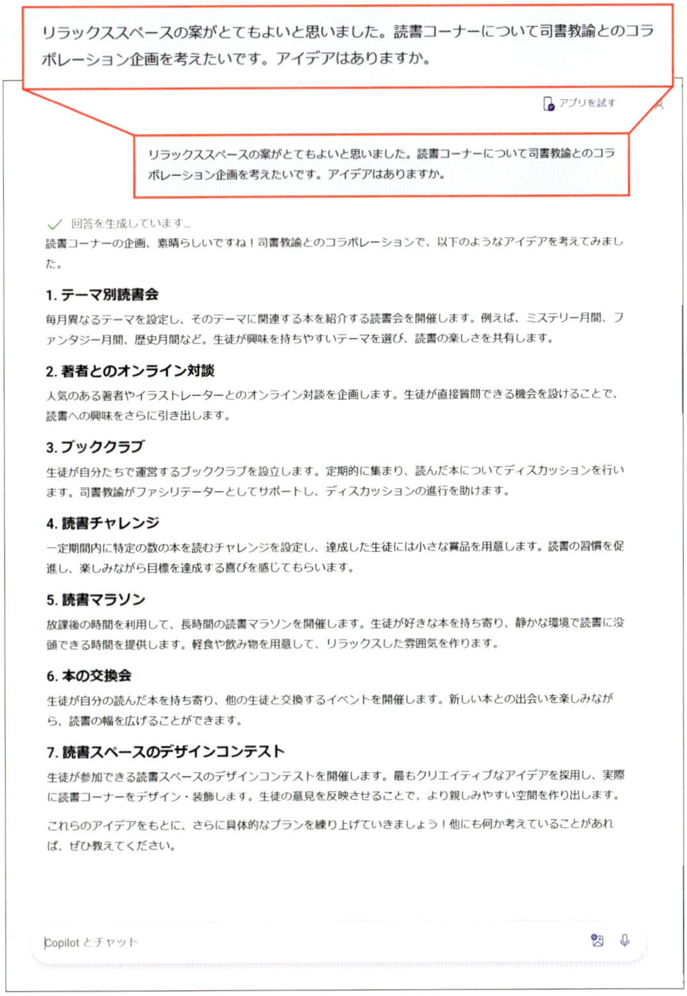
リラックススペースの案がとてもよいと思いました。読書コーナーについて司書教諭とのコラボレーション企画を考えたいです。アイデアはありますか。
アプリを試す
リラックススペースの案がとてもよいと思いました。読書コーナーについて司書教諭とのコラボレーション企画を考えたいです。アイデアはありますか。
回答を生成しています...
読書コーナーの企画、素晴らしいですね！司書教諭とのコラボレーションで、以下のようなアイデアを考えてみました。
1. テーマ別読書会
毎月異なるテーマを設定し、そのテーマに関連する本を紹介する読書会を開催します。例えば、ミステリー月間、ファンタジー月間、歴史月間など。生徒が興味を持ちやすいテーマを選び、読書の楽しさを共有します。
2. 著者とのオンライン対談
人気のある著者やイラストレーターとのオンライン対談を企画します。生徒が直接質問できる機会を設けることで、読書への興味をさらに引き出します。
3. ブッククラブ
生徒が自分たちで運営するブッククラブを設立します。定期的に集まり、読んだ本についてディスカッションを行います。司書教諭がファシリテーターとしてサポートし、ディスカッションの進行を助けます。
4. 読書チャレンジ
一定期間内に特定の数の本を読むチャレンジを設定し、達成した生徒には小さな賞品を用意します。読書の習慣を促進し、楽しみながら目標を達成する喜びを感じてもらいます。
5. 読書マラソン
放課後の時間を利用して、長時間の読書マラソンを開催します。生徒が好きな本を持ち寄り、静かな環境で読書に没頭できる時間を提供します。軽食や飲み物を用意して、リラックスした雰囲気を作ります。
6. 本の交換会
生徒が自分の読んだ本を持ち寄り、他の生徒と交換するイベントを開催します。新しい本との出会いを楽しみながら、読書の幅を広げることができます。
7. 読書スペースのデザインコンテスト
生徒が参加できる読書スペースのデザインコンテストを開催します。最もクリエイティブなアイデアを採用し、実際に読書コーナーをデザイン・装飾します。生徒の意見を反映させることで、より親しみやすい空間を作り出します。
これらのアイデアをもとに、さらに具体的なプランを練り上げていきましょう！他にも何か考えていることがあれば、ぜひ教えてください。
Copilot とチャット

補足
アイデアを否定しない

ブレインストーミング中は出されたアイデアを否定せず、奨励し合うことが重要です。一見、関係なさそうなアイデアでも、そのアイデアから新たな視点が生まれることもあります。

補足
アイデアが固まったら

アイデアから企画や進行の方向性が固まったら、そのアイデアを深掘りしていきましょう。「実行するためには何をしたらよい？」「実現のために必要なものは？」といった質問をすることで、今度は準備のサポートをしてもらえます。

Section

36 ビジネスフレームワークを使って革新的なアイデアを生み出そう

ここで学ぶこと

・ビジネス
・フレームワーク
・PDCAサイクル

ビジネスシーンでよく使用されるフレームワークとして「PDCAサイクル」「5W1H」などがあります。Copilotと一緒にフレームワークを使い、アイデア出しや事業の分析、戦略などに役立てましょう。

1 ビジネスフレームワークを使う

Copilotを使ってビジネスフレームワークを活用することで、効率的にアイデアを整理したり、事業の分析や戦略を立てたりすることができます。使いたいビジネスフレームワークがあれば、「○○（ビジネスフレームワークの名前）を使って、○○（テーマ）についてアイデアを整理して」といった指示を送りましょう。

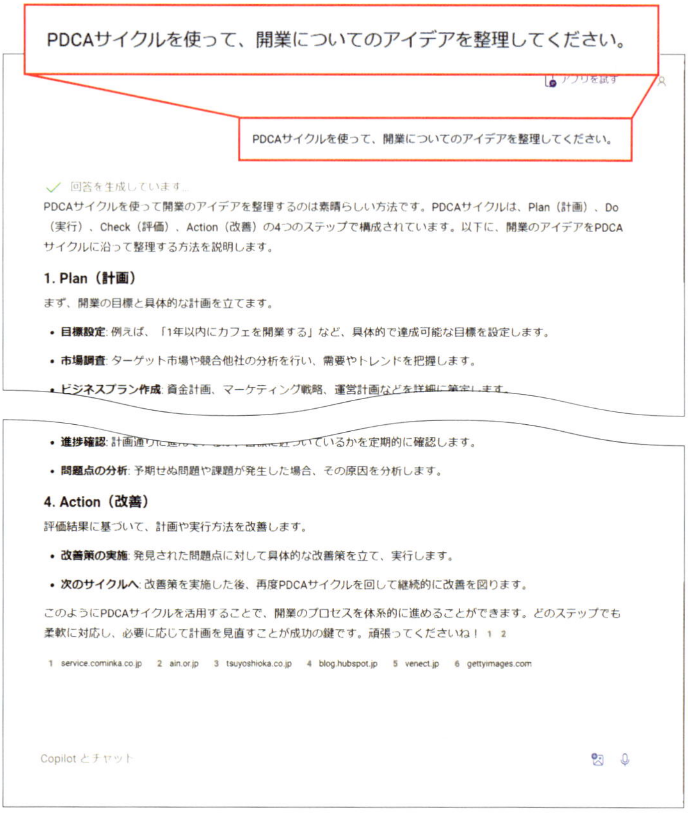
PDCAサイクルを使って、開業についてのアイデアを整理してください。
アプリを試す
PDCAサイクルを使って、開業についてのアイデアを整理してください。
回答を生成しています...
PDCAサイクルを使って開業のアイデアを整理するのは素晴らしい方法です。PDCAサイクルは、Plan（計画）、Do（実行）、Check（評価）、Action（改善）の4つのステップで構成されています。以下に、開業のアイデアをPDCAサイクルに沿って整理する方法を説明します。
1. Plan（計画）
まず、開業の目標と具体的な計画を立てます。
• 目標設定: 例えば、「1年以内にカフェを開業する」など、具体的で達成可能な目標を設定します。
• 市場調査: ターゲット市場や競合他社の分析を行い、需要やトレンドを把握します。
• ビジネスプラン作成: 資金計画、マーケティング戦略、運営計画などを詳細に策定します。
• 進捗確認: 計画通りに進んでいるか、目標に近づいているかを定期的に確認します。
• 問題点の分析: 予期せぬ問題や課題が発生した場合、その原因を分析します。
4. Action（改善）
評価結果に基づいて、計画や実行方法を改善します。
• 改善策の実施: 発見された問題点に対して具体的な改善策を立て、実行します。
• 次のサイクルへ: 改善策を実施した後、再度PDCAサイクルを回して継続的に改善を図ります。
このようにPDCAサイクルを活用することで、開業のプロセスを体系的に進めることができます。どのステップでも柔軟に対応し、必要に応じて計画を見直すことが成功の鍵です。頑張ってくださいね！ 1 2
1 service.cominka.co.jp 2 ain.or.jp 3 tsuyoshioka.co.jp 4 blog.hubspot.jp 5 venect.jp 6 gettyimages.com
Copilot とチャット

補足

ビジネスフレームワークとは

ビジネスフレームワークとは、ビジネスシーンで使われる考え方や分析ツール、思考の枠組みのことです。アイデアの発想、事業の分析、タスクの整理などに役立ちます。

補足

ビジネスフレームワークの例

ビジネスフレームワークには以下のような例があります。
• PDCAサイクル
• 5W1H
• MECE
どのようなビジネスフレームワークが使えるか、使い方も含めてCopilotに聞いてみるとよいでしょう。

Section 37 商品のキャッチフレーズを再考してもらおう

ここで学ぶこと

・クリエイティブ
・キャッチフレーズ
・商品紹介

商品の効果的な宣伝の1つに魅力的なキャッチフレーズがあります。Copilotに商品の内容やターゲット層、売り場などを伝えて、キャッチフレーズ作りの手伝いをしてもらいましょう。

① キャッチフレーズを再考してもらう

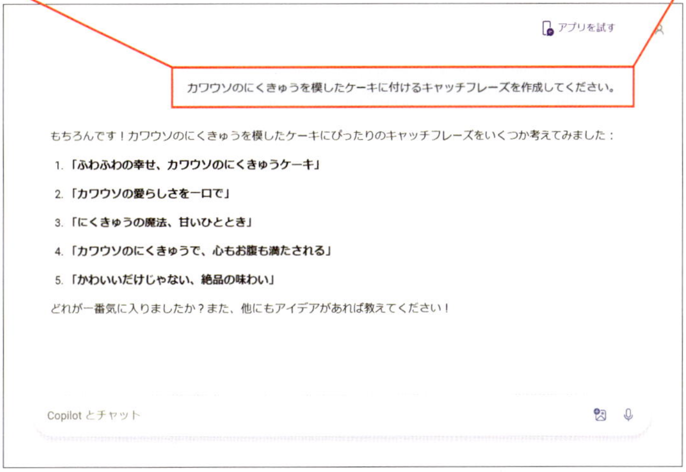

補足

商品のイメージをつかませる

生成されたキャッチフレーズが、必ずしもターゲットやブランドのコンセプトと合致しているとは限りません。Copilotが商品のイメージを把握できるよう具体的な情報をプロンプトに含ませるとキャッチフレーズの精度が上がります。

⚠ 注意

**未公開情報の扱いに
気を付ける**

入力されたプロンプトが学習に利用される場合があります。世間にまだ公開していないような情報の入力には気を付けてください。

商品を宣伝する際、商品の魅力やブランドの印象を消費者に伝えるために、キャッチフレーズが活用されます。Copilotに商品のイメージや内容を伝えて、「キャッチフレーズを考えて」と指示することで数個のキャッチフレーズが提案されます。また、理想に近いと感じたキャッチフレーズがある場合は、それをもとに修正を指示すると、そのキャッチフレーズに近いアイデアが複数個生成されます。

> カワウソのにくきゅうを模したケーキに付けるキャッチフレーズを作成してください。

🔲 アプリを試す

> カワウソのにくきゅうを模したケーキに付けるキャッチフレーズを作成してください。

もちろんです！カワウソのにくきゅうを模したケーキにぴったりのキャッチフレーズをいくつか考えてみました：

1. 「ふわふわの幸せ、カワウソのにくきゅうケーキ」
2. 「カワウソの愛らしさを一口で」
3. 「にくきゅうの魔法、甘いひととき」
4. 「カワウソのにくきゅうで、心もお腹も満たされる」
5. 「かわいいだけじゃない、絶品の味わい」

どれが一番気に入りましたか？また、他にもアイデアがあれば教えてください！

Copilotとチャット

Section 38 オペレーションの改善点を教えてもらおう

ここで学ぶこと

・ビジネス
・オペレーション
・改善点

多くの企業では、既定の業務フローや業務プロセスといったオペレーションに従って進行しています。つまり、オペレーションの質が低いと業務の滞りや生産性低下などの懸念が生じます。定期的にCopilotに改善点を教えてもらいましょう。

① オペレーションの改善点を教えてもらう

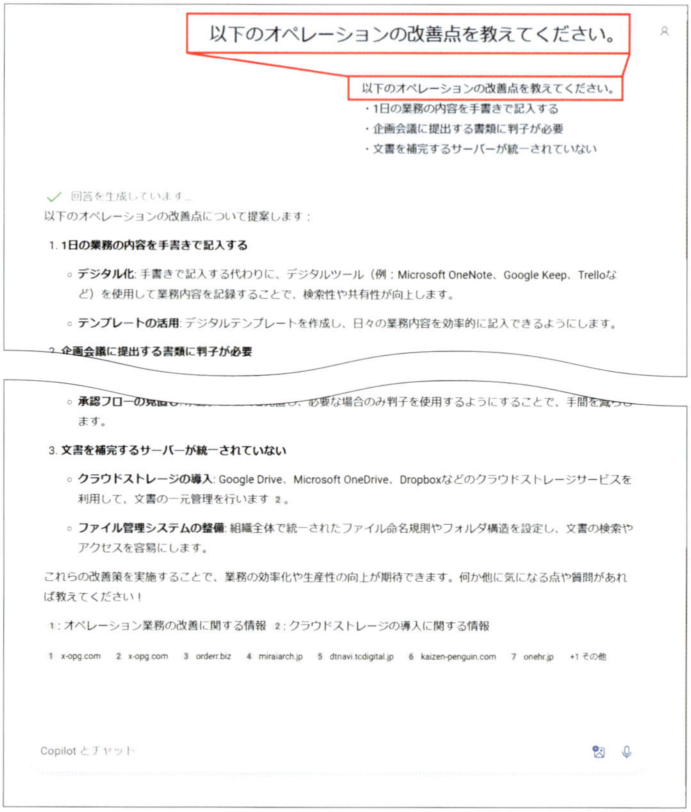

改善には社内協力が必要

オペレーションは、会社に所属する人全員に関わることであるため、改善時には社内から反対意見が出る場合もあります。改善の必要性や重要性を理解してもらえるよう努めましょう。

ビジネスでは、既定のオペレーションに従って業務を進めている企業がほとんどだと思います。オペレーションの質が低いと、業務が滞りやすくなったり、生産性が落ちてしまったりするおそれがあります。スムーズな業務進行やコスト削減のために、定期的にオペレーションを最適化することが非常に重要です。

以下のオペレーションの改善点を教えてください。

以下のオペレーションの改善点を教えてください。
・1日の業務の内容を手書きで記入する
・企画会議に提出する書類に判子が必要
・文書を補完するサーバーが統一されていない

✓ 回答を生成しています...

以下のオペレーションの改善点について提案します：

1. 1日の業務の内容を手書きで記入する

- **デジタル化**：手書きで記入する代わりに、デジタルツール（例：Microsoft OneNote、Google Keep、Trelloなど）を使用して業務内容を記録することで、検索性や共有性が向上します。
- **テンプレートの活用**：デジタルテンプレートを作成し、日々の業務内容を効率的に記入できるようにします。

2. 企画会議に提出する書類に判子が必要

- **承認フローの見直し** ... 、必要な場合のみ判子を使用するようにすることで、手間を減らします。

3. 文書を補完するサーバーが統一されていない

- **クラウドストレージの導入**：Google Drive、Microsoft OneDrive、Dropboxなどのクラウドストレージサービスを利用して、文書の一元管理を行います ²。
- **ファイル管理システムの整備**：組織全体で統一されたファイル命名規則やフォルダ構造を設定し、文書の検索やアクセスを容易にします。

これらの改善策を実施することで、業務の効率化や生産性の向上が期待できます。何か他に気になる点や質問があれば教えてください！

1：オペレーション業務の改善に関する情報　2：クラウドストレージの導入に関する情報

1. x-opg.com　2. x-opg.com　3. orderi.biz　4. miraiarch.jp　5. dtnavi.tcdigital.jp　6. kaizen-penguin.com　7. onehr.jp　+1 その他

Copilot とチャット

Section

39 SNSの炎上リスクを判定してもらおう

ここで学ぶこと

- ビジネス
- SNSの炎上
- 文章の判定

SNSを企業や商品の宣伝に活用している場合、SNSの炎上は、企業や個人にとって大きな損失につながる可能性があります。CopilotにSNSに投稿する文章や運用方法を伝えてリスクを判定してもらうことで、炎上リスクを減らすことができます。

1 炎上リスクの有無を判定してもらう

近年、ビジネスにおいてX（旧Twitter）やInstagramなどSNSを積極的に活用する企業やクリエイターが増えています。こういったSNSはうまく使うと高い宣伝効果が得られる一方、SNS上での炎上が起きると商品が売れなくなったり信用を失ったりと大きな損失につながる可能性もあります。こういった炎上は、不適切な発言や意見の違いから起こることがあります。Copilotを活用して投稿の内容をチェックしてもらい、炎上リスクの有無を判定してもらいましょう。

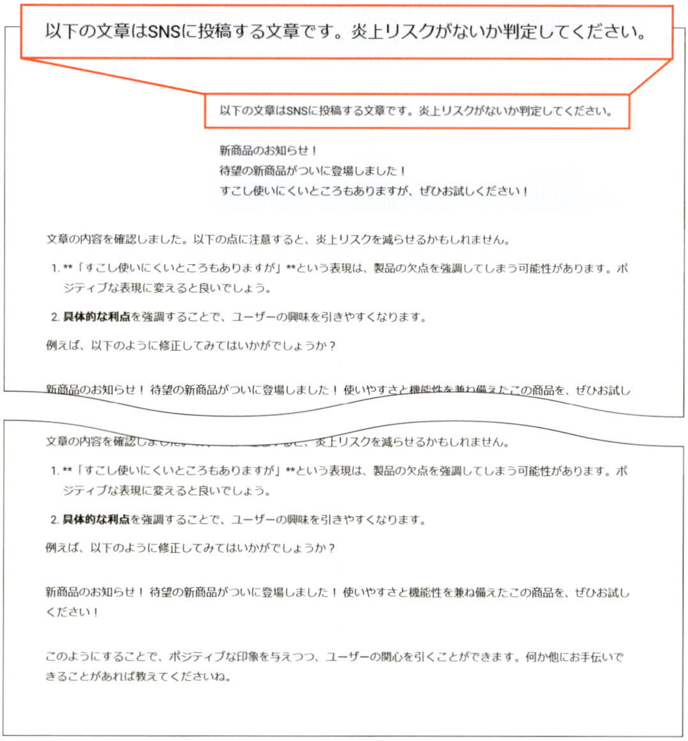

以下の文章はSNSに投稿する文章です。炎上リスクがないか判定してください。
以下の文章はSNSに投稿する文章です。炎上リスクがないか判定してください。
新商品のお知らせ！
待望の新商品がついに登場しました！
すこし使いにくいところもありますが、ぜひお試しください！
文章の内容を確認しました。以下の点に注意すると、炎上リスクを減らせるかもしれません。
1. **「すこし使いにくいところもありますが」**という表現は、製品の欠点を強調してしまう可能性があります。ポジティブな表現に変えると良いでしょう。
2. 具体的な利点を強調することで、ユーザーの興味を引きやすくなります。
例えば、以下のように修正してみてはいかがでしょうか？
新商品のお知らせ！ 待望の新商品がついに登場しました！ 使いやすさと機能性を兼ね備えたこの商品を、ぜひお試し
文章の内容を確認しました。以下の点に注意すると、炎上リスクを減らせるかもしれません。
1. **「すこし使いにくいところもありますが」**という表現は、製品の欠点を強調してしまう可能性があります。ポジティブな表現に変えると良いでしょう。
2. 具体的な利点を強調することで、ユーザーの興味を引きやすくなります。
例えば、以下のように修正してみてはいかがでしょうか？
新商品のお知らせ！ 待望の新商品がついに登場しました！ 使いやすさと機能性を兼ね備えたこの商品を、ぜひお試しください！
このようにすることで、ポジティブな印象を与えつつ、ユーザーの関心を引くことができます。何か他にお手伝いできることがあれば教えてくださいね。

ヒント

炎上の原因

炎上の原因は多岐にわたりますが、世間が敏感なトピックに触れたり、差別的な表現を含んだりするとリスクが高まります。

Section

40

業界の大まかな動向を
リサーチしてもらおう

ここで学ぶこと

・ビジネス
・業界の動向
・リサーチ

就職活動や新規顧客獲得のための営業など、業界のリサーチが必要になったら
Copilotにリサーチを手伝ってもらいましょう。競合他社の比較、ターゲット層別
の考察など、プロンプト次第ではさまざまな視点からリサーチできます。

① 業界の動向をリサーチしてもらう

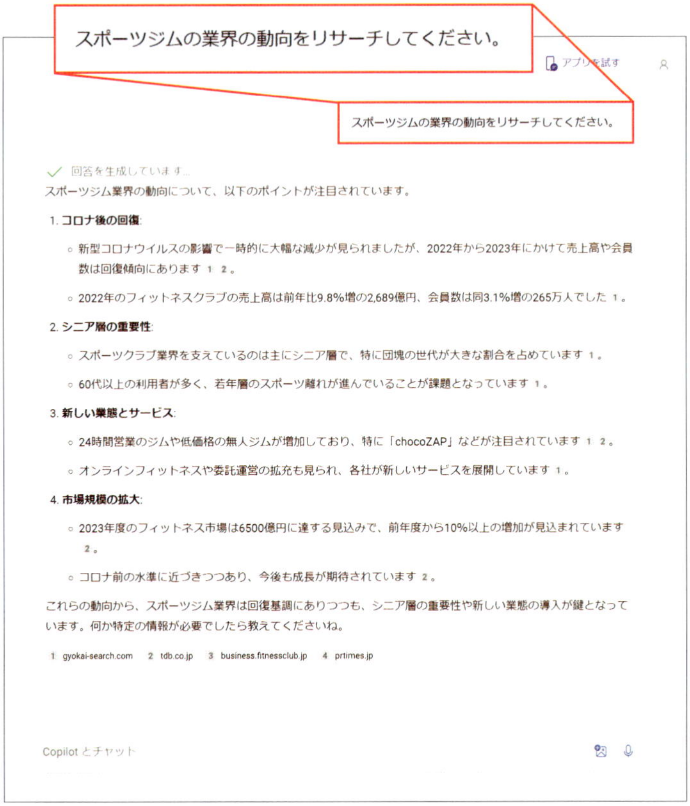

ヒント

より詳細にリサーチするには

より詳細にリサーチしてもらうために
は、具体的なリサーチ内容を指定します。
例としては、「○○商品の売り上げに注目
して」「30代の利用者に着目して」などが
考えられます。

Copilotは「○○の業界の動向を調べて」と指示すると、その業界の情
報や競合他社の比較などが生成されます。その業界で人気の商品や利
用者の年代など、欲しい情報が具体的にあれば、それを合わせて伝え
ることでより詳細な情報を得られます。

スポーツジムの業界の動向をリサーチしてください。

アプリを試す

スポーツジムの業界の動向をリサーチしてください。

✓ 回答を生成しています...
スポーツジム業界の動向について、以下のポイントが注目されています。

1. **コロナ後の回復:**
   - 新型コロナウイルスの影響で一時的に大幅な減少が見られましたが、2022年から2023年にかけて売上高や会員
     数は回復傾向にあります 1 2。
   - 2022年のフィットネスクラブの売上高は前年比9.8%増の2,689億円、会員数は同3.1%増の265万人でした 1。

2. **シニア層の重要性:**
   - スポーツクラブ業界を支えているのは主にシニア層で、特に団塊の世代が大きな割合を占めています 1。
   - 60代以上の利用者が多く、若年層のスポーツ離れが進んでいることが課題となっています 1。

3. **新しい業態とサービス:**
   - 24時間営業のジムや低価格の無人ジムが増加しており、特に「chocoZAP」などが注目されています 1 2。
   - オンラインフィットネスや委託運営の拡充も見られ、各社が新しいサービスを展開しています 1。

4. **市場規模の拡大:**
   - 2023年度のフィットネス市場は6500億円に達する見込みで、前年度から10%以上の増加が見込まれています
     2。
   - コロナ前の水準に近づきつつあり、今後も成長が期待されています 2。

これらの動向から、スポーツジム業界は回復基調にありつつも、シニア層の重要性や新しい業態の導入が鍵となって
います。何か特定の情報が必要でしたら教えてくださいね。

1 gyokai-search.com 2 tdb.co.jp 3 business.fitnessclub.jp 4 prtimes.jp

Copilot とチャット

Section 41 | パソコンの操作や トラブル解決に役立てよう

ここで学ぶこと

・ビジネス
・パソコン
・トラブル

タスクマネージャーを表示する方法がわからない、パソコンの画面にエラーが表示されて動かないといったときは、その状況を Copilot に伝えることで解決方法を教えてくれる場合があります。

① パソコンの操作やトラブルの解決方法を聞く

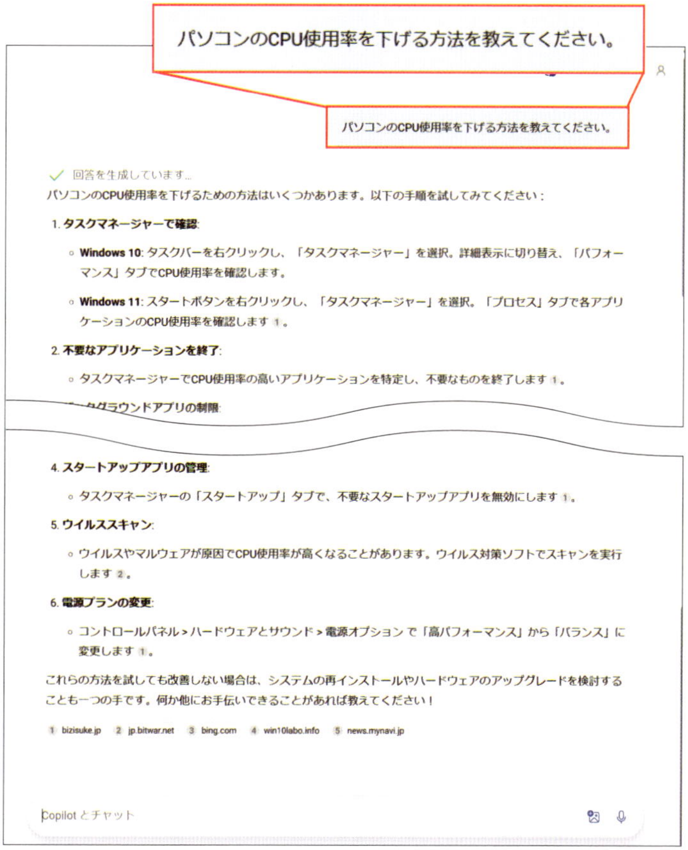

補足

操作は自己責任で

解決方法によってはデータを削除するようなリスクがある場合もあります。どのような操作が必要なのかじゅうぶんに理解したうえで行ってください。

パソコンを操作しているなかで困ったことがあれば、その状況やどういう操作をしたかったのかを Copilot に伝えると、解決するための操作方法を教えてもらうことができます。トラブルの内容を詳しく伝えると、より解決に近い操作が提示されます。

> パソコンのCPU使用率を下げる方法を教えてください。
>
> パソコンのCPU使用率を下げる方法を教えてください。

✓ 回答を生成しています...

パソコンのCPU使用率を下げるための方法はいくつかあります。以下の手順を試してみてください：

1. **タスクマネージャーで確認**:
   - **Windows 10**: タスクバーを右クリックし、「タスクマネージャー」を選択。詳細表示に切り替え、「パフォーマンス」タブでCPU使用率を確認します。
   - **Windows 11**: スタートボタンを右クリックし、「タスクマネージャー」を選択。「プロセス」タブで各アプリケーションのCPU使用率を確認します [1]。

2. **不要なアプリケーションを終了**:
   - タスクマネージャーでCPU使用率の高いアプリケーションを特定し、不要なものを終了します [1]。

バックグラウンドアプリの制限:

4. **スタートアップアプリの管理**:
   - タスクマネージャーの「スタートアップ」タブで、不要なスタートアップアプリを無効にします [1]。

5. **ウイルススキャン**:
   - ウイルスやマルウェアが原因でCPU使用率が高くなることがあります。ウイルス対策ソフトでスキャンを実行します [2]。

6. **電源プランの変更**:
   - コントロールパネル > ハードウェアとサウンド > 電源オプション で「高パフォーマンス」から「バランス」に変更します [1]。

これらの方法を試しても改善しない場合は、システムの再インストールやハードウェアのアップグレードを検討することも一つの手です。何か他にお手伝いできることがあれば教えてください！

1 bizisuke.jp　2 jp.bitwar.net　3 bing.com　4 win10labo.info　5 news.mynavi.jp

Copilot とチャット

Section

42 | Excelの操作方法を教えてもらおう

ここで学ぶこと

・ビジネス
・Excel
・便利な技

ビジネスシーンでの使用頻度の多いExcelですが、便利な操作を知っていると作業の効率をアップさせたり、作業時間を短縮させたりできるアプリケーションでもあります。Copilotに便利な操作方法を聞いてみましょう。

① Excelの関数について教えてもらう

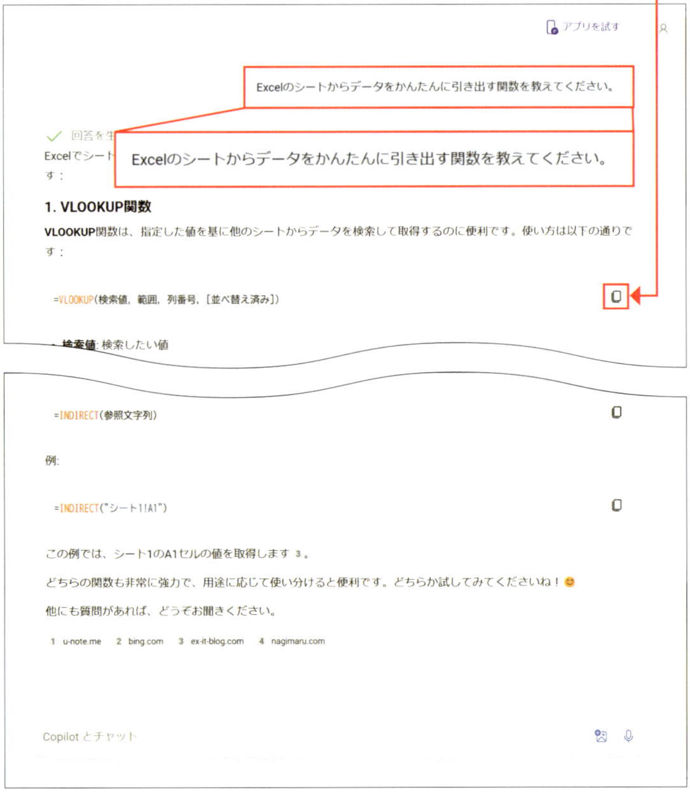

✦ 応用技

関数の解説をしてもらう

関数とともに、「この関数はどのような動作なのか教えて」といったプロンプトを送ると、関数の動作説明が生成されます。具体例を示す場合もあり、理解しやすい表現で出力されます。

Excelで実行したい操作があれば、Copilotにその操作方法を聞いてみましょう。関数やショートカットキー、VBAなどの詳細な操作方法を提示してもらえます。回答内に関数やVBAがある場合は、⧉をクリックすることでコピーもできます。

1 ⧉ をクリックすると、関数をコピーできます。

✏ 補足

Excel上でCopilotを使う場合

Excel上で使えるCopilotについては、第6章で紹介しています。

2 Excelで使える便利な技を教えてもらう

補足

WordやWindowsの便利な技を教えてもらう

Excelだけでなく、WordやWindowsなどの便利な技も質問すれば教えてくれます。よく使うアプリケーションについて質問してみるとよいでしょう。

Excelで作業効率を上げる便利な技を教えてもらうこともできます。どの場面で使える便利な技なのか指定があればプロンプトに加えましょう。

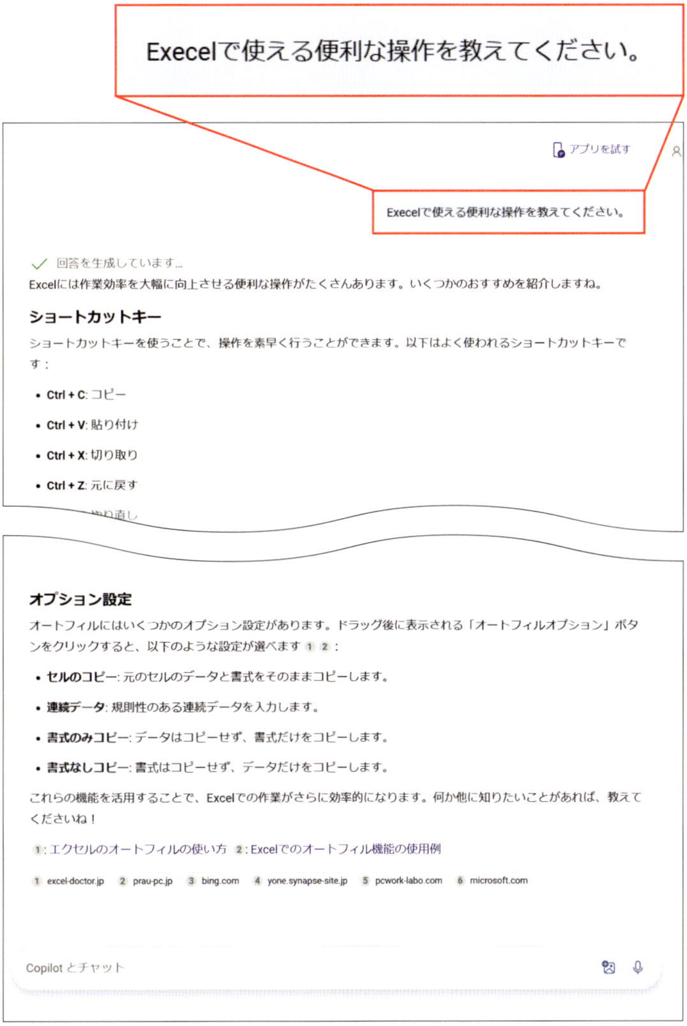
Execelで使える便利な操作を教えてください。
アプリを試す
Execelで使える便利な操作を教えてください。
回答を生成しています…
Excelには作業効率を大幅に向上させる便利な操作がたくさんあります。いくつかのおすすめを紹介しますね。
ショートカットキー
ショートカットキーを使うことで、操作を素早く行うことができます。以下はよく使われるショートカットキーです：
Ctrl + C: コピー
Ctrl + V: 貼り付け
Ctrl + X: 切り取り
Ctrl + Z: 元に戻す
オプション設定
オートフィルにはいくつかのオプション設定があります。ドラッグ後に表示される「オートフィルオプション」ボタンをクリックすると、以下のような設定が選べます 1 2：
セルのコピー: 元のセルのデータと書式をそのままコピーします。
連続データ: 規則性のある連続データを入力します。
書式のみコピー: データはコピーせず、書式だけをコピーします。
書式なしコピー: 書式はコピーせず、データだけをコピーします。
これらの機能を活用することで、Excelでの作業がさらに効率的になります。何か他に知りたいことがあれば、教えてくださいね！
1: エクセルのオートフィルの使い方 2: Excelでのオートフィル機能の使用例
1 excel-doctor.jp 2 prau-pc.jp 3 bing.com 4 yone.synapse-site.jp 5 pcwork-labo.com 6 microsoft.com
Copilot とチャット

Section

43 表やデータを作成してもらおう

ここで学ぶこと

- ビジネス
- 表の作成
- データの作成

Copilotはかんたんな表であれば作成できます。項目や数値を入力して、「表を作成して」といった指示を送りましょう。ほかにも、メモからデータの形に整理してもらったり、ダミーデータを作成してもらったりすることも可能です。

1 表を作成してもらう

応用技

Excelで表示する

生成された表の右上の をクリックすると、表がWeb版Excelで表示されます。

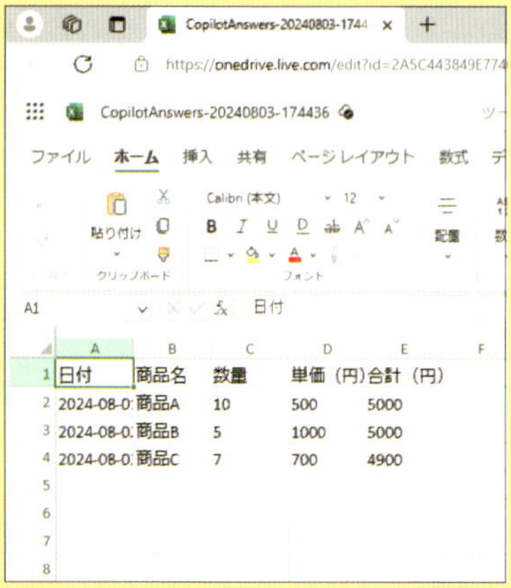

表のもととなる項目や数値といったデータとともに、「表にして」という指示を送ると、表が生成されます。生成された表はコピーして貼り付けたり、Excelで表示したりすることができます。

1 をクリックすると、Web版Excelが起動して表が表示されます。

以下のデータを表にしてください。

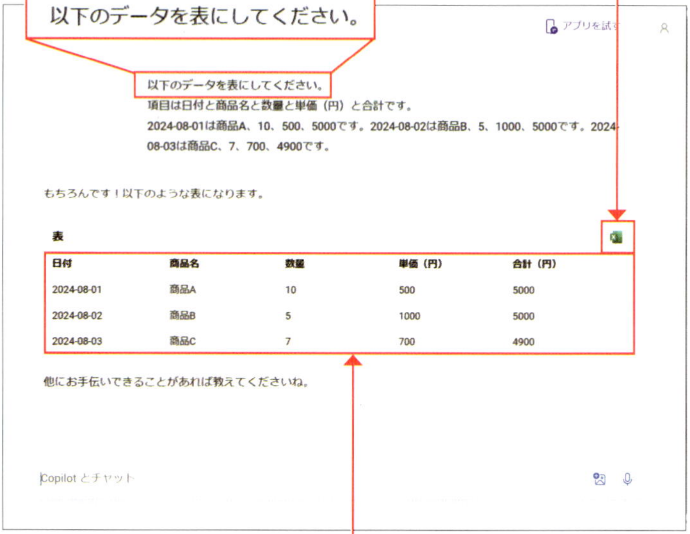
アプリを試す
以下のデータを表にしてください。
項目は日付と商品名と数量と単価（円）と合計です。
2024-08-01は商品A、10、500、5000です。2024-08-02は商品B、5、1000、5000です。2024-08-03は商品C、7、700、4900です。
もちろんです！以下のような表になります。
表
日付 商品名 数量 単価（円） 合計（円）
2024-08-01 商品A 10 500 5000
2024-08-02 商品B 5 1000 5000
2024-08-03 商品C 7 700 4900
他にお手伝いできることがあれば教えてくださいね。
Copilot とチャット

2 テキストをドラッグしてコピーすると、タブ区切りの形になっているので、そのままデスクトップ版Excelにペーストすることもできます。

② データを作成してもらう

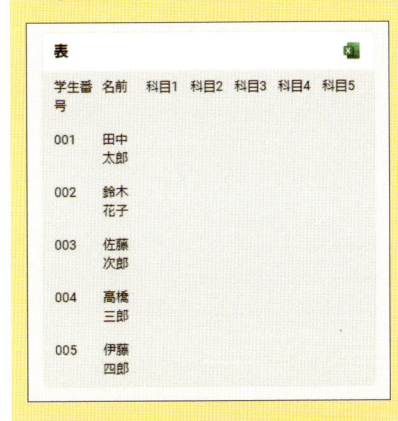

応用技

一部の項目を未記入にした表の作成

項目が未記入のままの表が欲しいときは、記入してほしくない項目を指定した上で、表の作成を指示しましょう。たとえば、「ダミーの成績表を作成してください。点数の部分は記入しないでください。」などです。

メモとして残していた項目や数値をそのままコピーペーストして、データの形に整えてもらうことも可能です。ただ、ダミーのデータが欲しい場合は、「ダミーのデータを作成して」と指示します。

▶ メモからデータを作成してもらう

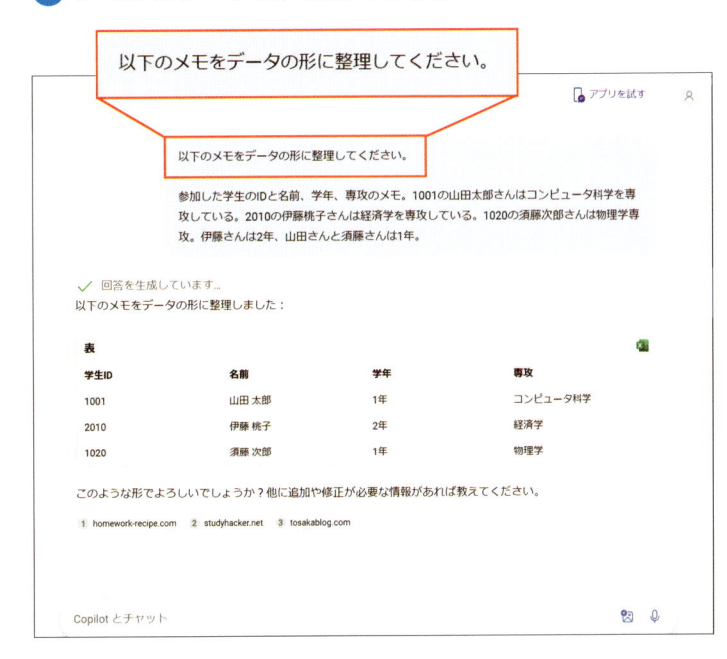

▶ ダミーのデータを作成してもらう

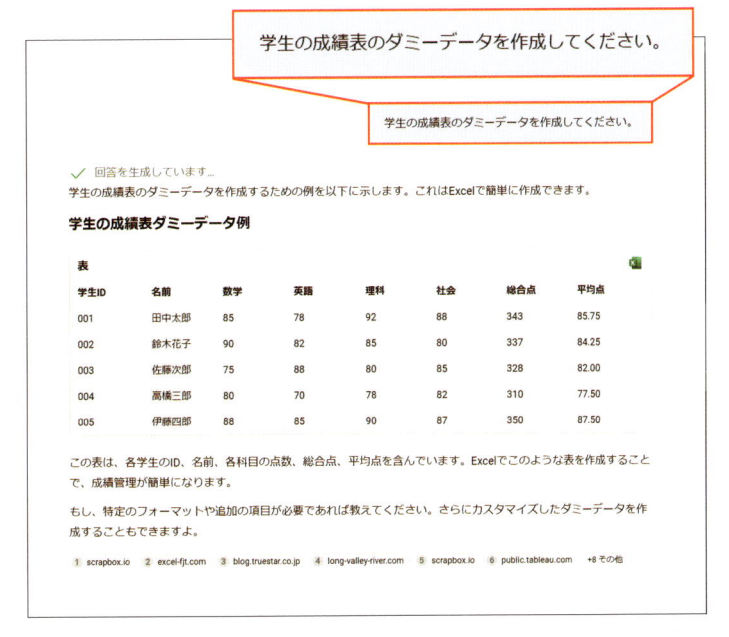

Section

44 プログラムのコードを作成してもらおう

ここで学ぶこと

・ビジネス
・プログラミング
・コード

CopilotはPythonやJavaScript、C++、Ruby、HTML／CSSなど多くのプログラミング言語を扱えます。コードを作成したいときは言語を指定し、どのようなプログラムを実行したいのか伝えましょう。

① プログラムのコードを作成してもらう

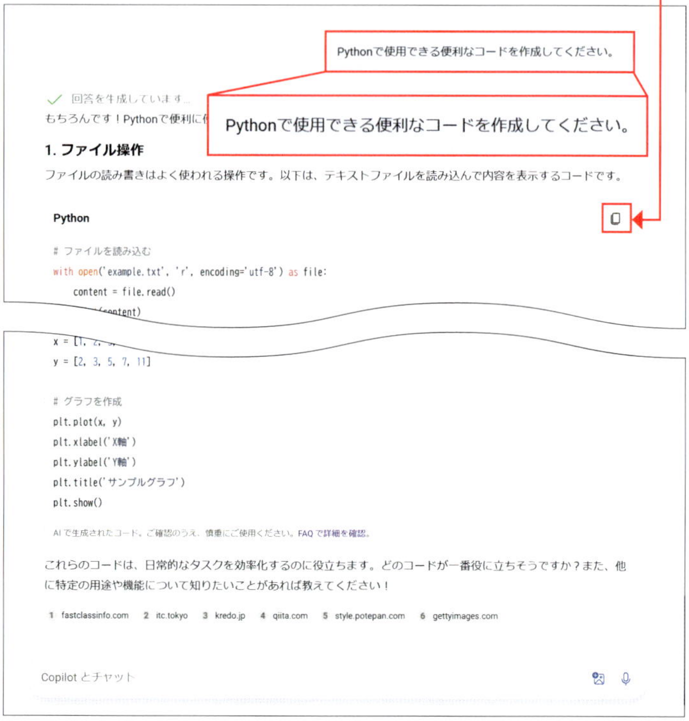

補足

**Copilotが扱える
プログラミング言語**

- Python
- JavaScript
- Java
- C#
- C++
- Ruby
- Go
- TypeScript
- HTML/CSS
- SQL
- VBA

などです。

注意

コードは間違っていることもある

生成されたコードは間違っていることもあります。プログラムがうまく実行されないときは、再生成してもらったり、修正を指示したりしましょう。

Copilotは非常に多くのプログラミング言語に対応しているため、コードを作成してもらうことも可能です。どのプログラミング言語でどのようなプログラムを作成してほしいのか明確であれば、それを伝えることでコードが生成されます。とくに指定はなく、便利なコードが知りたいということであれば、「便利なコードを作成して」と伝えると、いくつかの便利なコードが生成されます。

1 📋 をクリックすると、コードをコピーできます。

Pythonで使用できる便利なコードを作成してください。

Pythonで使用できる便利なコードを作成してください。

✓ 回答を生成しています…
もちろんです！Pythonで便利に

1. ファイル操作

ファイルの読み書きはよく使われる操作です。以下は、テキストファイルを読み込んで内容を表示するコードです。

Python

```
# ファイルを読み込む
with open('example.txt', 'r', encoding='utf-8') as file:
    content = file.read()
```

```
x = [1, 2,
y = [2, 3, 5, 7, 11]

# グラフを作成
plt.plot(x, y)
plt.xlabel('X軸')
plt.ylabel('Y軸')
plt.title('サンプルグラフ')
plt.show()
```

AIで生成されたコード。ご確認のうえ、慎重にご使用ください。FAQで詳細を確認。

これらのコードは、日常的なタスクを効率化するのに役立ちます。どのコードが一番役に立ちそうですか？また、他に特定の用途や機能について知りたいことがあれば教えてください！

1 fastclassinfo.com   2 itc.tokyo   3 kredo.jp   4 qiita.com   5 style.potepan.com   6 gettyimages.com

Copilot とチャット

Section 45

プログラムのコードに誤りがないかチェックしてもらおう

ここで学ぶこと

- ビジネス
- プログラミング
- コード

プログラムが思ったように実行されないときは、Copilotを使ってプログラミングのコードをチェックしてもらいましょう。どういったことがしたかったのかを伝えるとチェックの精度が上がります。

1 プログラムのコードに誤りがないかチェックしてもらう

プログラムがうまく実行されないときは、コードをCopilotにチェックしてもらいましょう。誤りがある場合は、誤りの指摘と正しいコードが生成されます。

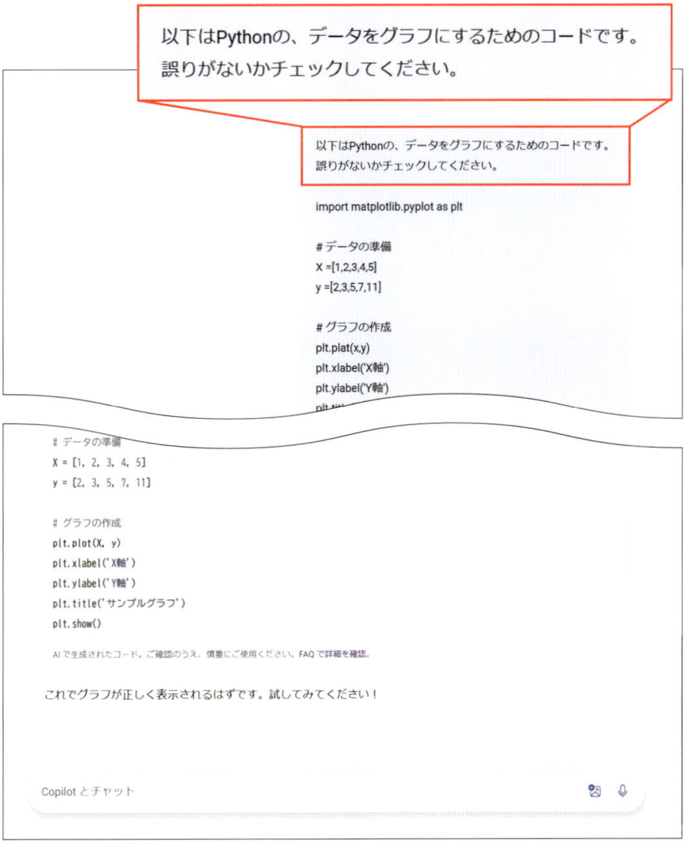
以下はPythonの、データをグラフにするためのコードです。
誤りがないかチェックしてください。
以下はPythonの、データをグラフにするためのコードです。
誤りがないかチェックしてください。
import matplotlib.pyplot as plt
#データの準備
X =[1,2,3,4,5]
y =[2,3,5,7,11]
#グラフの作成
plt.plat(x,y)
plt.xlabel('X軸')
plt.ylabel('Y軸')
# データの準備
X = [1, 2, 3, 4, 5]
y = [2, 3, 5, 7, 11]
# グラフの作成
plt.plot(X, y)
plt.xlabel('X軸')
plt.ylabel('Y軸')
plt.title('サンプルグラフ')
plt.show()
AI で生成されたコード。ご確認のうえ、慎重にご使用ください。FAQ で詳細を確認。
これでグラフが正しく表示されるはずです。試してみてください！
Copilot とチャット

補足

コードを分析してもらう

コードがどのようなプログラムを実行するのかわからないときは、Copilotに送り、「コードを分析して」と指示しましょう。どのようなプログラムが実行されるのかを説明してもらえます。

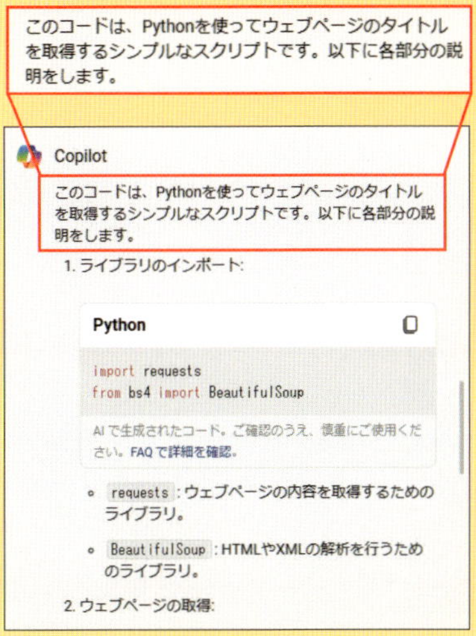
このコードは、Pythonを使ってウェブページのタイトルを取得するシンプルなスクリプトです。以下に各部分の説明をします。
Copilot
このコードは、Pythonを使ってウェブページのタイトルを取得するシンプルなスクリプトです。以下に各部分の説明をします。
1. ライブラリのインポート:
Python
import requests
from bs4 import BeautifulSoup
AI で生成されたコード。ご確認のうえ、慎重にご使用ください。FAQ で詳細を確認。
requests：ウェブページの内容を取得するためのライブラリ。
BeautifulSoup：HTMLやXMLの解析を行うためのライブラリ。
2. ウェブページの取得:

46 挿絵に使えるイラストを生成しよう

ここで学ぶこと

- ・ビジネス
- ・イラストの生成
- ・写真

企画の背景やストーリーを伝え、それをもとにイラストを生成してもらいましょう。Copilotは画像データを参照することもできるため、写真をもとにイラストを生成することも可能です。

① 企画の背景を伝えてイラストを生成する

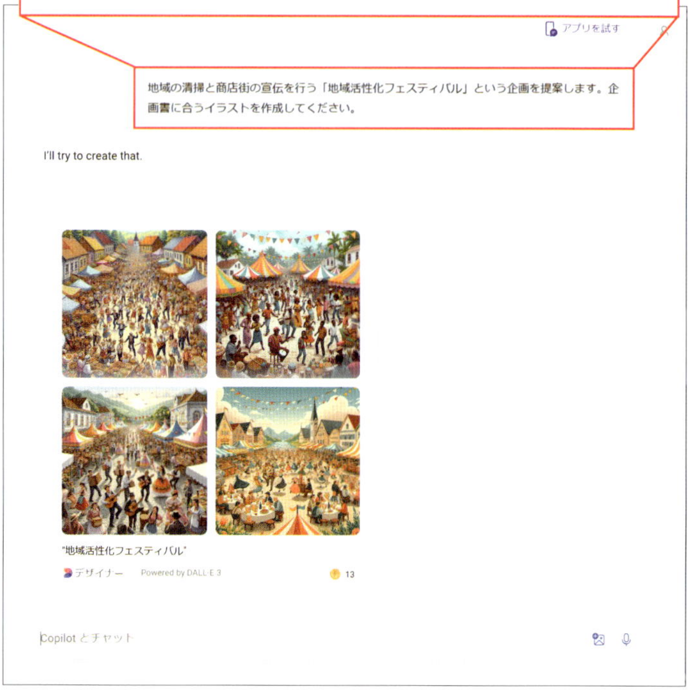

補足

紫色の画面が表示される

イラストの生成を依頼したときは紫色の画面が表示されます。これは、Copilotが画像を生成している間に表示される画面です。

企画会議の資料やスライドにイラストがあると、説得力を増したり、目を惹き付けたりと、いくつかのメリットを得られます。会議の準備に加えて写真やイラストの用意までするのに手が回らなかったというときは、Copilotに企画の内容や背景を伝えてそれに合うイラストを生成してもらいましょう。

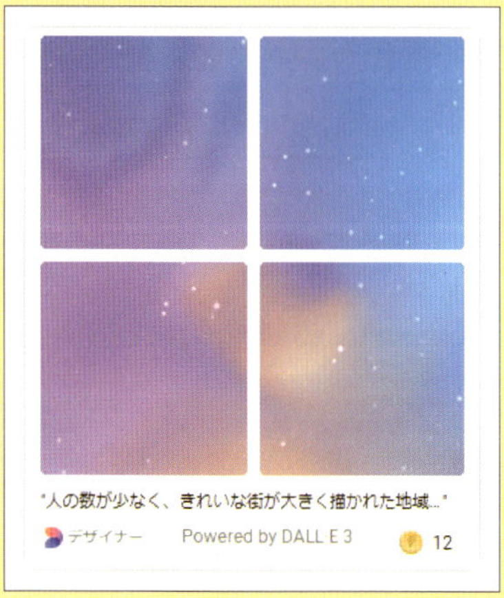

② 写真をもとにイラストを生成する

Copilotのプロンプト入力欄に画像データを添付し、「写真をもとにイラストを生成して」と指示すると、画像をもとにしたイラストが生成されます。もちろん、「雲を追加して」「全体的に青い色にして」といった追加の指示も有効です。イラストを生成するときに参考にしてもらいたい写真があれば送りましょう。

補足

画像データのアップロード方法

プロンプト入力欄に画像データをアップロードする方法は、42ページを参照してください。

応用技

手描きのラフから イラストを生成する

写真だけでなく、手描きのかんたんな絵をもとにイラストを生成することもできます。

注意

著作物はアップロードしない

Copilotに利用する旨を伝えて許可をもらった画像やイラスト以外の著作物はアップロードしないよう気を付けてください。著作権の侵害にあたる可能性があります。

Section 47

ロゴやバナーを作成しよう

ここで学ぶこと

- ビジネス
- ロゴの生成
- バナーの生成

ロゴやバナーの下描きを生成してもらいましょう。ゲームや商品のロゴ、Webサイトのバナーなど、どのような場面で使いたいのかを明確にすることで、その場面に合ったロゴやバナーが生成されます。

1 ロゴやバナーを作成してもらう

補足

日本語テキストを再現できない

2024年9月現在のCopilotではイラストの生成で日本語テキストを再現することができません。プロンプトで指示した場合でも、下図のように漢字やひらがなに似た画像が生成されます。英語のテキストは生成されますが、間違っていることもあります。

"ゲームのロゴ 'やさい' 日本語の文字"
デザイナー
Powered by DALL·E 3
98

「○○というタイトルのゲームのロゴを作成して」といったように、どのような場面で使いたいのか、タイトルは何かを明確にしたうえでロゴの作成を指示することで、Copilotにロゴやバナーを作成してもらうことができます。なお、指定した文字がイラスト内に正しく表示されないことがあります。そのときは下描きとして使いましょう。

個人製作のゲームのロゴを作ってください。タイトルは「やさい」です。
アプリを試す
個人製作のゲームのロゴを作ってください。タイトルは「やさい」です。
I'll try to create that.
"やさい"
デザイナー
Powered by DALL·E 3
12
Copilot とチャット

第 5 章

Copilotを使って生活の質を向上させよう

ここで学ぶこと

・配色案
・カラーコード
・カラーパレット

Copilotにデザインの配色案を相談してみましょう。製品や広告媒体など、対象物の特徴やイメージに合わせて、最適な色の組み合わせを考えてもらいます。テキストやカラーコードで答えてもらうほか、画像で出力してもらうことも可能です。

① デザインの配色案をテキストで出してもらう

 補足

カラーコードとは

配色案では使う色名と共に実際の「カラーコード」も教えてもらえます。カラーコードとは、色をデジタルで表現するための符号で、通常、＃と6桁の16進数で表されます。たとえば、#EE7800はオレンジ色で、#0000FFは青色を表します。カラーコードを確認することで、イメージに合っているかどうか確認することも可能です。

#EE7800 ███

#0000FF ███

新商品のパッケージをはじめ、家具やファッションなどのプロダクトデザイン、Web・広告制作、イラスト・アート作品において、配色の要素は重要です。

配色選びに迷ったときやアイデアが思い浮かばないときは、Copilotに尋ねることで、配色案を提案してもらえます。その際、対象物の特徴やイメージ、ターゲットとなる層などの情報も合わせて伝えることで、よりイメージに近いデザインやターゲットに好まれやすい組み合わせを意識した答えを得ることができます。

> 洋菓子店のWebサイトを作成したいです。
> 以下の情報から、新しいサイトデザインの配色を3色1セットの組み合わせで3つ考えてください。
>
> > 洋菓子店のWebサイトを作成したいです。
> > 以下の情報から、新しいサイトデザインの配色を3色1セットの組み合わせで3つ考えてください。
> >
> > ・サイトの内容→洋菓子専門店舗の紹介サイト
> > ・ターゲット層→30代以上の男女
> > ・サイトのイメージ→心癒されるやさしい感じ
> > ・配色の希望→淡い色やパステル調で
>
> ✓ 回答を生成しています...
> 素敵な洋菓子店のWebサイトを作成するための配色を考えてみました。以下の3つの組み合わせはいかがでしょうか？
>
> **配色1: ピーチ＆ミント**

ントとなり、全体に落ち着いた...ブラス感を与えます。パ...

> **配色3: ローズ＆セージ**
>
> ・ローズピンク (#F4C2C2)
> ・セージグリーン (#C8E6C9)
> ・アイボリーホワイト (#F5F5DC)
>
> ローズピンクとセージグリーンの組み合わせは、温かみと自然な感じを演出します。アイボリーホワイトが全体を柔らかくまとめ、優しい印象を強調します。
>
> これらの配色は、30代以上の男女に向けた心癒されるやさしい感じを表現するのにぴったりです。どの組み合わせが一番お好みですか？

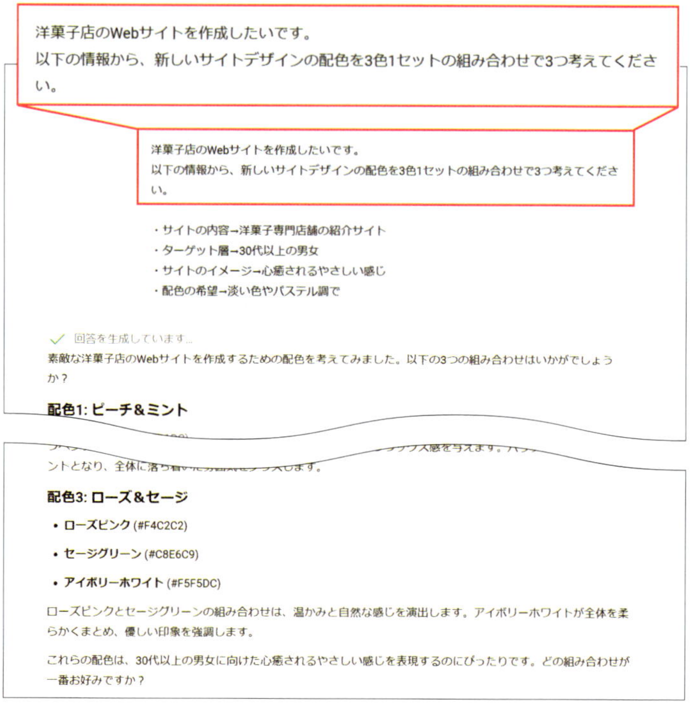

② デザインの配色案を画像で出してもらう

画像を保存する

生成してもらった画像はクリックすることで、Microsoft Edgeで画像が拡大表示されます。表示された画面で［ダウンロード］をクリックすると、画像をパソコンに保存できます（53ページ参照）。

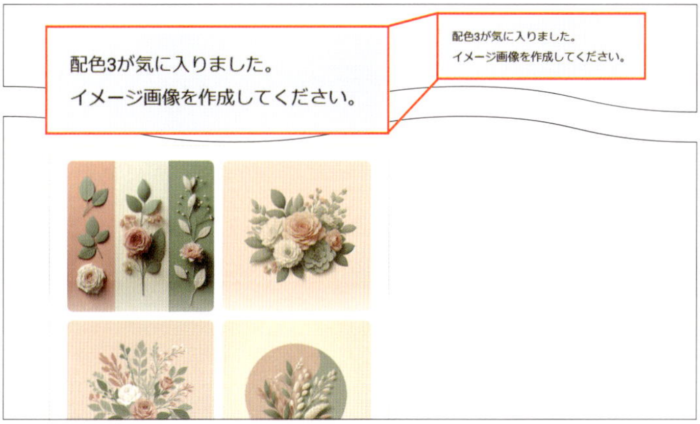

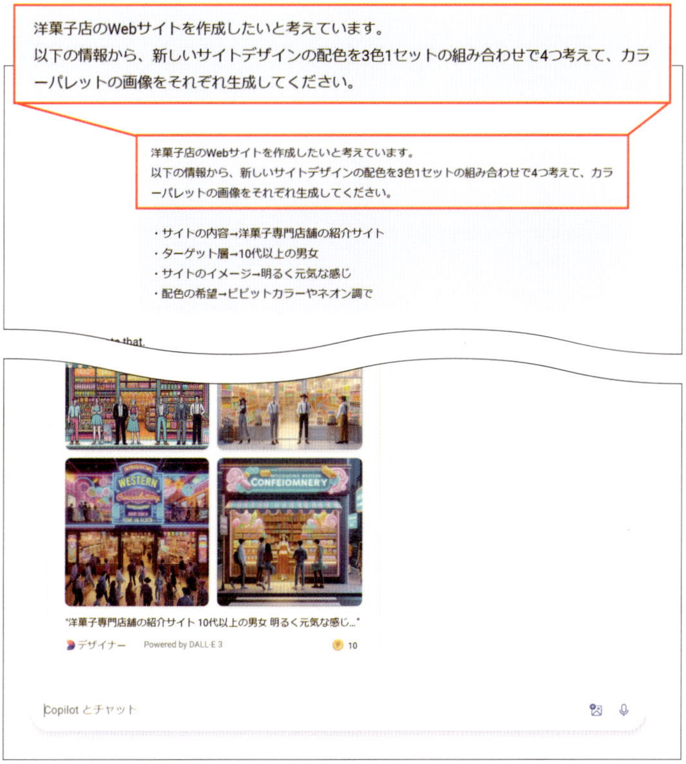

カラーパレットとは

ここでいう「カラーパレット」とは、色の組み合わせや配色のサンプルとして見やすくまとめたもののことを指します。さまざまな配色のカラーパレットを見比べることで、実際の創作物へ用いる際のインスピレーションにしたり、イメージのすり合わせに使えたりします。

色に合ったフォントを提案してもらう

配色案を生成してもらったあとに「それぞれの色に合ったフォントも提案して」のように入力して送信すると、配色案に合わせたフォントも教えてもらうことができます。チラシやポスターなど広告デザインを作成する際に便利です。

提案してもらった色を画像として見たいときは、Copilotにカラーパレット画像の作成を依頼しましょう。カラーパレット画像は、配色案をもとに作成され、どの色を用いたかがひと目でわかるようになっています。

また、はじめから配色案を画像で提案してもらいたい場合は、対象物の特徴、イメージ、ターゲット層などを記載したうえで画像を生成するよう依頼します。

Section

49 定番のコーディネートに過去の流行を取り入れてもらおう

ここで学ぶこと

- プライベート
- コーディネート
- 流行

Copilotは検索エンジン「Bing」と連携しているため、現在までの情報をリアルタイムで取り入れており、ファッションについてもさまざまな世代のトレンドを学習しています。過去の流行を踏襲したコーディネートを提案してもらいましょう。

1 過去の流行を取り入れる

補足

Bing検索に左右される

Copilotは、検索エンジン「Bing」のWeb情報に基づき回答が生成されます。リアルタイムで最新情報やソースを取得しながら新たなアイデアを提案できる一方で、Bingでの検索結果の質に出力内容が左右される可能性もあることも頭に入れておくとよいでしょう。

Copilotは検索エンジン「Bing」と連携しており、リアルタイムのWeb情報を活用して回答を生成します。そのため、過去の学習データはもちろん、現在までの最新情報を取り入れたうえでコーディネートを提案してもらうことが可能です。
ここでは、定番のコーディネートに過去の流行を取り入れるよう依頼してみました。

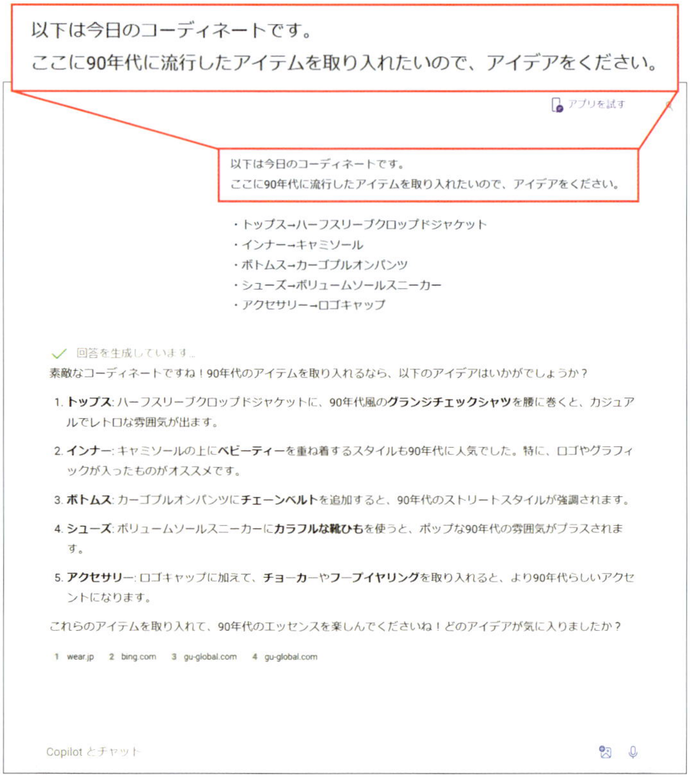
以下は今日のコーディネートです。
ここに90年代に流行したアイテムを取り入れたいので、アイデアをください。
アプリを試す
以下は今日のコーディネートです。
ここに90年代に流行したアイテムを取り入れたいので、アイデアをください。
・トップス→ハーフスリーブクロップドジャケット
・インナー→キャミソール
・ボトムス→カーゴプルオンパンツ
・シューズ→ボリュームソールスニーカー
・アクセサリー→ロゴキャップ
回答を生成しています…
素敵なコーディネートですね！90年代のアイテムを取り入れるなら、以下のアイデアはいかがでしょうか？
1. トップス: ハーフスリーブクロップドジャケットに、90年代風のグランジチェックシャツを腰に巻くと、カジュアルでレトロな雰囲気が出ます。
2. インナー: キャミソールの上にベビーティーを重ね着するスタイルも90年代に人気でした。特に、ロゴやグラフィックが入ったものがオススメです。
3. ボトムス: カーゴプルオンパンツにチェーンベルトを追加すると、90年代のストリートスタイルが強調されます。
4. シューズ: ボリュームソールスニーカーにカラフルな靴ひもを使うと、ポップな90年代の雰囲気がプラスされます。
5. アクセサリー: ロゴキャップに加えて、チョーカーやフープイヤリングを取り入れると、より90年代らしいアクセントになります。
これらのアイテムを取り入れて、90年代のエッセンスを楽しんでくださいね！どのアイデアが気に入りましたか？
1 wear.jp 2 bing.com 3 gu-global.com 4 gu-global.com
Copilot とチャット

補足

Bing で Web ページを確認する

生成された回答の中には、マウスポインターを合わせることで参照先のURLをBingで確認できるものもあります。クリックすると、そのWebページが表示されます。

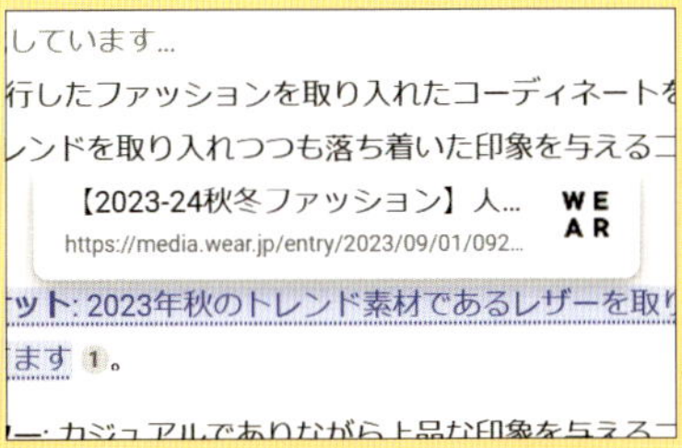
しています...
行したファッションを取り入れたコーディネートを
レンドを取り入れつつも落ち着いた印象を与えるコ
【2023-24秋冬ファッション】人...
https://media.wear.jp/entry/2023/09/01/092...
WE AR
ット: 2023年秋のトレンド素材であるレザーを取り
ます 1。

また、年代や性別を指定し、「2023年秋に流行したファッションを教えて」のように尋ねると、流行したアイテムを教えてもらうことが可能です。トータルコーディネートを提案してほしい場合は、「全身のコーディネートを教えて」と入力しましょう。

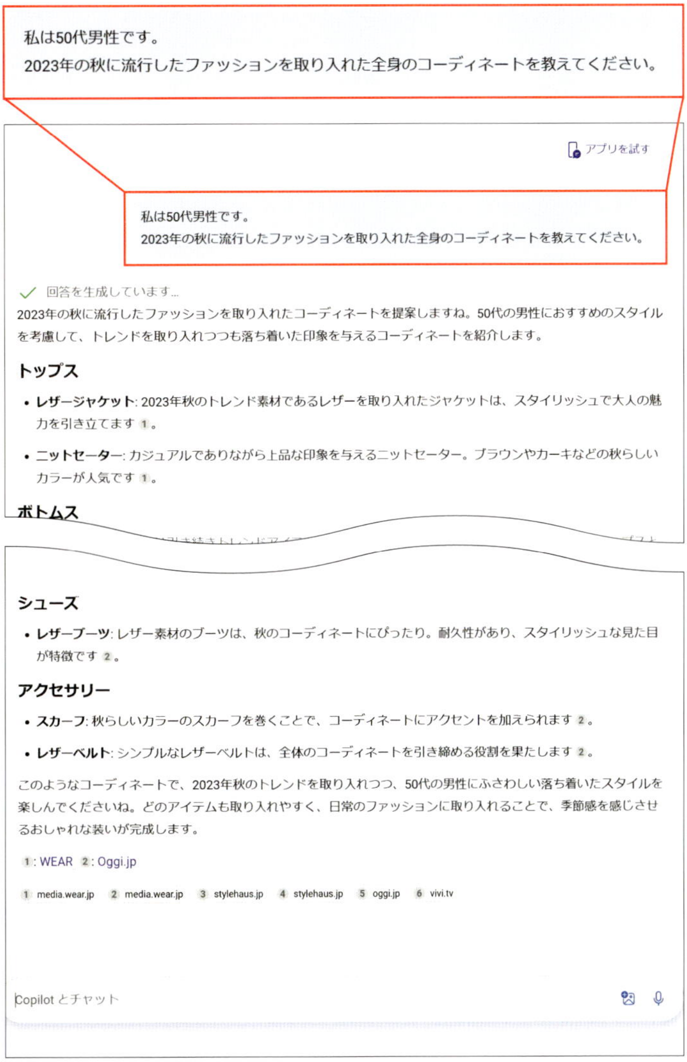
私は50代男性です。
2023年の秋に流行したファッションを取り入れた全身のコーディネートを教えてください。
アプリを試す
私は50代男性です。
2023年の秋に流行したファッションを取り入れた全身のコーディネートを教えてください。
回答を生成しています...
2023年の秋に流行したファッションを取り入れたコーディネートを提案しますね。50代の男性におすすめのスタイルを考慮して、トレンドを取り入れつつも落ち着いた印象を与えるコーディネートを紹介します。
トップス
• レザージャケット: 2023年秋のトレンド素材であるレザーを取り入れたジャケットは、スタイリッシュで大人の魅力を引き立てます 1。
• ニットセーター: カジュアルでありながら上品な印象を与えるニットセーター。ブラウンやカーキなどの秋らしいカラーが人気です 1。
ボトムス
シューズ
• レザーブーツ: レザー素材のブーツは、秋のコーディネートにぴったり。耐久性があり、スタイリッシュな見た目が特徴です 2。
アクセサリー
• スカーフ: 秋らしいカラーのスカーフを巻くことで、コーディネートにアクセントを加えられます 2。
• レザーベルト: シンプルなレザーベルトは、全体のコーディネートを引き締める役割を果たします 2。
このようなコーディネートで、2023年秋のトレンドを取り入れつつ、50代の男性にふさわしい落ち着いたスタイルを楽しんでくださいね。どのアイテムも取り入れやすく、日常のファッションに取り入れることで、季節感を感じさせるおしゃれな装いが完成します。
1: WEAR 2: Oggi.jp
1 media.wear.jp 2 media.wear.jp 3 stylehaus.jp 4 stylehaus.jp 5 oggi.jp 6 vivi.tv
Copilot とチャット

Section

50 あなたの運勢を告げる専属占い師になってもらおう

ここで学ぶこと

・プライベート
・運勢
・占い

Copilotに占い師になるよう指示することで、自分の運勢を占ってもらうことができます。占いの結果は、Bing検索結果に基づく内容だったり、プログラムによって生成されたりするものですが、娯楽感覚で楽しんでみるとよいでしょう。

1 運勢を教えてもらう

ヒント

さまざまな占術で質問する

「四柱推命で占ってほしいです」のように希望の占術を入力して指示すると、希望の占い方で運勢を占ってもらえます。

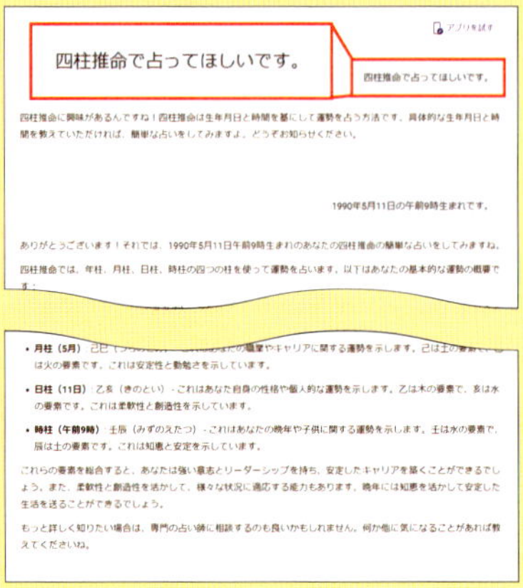

Copilotに「専属占い師」という役割を与えたうえで、自分のプロフィール情報に基づき運勢を占う質問をしてみましょう。四柱推命や星座占い、血液型占いはもちろん、数秘術、タロット占いや夢占いなど、さまざまな占術で答えてくれます。なお、占いの結果に科学的根拠はありません。結果の良し悪しにかかわらず、娯楽の1つとして、気楽に楽しみましょう。

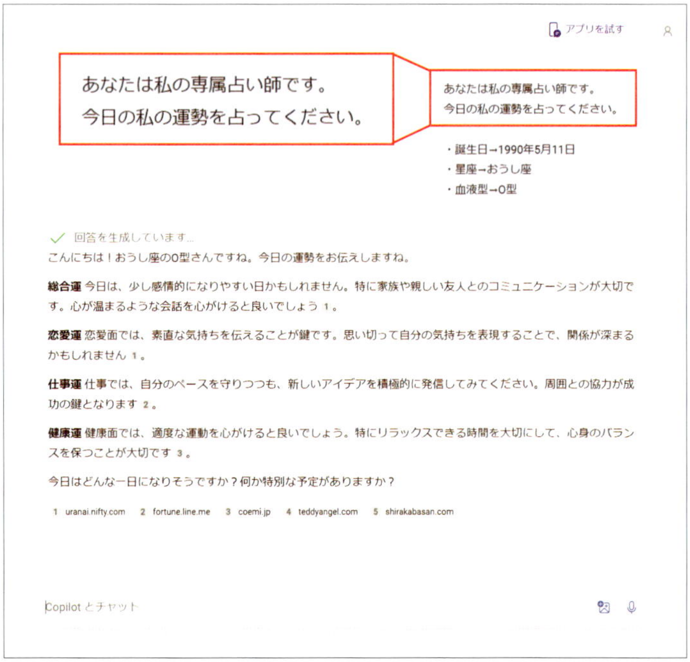

Section

51 プレゼントの案を考えてもらって特別な日を祝福しよう

ここで学ぶこと

- プライベート
- プレゼント
- シチュエーション

誕生日プレゼントや昇進祝いなど、シチュエーションや相手との関係によってプレゼントの内容もさまざまです。贈る相手のことやどのような意味のプレゼントなのか指定することで、より的確な案を出してもらえます。

1 プレゼントの案を考えてもらう

誕生日やお祝い、記念日などの特別な日はもちろん、何でもない日でも誰かにプレゼントを贈る機会はあるでしょう。自分1人で考えるのもよいですが、Copilotに尋ねてみることで思わぬ方向からのアイデアをもらえるかもしれません。贈る相手の好みや特徴などをCopilotに教えて、プレゼント選びを手伝ってもらいましょう。自分だけでは思いつかなかった視点が加わることで、より相手に驚きや感動を与えられるかもしれません。

友だちの誕生日に送るプレゼントの案がほしいです。
友だちは30代で、予算は5千円から1万円です。
ファッションや身だしなみに気を遣う人なので、メイク用品にしたいと思っています。

友だちの誕生日に送るプレゼントの案がほしいです。
友だちは30代で、予算は5千円から1万円です。
ファッションや身だしなみに気を遣う人なので、メイク用品にしたいと思っています。

✓ 回答を生成しています...
素敵なプレゼントのアイデアですね！30代の友だちに喜ばれるメイク用品のおすすめをいくつかご紹介します。

リップケア・リップコスメ

1. **アディクション リッププロテクター + エッセンス** - SPF18のリップ用サンプロテクターで、保湿効果が高く、軽いテクスチャーが特徴です。価格は約1,980円 1。
2. **ファミュ リップスリーピングマスク** - 寝ている間に唇を保湿し、翌朝しっとりとした唇に整えるリップ用保湿マスク。価格は約2,970円 1。

メイクアップアイテム

2. **ディオール アディクト リップ マキシマイザー** - 大人気のリッププランパーで、自然由来成分90%で構成され、唇をふっくらと見せます。価格は約4,730円 1。

スキンケアアイテム

1. **Waphyto レジェナ バランシングトナー** - 毛穴が目立つ乾燥肌を引き締め、みずみずしいうるおいを与える化粧水。価格は約5,500円 2。
2. **FEMMUE コンフォート クレンジングミルク** - メイクや毛穴に詰まった汚れをオフし、しっとりとなめらかな肌へ整えるクレンジングミルク。価格は約4,620円 2。

これらのアイテムは、友だちの好みに合わせて選ぶと喜ばれると思います。どれも高品質で、特別感のあるプレゼントになるはずです。どれが一番気に入りましたか？😊

1:1 2:2

注意

個人情報は入力しない

プレゼントを贈る相手の細かい個人情報は入力しないようにしましょう。

応用技

シチュエーションを追加する

プレゼントを実際に渡す際のシチュエーションやタイミングについて質問すると、案を出してもらえます。

ありがとうございます。
次はプレゼントを渡すシチュエーションやタイミングを教えてほしいです。当日は仕事が終わった後、東京駅で待ち合わせて、一緒に食事に行く予定です。

ありがとうございます。
次はプレゼントを渡すシチュエーションやタイミングを教えてほしいです。当日は仕事が終わった後、東京駅で待ち合わせて、一緒に食事に行く予定です。

✓ 回答を生成しています...
素敵なプランですね！東京駅での待ち合わせから食事までの流れを考えると、プレゼントを渡すタイミングはいくつかあります。以下のシチュエーションを参考にしてみてください。

1. 待ち合わせ時

東京駅で待ち合わせた瞬間にプレゼントを渡すのも一つの方法です。サプライズ感があり、友だちもすぐに喜んでくれるでしょう。

2. 食事の前

レストランに到着して席に着いた後、食事が始まる前にプレゼントを渡すのも良いタイミングです。落ち着いた雰囲気の中で、ゆっくりとプレゼントを開けてもらえます。

3. デザートのタイミング

食事の最後にデザートを楽しむタイミングでプレゼントを渡すのも素敵です。食事の締めくくりとして、特別な瞬間を演出できます。

4. 食事の後

食事が終わった後、少し散歩をしながらプレゼントを渡すのもロマンチックです。東京駅周辺には素敵なスポットがたくさんあるので、二人で歩きながら話す時間も楽しめます。

どのタイミングが一番良さそうですか？😊

Section 52 フィットネスメニューを作ってもらって健康的な生活をサポートしてもらおう

今や「健康・運動」は現代人が重要視するトピックのうちの1つです。普段の生活を見直したり、運動習慣を取り入れてみたりしたい場合、Copilotにフィットネスメニューの作成を依頼することでかんたんに自分用のメニューが出来上がります。

1 フィットネスメニューを考えてもらう

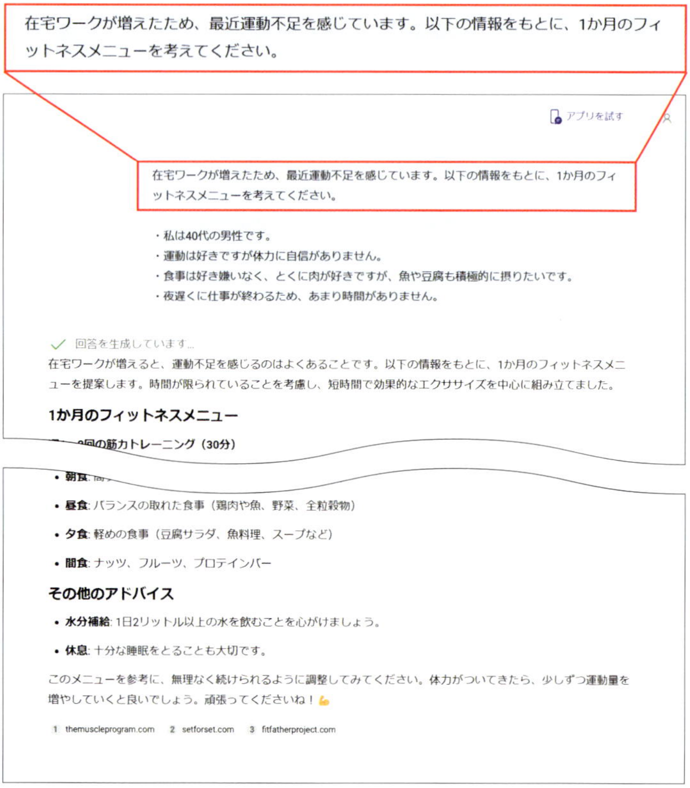

補足

身体的制限は最初に指示に入れる

提案されたフィットネスメニューを普段の生活に取り入れる際は、必ず自分の身体や体力などに合っているか確認しましょう。体力面に自信がなかったり、持病あるいはアレルギーなどがあったりする場合は事前にCopilotに伝えておくと安心です。そのうえで、よく内容を確認し、無理のない範囲で実践するとよいでしょう。

フィットネスに関する運動や食事など、さまざま情報ややり方が溢れています。それらすべてが必ずしも自身の身体に合っているとは限らないため、自分の現在の健康状態や体力、食事の傾向などを加味して適切なものを選択していく必要があります。Copilotに身体的な情報や目標、食事や運動の好みなどを伝えてフィットネスメニューの作成を依頼すると、すぐに最適なメニューを提案してもらえます。

> 在宅ワークが増えたため、最近運動不足を感じています。以下の情報をもとに、1か月のフィットネスメニューを考えてください。

在宅ワークが増えたため、最近運動不足を感じています。以下の情報をもとに、1か月のフィットネスメニューを考えてください。

・私は40代の男性です。
・運動は好きですが体力に自信がありません。
・食事は好き嫌いなく、とくに肉が好きですが、魚や豆腐も積極的に摂りたいです。
・夜遅くに仕事が終わるため、あまり時間がありません。

✓ 回答を生成しています...

在宅ワークが増えると、運動不足を感じるのはよくあることです。以下の情報をもとに、1か月のフィットネスメニューを提案します。時間が限られていることを考慮し、短時間で効果的なエクササイズを中心に組み立てました。

1か月のフィットネスメニュー

週2〜3回の筋力トレーニング（30分）

・**朝食**: ...
・**昼食**: バランスの取れた食事（鶏肉や魚、野菜、全粒穀物）
・**夕食**: 軽めの食事（豆腐サラダ、魚料理、スープなど）
・**間食**: ナッツ、フルーツ、プロテインバー

その他のアドバイス

・**水分補給**: 1日2リットル以上の水を飲むことを心がけましょう。
・**休息**: 十分な睡眠をとることも大切です。

このメニューを参考に、無理なく続けられるように調整してみてください。体力がついてきたら、少しずつ運動量を増やしていくと良いでしょう。頑張ってくださいね！💪

1 themuscleprogram.com　2 setforset.com　3 fitfatherproject.com

② フィットネスメニューを管理してもらう

補足

メンタルヘルスにも留意してもらう

Copilotにフィットネスメニューを作成してもらうとき、メンタルにも焦点を当てた内容を入力することで心の健康面も重視したメニューを提案してもらえます。ストレスの原因や頻度、リラックスできる趣味や状態、睡眠の質や量などの情報を伝えて、メニューに組み込んでもらいましょう。

ただし、Copilotは人間の感情を理解することはできないため、すべてを鵜呑みにはせず、必要に応じて専門家の意見や助言も参考にしましょう。

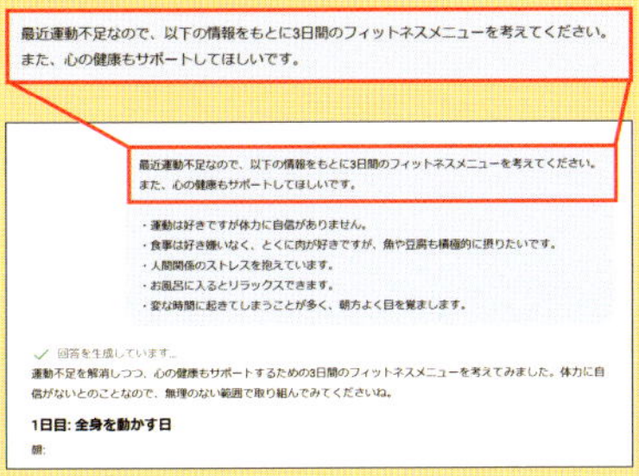

Copilotに提案してもらったフィットネスメニューを実践してみたら、進捗を報告することで、結果に応じたメニュー調整をしてもらえます。もう少し運動メニューを増やしてもよさそうであればメニューを追加してもらったり、反対に大変な部分や難しい内容など不都合がある場合はメニューの改善をリクエストしたりします。

> 提案してもらったフィットネスメニューを始めて一週間が経ちました。
> 毎日続ける内に、楽に身体を動かせるようになってきました。体重も少しずつ落ちています。
> ただ水分補給1日2Lが難しいです。どのタイミングでどんなものを飲めばいいか教えてほしいです。

🗗 アプリを試す

提案してもらったフィットネスメニューを始めて一週間が経ちました。
毎日続ける内に、楽に身体を動かせるようになってきました。体重も少しずつ落ちています。
ただ水分補給1日2Lが難しいです。どのタイミングでどんなものを飲めばいいか教えてほしいです。

✓ 回答を生成しています...
フィットネスメニューを続けている成果が出ているようで素晴らしいですね！水分補給が難しいとのことですが、以下のタイミングで水分を摂ると効果的です。

水分補給のタイミングと方法

1. 朝起きたとき
   ○ 一日の始まりにコップ一杯の水を飲むことで、体内の水分バランスを整え、代謝を促進します [1]。

2. 食事の前
   ○ 各食事の前にコップ一杯の水を飲むと、消化を助け、満腹感を得やすくなります

5. おやつの時間
   ○ おやつの時間に水分を摂ることで、間食のカロリーを抑えつつ、体内の水分を補給できます [1]。

飲み物の選び方

- **水**: 基本的には水が最適です。レモンやミントを加えると飲みやすくなります [2]。
- **ハーブティー**: カフェインが含まれていないハーブティーも良い選択です [3]。
- **スポーツドリンク**: 長時間の運動後には、電解質を補給できるスポーツドリンクもおすすめです [1]。

これらの方法を試してみて、無理なく水分補給を続けられるように工夫してみてくださいね！💪

4：Everyday Health　1：Best Life　2：Healthdirect　3：NHS

1 bestlifeonline.com　2 healthdirect.gov.au　3 nhs.uk　4 everydayhealth.com

Copilotとチャット

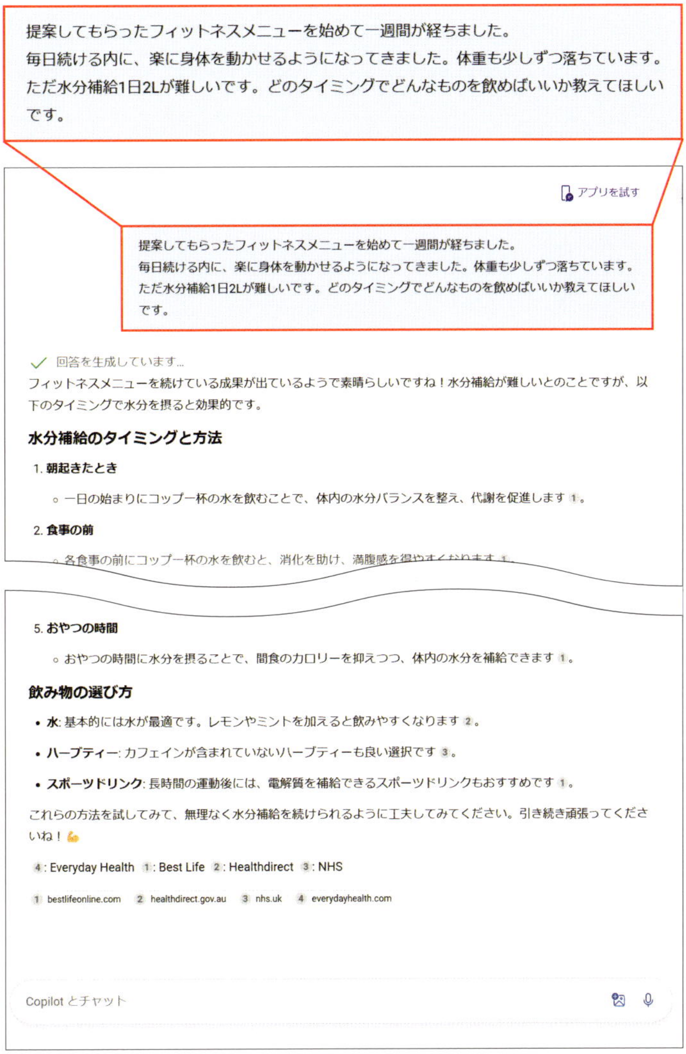

Section

53 自分の人生を小説風にまとめてもらおう

ここで学ぶこと

- クリエイティブ
- 小説
- 著作権

Copilotはビジネス用途のみならず、小説やマンガのプロット作成、作詞や物語の作成などクリエイティブな活用も可能です。ここでは、自分の人生をもとに小説を書いてもらいました。

1 人生を小説風にまとめる

注意

個人情報の扱いに気を付ける

実際の人物の名前や学校名など、個人情報を入力しないようにしましょう。

自分のこれまでの経歴を書き起こしたら、「小説風にまとめて」のような指示を入力し、Copilotに送信することで、自分の人生を小説風にまとめてもらえます。

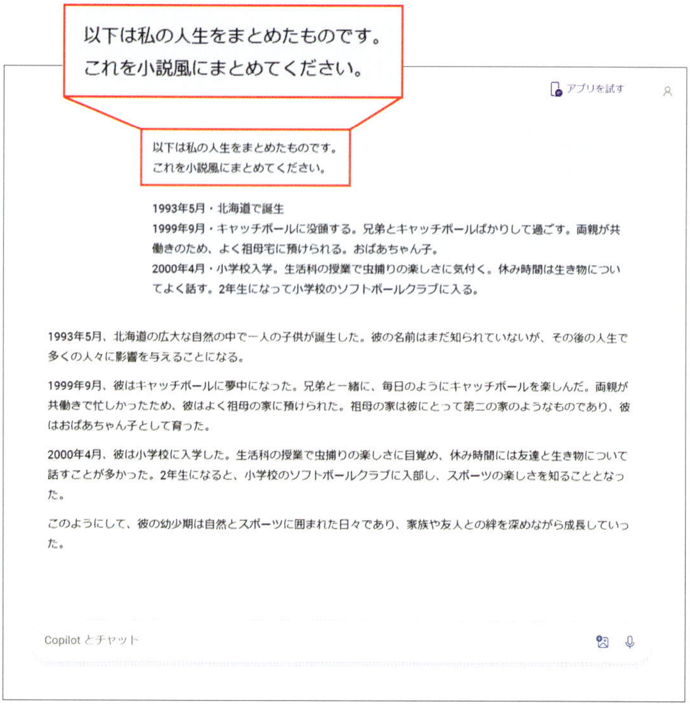
以下は私の人生をまとめたものです。
これを小説風にまとめてください。
アプリを試す
以下は私の人生をまとめたものです。
これを小説風にまとめてください。
1993年5月・北海道で誕生
1999年9月・キャッチボールに没頭する。兄弟とキャッチボールばかりして過ごす。両親が共働きのため、よく祖母宅に預けられる。おばあちゃん子。
2000年4月・小学校入学。生活科の授業で虫捕りの楽しさに気付く。休み時間は生き物についてよく話す。2年生になって小学校のソフトボールクラブに入る。
1993年5月、北海道の広大な自然の中で一人の子供が誕生した。彼の名前はまだ知られていないが、その後の人生で多くの人々に影響を与えることになる。
1999年9月、彼はキャッチボールに夢中になった。兄弟と一緒に、毎日のようにキャッチボールを楽しんだ。両親が共働きで忙しかったため、彼はよく祖母の家に預けられた。祖母の家は彼にとって第二の家のようなものであり、彼はおばあちゃん子として育った。
2000年4月、彼は小学校に入学した。生活科の授業で虫捕りの楽しさに目覚め、休み時間には友達と生き物について話すことが多かった。2年生になると、小学校のソフトボールクラブに入部し、スポーツの楽しさを知ることとなった。
このようにして、彼の幼少期は自然とスポーツに囲まれた日々であり、家族や友人との絆を深めながら成長していった。
Copilot とチャット

生成してもらった小説風まとめをもとに、小説のプロットを考えてもらうことも可能です。主人公の名前や世界観のほか、入れたいエピソードや登場人物がストーリー上で変化する場面など、必要な要素を追加してみてもよいでしょう。

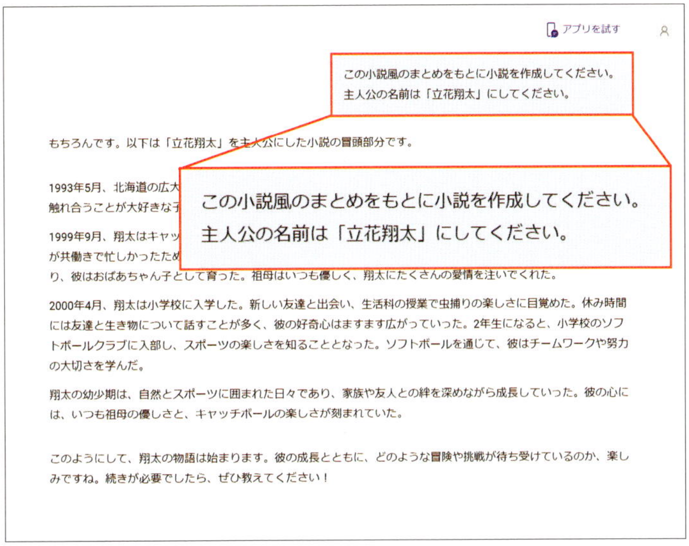
アプリを試す

この小説風のまとめをもとに小説を作成してください。
主人公の名前は「立花翔太」にしてください。

もちろんです。以下は「立花翔太」を主人公にした小説の冒頭部分です。

1993年5月、北海道の広大
触れ合うことが大好きな子

1999年9月、翔太はキャッ
が共働きで忙しかったため
り、彼はおばあちゃん子として育った。祖母はいつも優しく、翔太にたくさんの愛情を注いでくれた。

2000年4月、翔太は小学校に入学した。新しい友達と出会い、生活科の授業で虫捕りの楽しさに目覚めた。休み時間には友達と生き物について話すことが多く、彼の好奇心はますます広がっていった。2年生になると、小学校のソフトボールクラブに入部し、スポーツの楽しさを知ることとなった。ソフトボールを通じて、彼はチームワークや努力の大切さを学んだ。

翔太の幼少期は、自然とスポーツに囲まれた日々であり、家族や友人との絆を深めながら成長していった。彼の心には、いつも祖母の優しさと、キャッチボールの楽しさが刻まれていた。

このようにして、翔太の物語は始まります。彼の成長とともに、どのような冒険や挑戦が待ち受けているのか、楽しみですね。続きが必要でしたら、ぜひ教えてください！

この小説風のまとめをもとに小説を作成してください。
主人公の名前は「立花翔太」にしてください。

なお、会話のスタイルで「創造的に」を選択し、同様の質問をすると、さらにクリエイティブに富んだ回答も期待できます。

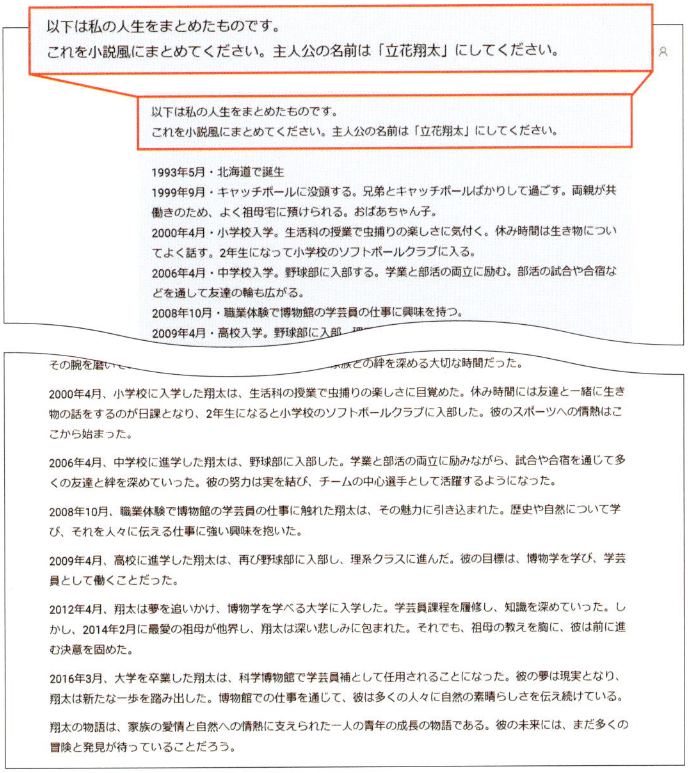
以下は私の人生をまとめたものです。
これを小説風にまとめてください。主人公の名前は「立花翔太」にしてください。

以下は私の人生をまとめたものです。
これを小説風にまとめてください。主人公の名前は「立花翔太」にしてください。

1993年5月・北海道で誕生
1999年9月・キャッチボールに没頭する。兄弟とキャッチボールばかりして過ごす。両親が共働きのため、よく祖母宅に預けられる。おばあちゃん子。
2000年4月・小学校入学。生活科の授業で虫捕りの楽しさに気付く。休み時間は生き物についてよく話す。2年生になって小学校のソフトボールクラブに入る。
2006年4月・中学校入学。野球部に入部する。学業と部活の両立に励む。部活の試合や合宿などを通して友達の輪も広がる。
2008年10月・職業体験で博物館の学芸員の仕事に興味を持つ。
2009年4月・高校入学。野球部に入部

その腕を磨い　　族との絆を深める大切な時間だった。

2000年4月、小学校に入学した翔太は、生活科の授業で虫捕りの楽しさに目覚めた。休み時間には友達と一緒に生き物の話をするのが日課となり、2年生になると小学校のソフトボールクラブに入部した。彼のスポーツへの情熱はここから始まった。

2006年4月、中学校に進学した翔太は、野球部に入部した。学業と部活の両立に励みながら、試合や合宿を通じて多くの友達と絆を深めていった。彼の努力は実を結び、チームの中心選手として活躍するようになった。

2008年10月、職業体験で博物館の学芸員の仕事に触れた翔太は、その魅力に引き込まれた。歴史や自然について学び、それを人々に伝える仕事に強い興味を抱いた。

2009年4月、高校に進学した翔太は、再び野球部に入部し、理系クラスに進んだ。彼の目標は、博物学を学び、学芸員として働くことだった。

2012年4月、翔太は夢を追いかけ、博物学を学べる大学に入学した。学芸員課程を履修し、知識を深めていった。しかし、2014年2月に最愛の祖母が他界し、翔太は深い悲しみに包まれた。それでも、祖母の教えを胸に、彼は前に進む決意を固めた。

2016年3月、大学を卒業した翔太は、科学博物館で学芸員補として任用されることになった。彼の夢は現実となり、翔太は新たな一歩を踏み出した。博物館での仕事を通じて、彼は多くの人々に自然の素晴らしさを伝え続けている。

翔太の物語は、家族の愛情と自然への情熱に支えられた一人の青年の成長の物語である。彼の未来には、まだ多くの冒険と発見が待っていることだろう。

注意 著作権に触れていないか確認する

Copilotで生成した小説が、著作権を侵害している可能性もあります。知らない間に誰かの著作権を侵害していたということにならないように、生成された文章の一部をコピーして検索するなど、著作権を侵害していないか確認しましょう。

補足 記述を修正してもらう

生成された文章を訂正してほしい場合は、「○○という記述を○○に変更して」のように指示しましょう。

Section

54 | マンガのキャラクターの設定を作成してもらおう

ここで学ぶこと

- ・クリエイティブ
- ・キャラクター
- ・創作活動

マンガ制作のような創作活動においても、Copilotに手伝ってもらうことができます。ここでは、自分のマンガに登場させたいキャラクターの設定を考えてもらいましょう。

① キャラクターの設定を生成する

ヒント

キャラクター設定に必要な要素とは

Copilotにキャラクターの設定を考えてもらう際、名前や年齢、性別はもちろんのこと、そのキャラクターらしさを特徴付ける要素も追加できるとさらに魅力的なキャラクター設定案を考えてもらえるでしょう。たとえば、話し方や口癖、思考の癖、決め台詞、家族構成、好きなもの(食べ物)、使用する武器などです。

自分の描くマンガで、どのようなキャラクターを活躍させたいか、イメージを膨らませながらCopilotに質問してアイデアをもらいましょう。制作したいマンガの世界観などと合わせて、「キャラクター設定を考えて」のように指示します。

竜使いの一族の末裔である男の子が、世界のどこかに囚われている幻の竜を助けるため、旅に出るマンガを作成します。イメージは海外ファンタジーです。
男の子の設定を考えてください。

竜使いの一族の末裔である男の子が、世界のどこかに囚われている幻の竜を助けるため、旅に出るマンガを作成します。イメージは海外ファンタジーです。
男の子の設定を考えてください。

素敵なアイデアですね！男の子の設定を考えてみました。

名前: リオ (Rio)

年齢: 15歳

外見: 銀色の髪と青い目を持ち、背中には小さな竜のタトゥーが刻まれている。普段は軽装の冒険者スタイルで、竜の鱗を模したアクセサリーを身につけている。

性格: 勇敢で正義感が強く、困っている人を見過ごせない優しい心を持つ。しかし、時には無鉄砲な行動を取ることもある。

背景: 竜使いの一族の末裔として生まれ、幼い頃から竜と心を通わせる能力を持っている。家族は竜を守る使命を持っていたが、リオが10歳の時に謎の敵に襲われ、一族は壊滅。唯一生き残ったリオは、家族の遺志を継ぎ、幻の竜を救うための旅に出ることを決意する。

せる能力に加え、剣術や弓術にも長

"A manga about a boy who is a descendant of dragon tamers and..."

 デザイナー　Powered by DALL-E 3　7

Section

55 マンガのストーリーを作成してもらおう

ここで学ぶこと

・クリエイティブ
・ストーリー
・創作活動

活躍させたいキャラクター像が固まったら、ストーリーを考えてもらいましょう。ここでは、120ページで作成してもらったキャラクター設定を活かして、ストーリーを生成してもらいます。

1 マンガのストーリーを生成する

注意

著作権に触れていないか確認する

Copilotで生成したキャラクター・ストーリーのアイデアやが著作権を侵害している可能性もあります。既存の作品と同じでないか、生成結果は検索するなどして必ず確認しましょう。

同じトピック内であれば、それまでのやり取り内容を踏まえてストーリーを生成してもらえます。結果に応じて、「○○（キャラクターの名前）の試練は何？」や「仲間たちが持つ特別な力について教えて」など、詳細にストーリーに盛り込んでいきたい部分について質問を重ねるとよいでしょう。

リオ（Rio）を主人公にしたストーリーを作成してください。

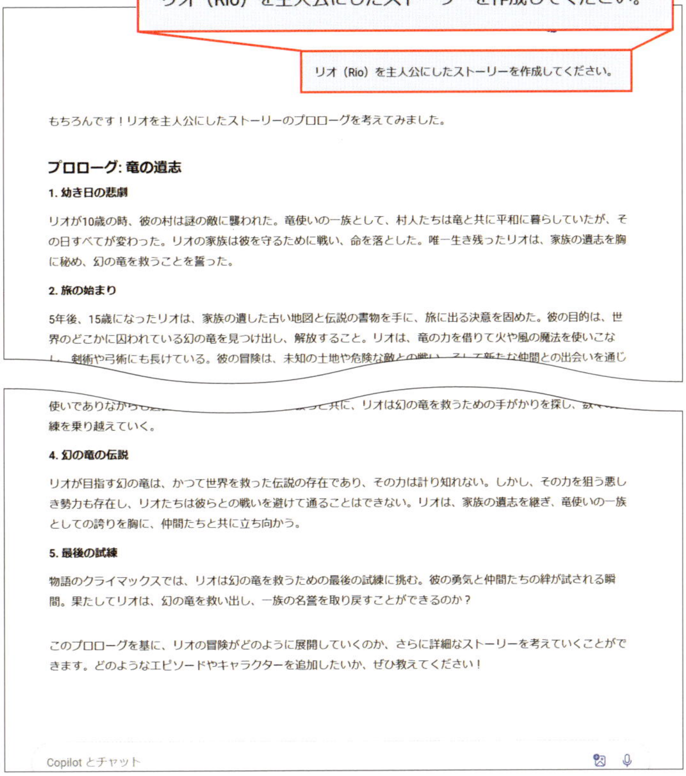
リオ（Rio）を主人公にしたストーリーを作成してください。
もちろんです！リオを主人公にしたストーリーのプロローグを考えてみました。
プロローグ: 竜の遺志
1. 幼き日の悲劇
リオが10歳の時、彼の村は謎の敵に襲われた。竜使いの一族として、村人たちは竜と共に平和に暮らしていたが、その日すべてが変わった。リオの家族は彼を守るために戦い、命を落とした。唯一生き残ったリオは、家族の遺志を胸に秘め、幻の竜を救うことを誓った。
2. 旅の始まり
5年後、15歳になったリオは、家族の遺した古い地図と伝説の書物を手に、旅に出る決意を固めた。彼の目的は、世界のどこかに囚われている幻の竜を見つけ出し、解放すること。リオは、竜の力を借りて火や風の魔法を使いこな
練を乗り越えていく。
4. 幻の竜の伝説
リオが目指す幻の竜は、かつて世界を救った伝説の存在であり、その力は計り知れない。しかし、その力を狙う悪しき勢力も存在し、リオたちは彼らとの戦いを避けて通ることはできない。リオは、家族の遺志を継ぎ、竜使いの一族としての誇りを胸に、仲間たちと共に立ち向かう。
5. 最後の試練
物語のクライマックスでは、リオは幻の竜を救うための最後の試練に挑む。彼の勇気と仲間たちの絆が試される瞬間。果たしてリオは、幻の竜を救い出し、一族の名誉を取り戻すことができるのか？
このプロローグを基に、リオの冒険がどのように展開していくのか、さらに詳細なストーリーを考えていくことができます。どのようなエピソードやキャラクターを追加したいか、ぜひ教えてください！
Copilot とチャット

Section
56 フリマアプリに出品する商品の説明文を考えてもらおう

ここで学ぶこと

- クリエイティブ
- 商品説明
- フリマアプリ

身辺整理のみならず、副業的な使い方でも便利なフリマアプリでは、購入意欲を高める商品説明文が重要なポイントです。文章生成が得意なCopilotは、商品説明文も魅力的に作成できます。

1 商品の説明文を考えてもらう

⚠注意

正確な情報を記載する

商品説明は、出品する商品の内容や状態をよく確認したうえで、正確な情報を記載しましょう。商品の説明が不足していたり、購入者のもとへ届いた商品が商品説明と異なっていた場合、トラブルにつながる恐れがあります。Copilotに生成された文章は必ず見返して、実際の商品と相違ないか確認し、必要に応じて修正してください。

フリマアプリで商品を出品する際、商品の説明文は売り上げに大きくかかわります。アプリで商品画像を見て、興味を持った人が、商品内容を確認して購入まで進むため、商品説明はきちんとしたものを用意しておきましょう。しかし、出品の数が多くなってくると毎回説明文を考えるのは大変ですし、前回の出品から時間が空いてしまったときはどのようなことを書けばよかったのかわからなくなる場合もあると思います。そのような場合に、Copilotに説明文の作成を依頼してみましょう。商品名のほか、商品の状態、サイズ、発送時の梱包方法など必須の項目を伝え、「フリマアプリで出品するための商品説明を考えて」と指示します。

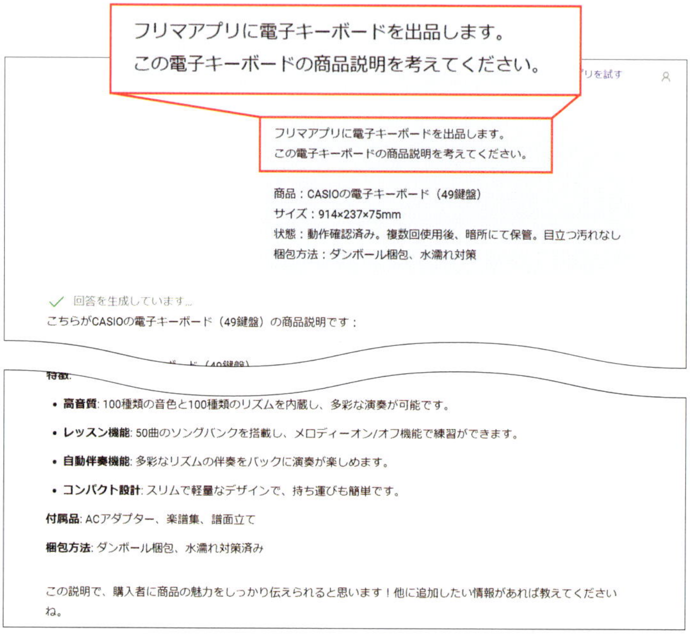

57 フリマアプリの取引相手への連絡内容を作ってもらおう

ここで学ぶこと

・クリエイティブ
・メッセージ対応
・フリマアプリ

出品した商品が購入されたら、商品発送から到着まで購入者とのやり取りがあります。段階ごとに細かくやり取りすることで、購入者の人に安心して取引を行ってもらうことができます。

① 取引相手への連絡内容を作ってもらう

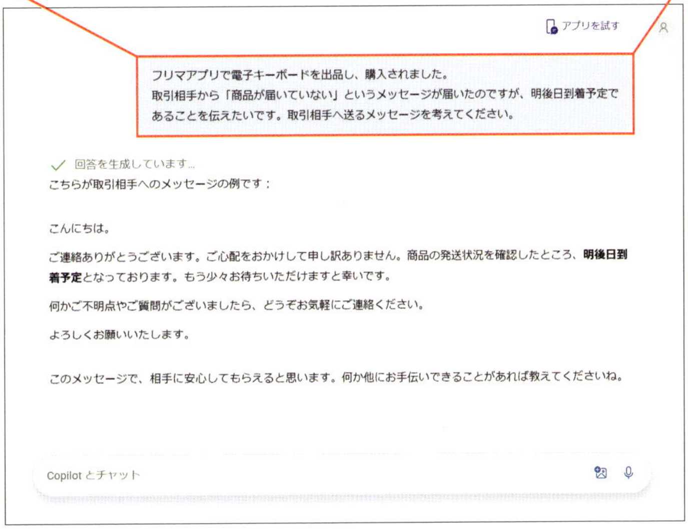

 補足

値引き交渉のメッセージもある

商品購入前に、閲覧者から値引き交渉のメッセージを受け取る場合もあります。値引きに応じるか否か、応じる場合、いくらまで値下げ可能などをCopilotに伝え、返信内容を考えてもらうことも可能です。

⚠ 注意

トラブル時はフリマアプリの運営事業者に連絡する

万が一、取引中にトラブルが起きた際は、個人間でやり取りするだけでなく、運営事業者に連絡する方法もあります。フリマアプリごとに対応が異なるため、対処方法やFAQなどを確認しておくとよいでしょう。

出品した商品が購入されたら、出品者は商品の梱包や発送手続きなどで忙しくなります。大きな商品を発送する場合は、集荷依頼も必要になってくるでしょう。また、発送が完了しても、購入者の手元に商品が届くまでは安心できません。それらの作業と並行して、取引相手（購入者）とはメッセージでやり取りがあります。商品購入時のあいさつや、商品発送の連絡、商品到着後のお礼などです。

取引中は現在の状況を迅速に相手へ伝えることで、安心して取引してもらえます。しかし、出品者は上記で述べたような作業もあるため、Copilotにメッセージの作成を手伝ってもらうと楽になります。

フリマアプリで電子キーボードを出品し、購入されました。
取引相手から「商品が届いていない」というメッセージが届いたのですが、明後日到着予定であることを伝えたいです。取引相手へ送るメッセージを考えてください。

アプリを試す

フリマアプリで電子キーボードを出品し、購入されました。
取引相手から「商品が届いていない」というメッセージが届いたのですが、明後日到着予定であることを伝えたいです。取引相手へ送るメッセージを考えてください。

✓ 回答を生成しています...
こちらが取引相手へのメッセージの例です：

こんにちは。

ご連絡ありがとうございます。ご心配をおかけして申し訳ありません。商品の発送状況を確認したところ、**明後日到着予定**となっております。もう少々お待ちいただけますと幸いです。

何かご不明点やご質問がございましたら、どうぞお気軽にご連絡ください。

よろしくお願いいたします。

このメッセージで、相手に安心してもらえると思います。何か他にお手伝いできることがあれば教えてくださいね。

Copilot とチャット

Section 58 料理の献立を考えてもらっておいしい食事を楽しもう

ここで学ぶこと

・プライベート
・献立
・栄養

料理を作るうえで、献立決めは楽しみのうちの1つでしょう。しかし、食事は日々摂るものであるため、飽きのこないメニュー、栄養バランス、旬の食材などさまざまな要素を加味する必要があります。

1 献立を考えてもらう

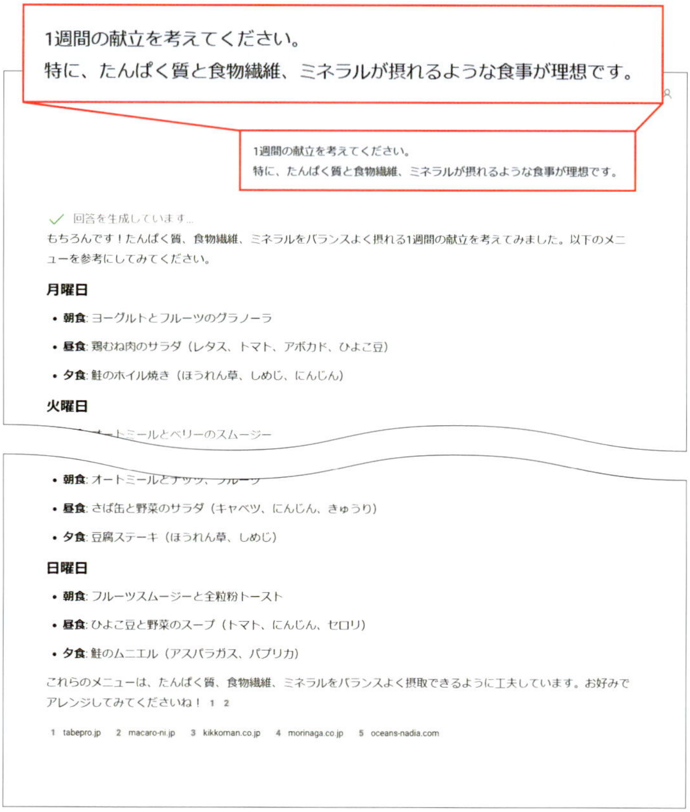

補足

摂りたい栄養素を伝える

「栄養バランスのとれた献立を考えて」という指示も有効ですが、マグネシウム、鉄分など具体的に摂りたい栄養素がある場合はCopilotに伝えてみましょう。その栄養素を取り入れた献立を提案してくれます。

Copilotに1週間分の献立をまとめてもらいます。食材の指定のほか、摂りたい栄養についても伝えることで、自分に必要な栄養面もケアできます。1週間と伝えた場合、月曜日から日曜日の3食の献立を提案してもらえますが、自身の生活スタイルに合わせて「1か月の献立を考えて」や「朝食だけ考えて」のように質問を変えてみるのも有効です。

> 1週間の献立を考えてください。
> 特に、たんぱく質と食物繊維、ミネラルが摂れるような食事が理想です。

1週間の献立を考えてください。
特に、たんぱく質と食物繊維、ミネラルが摂れるような食事が理想です。

✓ 回答を生成しています...

もちろんです！たんぱく質、食物繊維、ミネラルをバランスよく摂れる1週間の献立を考えてみました。以下のメニューを参考にしてみてください。

月曜日

- **朝食**：ヨーグルトとフルーツのグラノーラ
- **昼食**：鶏むね肉のサラダ（レタス、トマト、アボカド、ひよこ豆）
- **夕食**：鮭のホイル焼き（ほうれん草、しめじ、にんじん）

火曜日

〜トミールとベリーのスムージー

- **朝食**：オートミールとナッツ、フルーツ
- **昼食**：さば缶と野菜のサラダ（キャベツ、にんじん、きゅうり）
- **夕食**：豆腐ステーキ（ほうれん草、しめじ）

日曜日

- **朝食**：フルーツスムージーと全粒粉トースト
- **昼食**：ひよこ豆と野菜のスープ（トマト、にんじん、セロリ）
- **夕食**：鮭のムニエル（アスパラガス、パプリカ）

これらのメニューは、たんぱく質、食物繊維、ミネラルをバランスよく摂取できるように工夫しています。お好みでアレンジしてみてくださいね！ 1 2

1 tabepro.jp　2 macaro-ni.jp　3 kikkoman.co.jp　4 morinaga.co.jp　5 oceans-nadia.com

Section 59 | 冷蔵庫にあるものを伝えて無駄のないレシピを考えてもらおう

ここで学ぶこと

・プライベート
・献立
・レシピ

冷蔵庫内にある食材や、そのほか必要最低限の買い足しで作れるメニューを考えるのは、意外と大変です。用意できそうな食材などをCopilotに伝え、数日分の献立を考えてもらいましょう。

① 冷蔵庫にあるものを活用してもらう

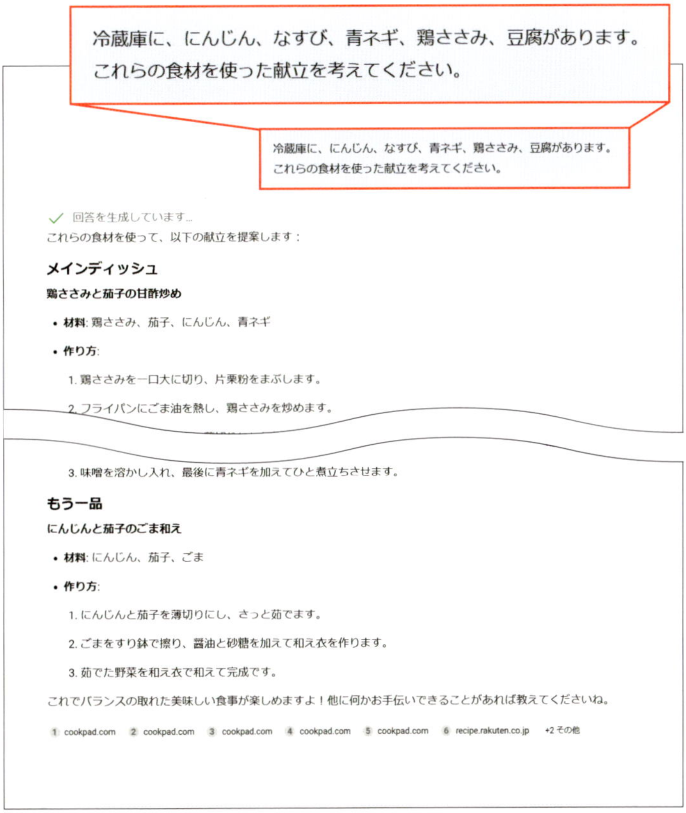

レシピを教えてもらう

Copilotが考えた献立の中に作りたいメニューがあったら、作り方を教えてもらうこともできます。「○○のレシピを教えて」のように質問してみましょう。

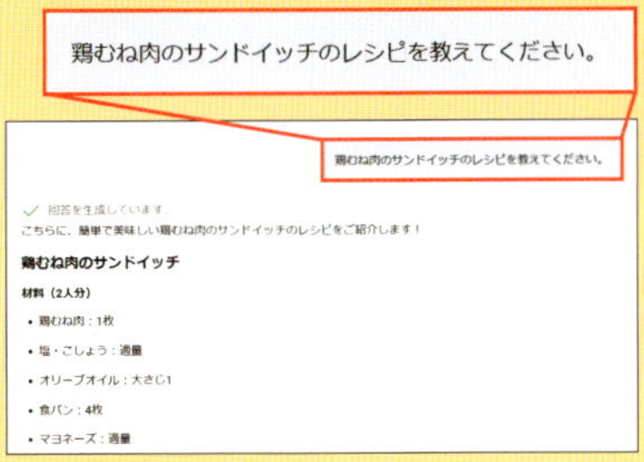

> 鶏むね肉のサンドイッチのレシピを教えてください。

> 鶏むね肉のサンドイッチのレシピを教えてください。

✓ 回答を生成しています。
こちらに、簡単で美味しい鶏むね肉のサンドイッチのレシピをご紹介します！

鶏むね肉のサンドイッチ
材料 (2人分)
・鶏むね肉：1枚
・塩・こしょう：適量
・オリーブオイル：大さじ1
・食パン：4枚
・マヨネーズ：適量

料理をする際、献立決めは必須の工程です。食材や栄養バランスはもちろん、調理時間、調理が大変かどうかなどさまざまなことを考慮して何を作るか決めるのはなかなか大変な作業です。ですが、Copilotに依頼することですぐに献立を考えてくれます。ここでは、冷蔵庫にある食材から使いたい食材を指定して献立を考えてもらいました。

> 冷蔵庫に、にんじん、なすび、青ネギ、鶏ささみ、豆腐があります。これらの食材を使った献立を考えてください。

> 冷蔵庫に、にんじん、なすび、青ネギ、鶏ささみ、豆腐があります。これらの食材を使った献立を考えてください。

✓ 回答を生成しています...
これらの食材を使って、以下の献立を提案します：

メインディッシュ
鶏ささみと茄子の甘酢炒め

・**材料**：鶏ささみ、茄子、にんじん、青ネギ

・**作り方**：

　1. 鶏ささみを一口大に切り、片栗粉をまぶします。

　2. フライパンにごま油を熱し、鶏ささみを炒めます。

　3. 味噌を溶かし入れ、最後に青ネギを加えてひと煮立ちさせます。

もう一品
にんじんと茄子のごま和え

・**材料**：にんじん、茄子、ごま

・**作り方**：

　1. にんじんと茄子を薄切りにし、さっと茹でます。

　2. ごまをすり鉢で擦り、醤油と砂糖を加えて和え衣を作ります。

　3. 茹でた野菜を和え衣で和えて完成です。

これでバランスの取れた美味しい食事が楽しめますよ！他に何かお手伝いできることがあれば教えてくださいね。

1 cookpad.com　2 cookpad.com　3 cookpad.com　4 cookpad.com　5 cookpad.com　6 recipe.rakuten.co.jp　+2 その他

Section 60 引越しのスケジュールを提案してもらって順調な転居を目指そう

ここで学ぶこと

・プライベート
・引越し
・スケジュール

引越しでは荷詰めはもちろん、住所変更、ネット回線・ガス電気などの手続き、引越し業者への連絡など、しなければならないことが山ほどあります。作業を漏れなく進めるため、Copilotに引越しスケジュール管理をしてもらいましょう。

① 引越しのスケジュールを考えてもらう

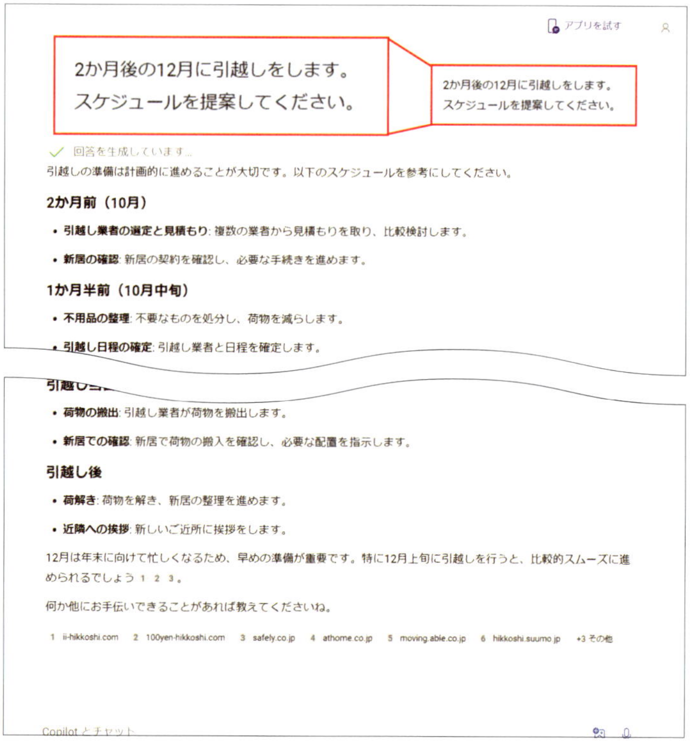

💡ヒント

活動できる日を指定しておく

通学・通勤している場合、平日に作業を進めることは難しいでしょう。その場合は、事前にCopilotに「平日を除いたスケジュールを提案して」といった指示を送ります。

引越しが決定したら、家具や身の回り品の片付けのほか、役所への住所変更手続き、クレジットカードや運転免許証の住所変更、ネット回線の解約手続き、引越し業者への見積依頼など、しなければならないことが多く、すべて頭の中で管理しておくのは大変です。しなければならないことをリストアップしてCopilotに送り、「引越しまでのスケジュールを提案して」と指示すると、いつまでに何をすべきかが明確になります。

✏️補足

スケジュールを再考する

提案してもらったスケジュールに関して、できたことやできなかったことは報告することでスケジュールを管理してもらえます。もしスケジュールが遅れた場合は「スケジュールを考え直して」のように指示することで、現状を踏まえたスケジュールを提案してもらえます。

Section 61 | 旅行の持ち物リストを作成して心地よい旅の準備をしよう

ここで学ぶこと

・プライベート
・旅行
・持ち物リスト

旅行の準備から旅行当日まで、Copilotが頼りになります。持ち物リストを作成してもらったり、旅行先の調査をしてもらったりするほか、1日のプランを考えてもらったりすることも可能です。

1 持ち物リストを作成する

応用技

持ち物リストのチェックをしてもらう

自分で作った持ち物リストがあれば、Copilotに送信することで足りないものがないかチェックしてもらうことができます。

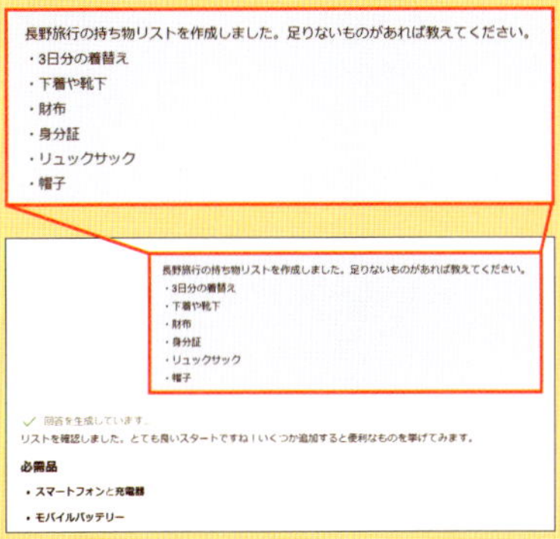

旅行の詳細や目的、プランがあればあらかじめ一緒に伝えておくと、旅先で必要になりそうなものをリストに入れてもらえます。また、旅先について「○○の観光スポットを教えて」「○○で登れる山を教えて」などと質問してみるのも手です。

> 長野に行くので、持ち物リストを作成してください。
> 旅行は3日間で、2日目に上高地に行きます。

✓ 回答を生成しています...

長野旅行、楽しみですね！3日間の旅行で、特に2日目に上高地に行くことを考慮した持ち物リストを作成しました。

必需品

- **現金**（電子決済が使えない場所もあるため）
- **クレジットカード**
- **身分証明書**（免許証、健康保険証など）
- **スマートフォンと充電器**

- **水筒**（水分補給用）
- **軽食**（エネルギーバーやナッツなど）
- **カメラ**（スマホでもOK）

その他便利なもの

- **折りたたみバッグ**（お土産用）
- **ウェットティッシュやハンカチ**
- **虫除けスプレーと日焼け止め**
- **地図やガイドブック**

これで準備万端ですね！素敵な旅行を楽しんでください。何か他に質問があれば、どうぞお知らせください。

1 list.tokyo360photo.com　2 skywardplus.jal.co.jp　3 skima-shinshu.com　4 aumo.jp　5 t.co

Copilotとチャット

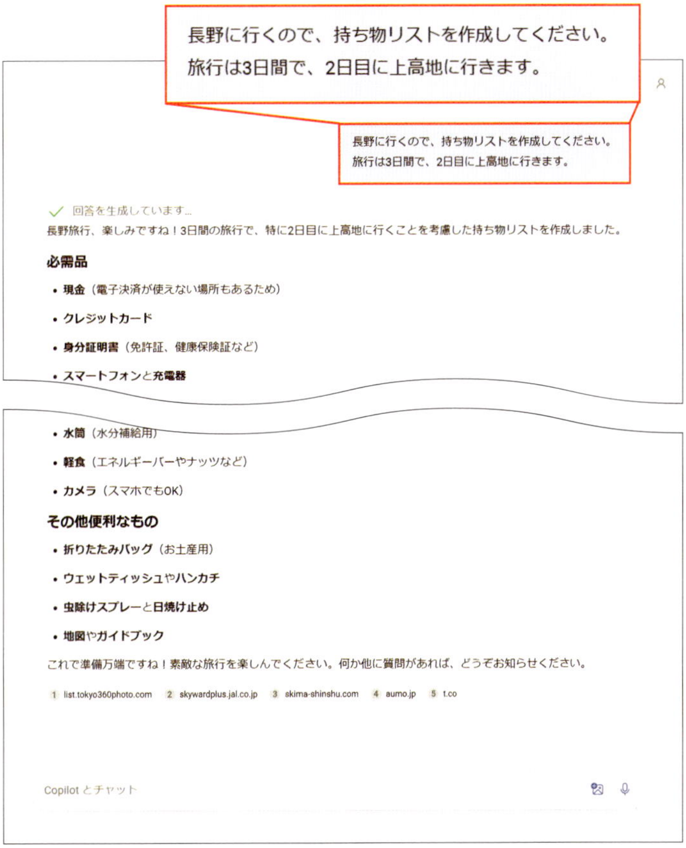

Section 62

YouTubeの動画を検索してもらおう

ここで学ぶこと

- 動画の検索
- キーワード検索
- 動画の再生

Copilotを使って動画を検索しましょう。キーワードを使った検索も可能ですが、条件を付け加えたい場合はプロンプトの追加するだけなので、より詳細に動画を絞ることができます。

1 YouTubeの動画を検索する

補足

動画の説明も生成される

動画の検索を行うと、動画の内容をまとめた説明も合わせて生成されます。

1 視聴したい動画の内容を入力し、

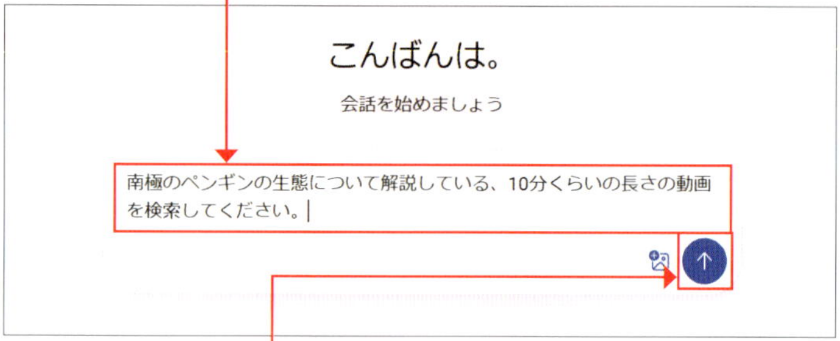
こんばんは。
会話を始めましょう
南極のペンギンの生態について解説している、10分くらいの長さの動画を検索してください。

2 をクリックします。

3 動画の説明とURLが生成されます。

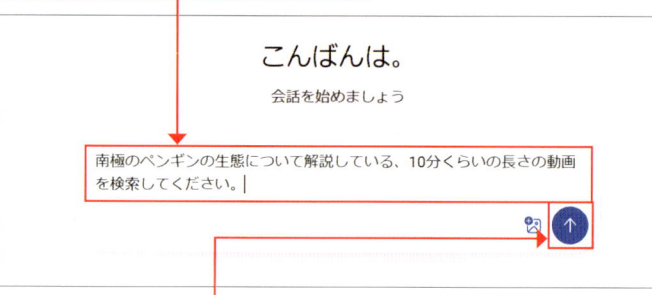

アプリを試す
南極のペンギンの生態について解説している、10分くらいの長さの動画を検索してください。
回答を生成しています…
こちらの動画はいかがでしょうか？
1. 【解説】おうちで学ぶ！ペンギン講座【サンシャイン水族館】
サンシャイン水族館が提供するペンギンの生態について詳しく解説した動画です。長さは約10分20秒です。
動画を見る
2. 【ペンギン】アデリーペンギンの生態~suicaのモデル 南極に生きる白黒のツートンカラーのペンギン~
アデリーペンギンの生態や特徴について紹介している動画です。長さは約5分9秒です。
動画を見る
3. 【ペンギン】オウサマペンギンの生態（King penguin）
オウサマペンギンの生態について紹介している動画です。長さは約3分54秒です。
動画を見る
Copilot とチャット

補足

チャンネルを検索してもらう

動画以外にもYouTubeチャンネルを検索してもらうこともできます。「○○について情報発信しているチャンネルを検索して」と送ります。

4 視聴したい動画（ここでは［動画を見る］）をクリックします。

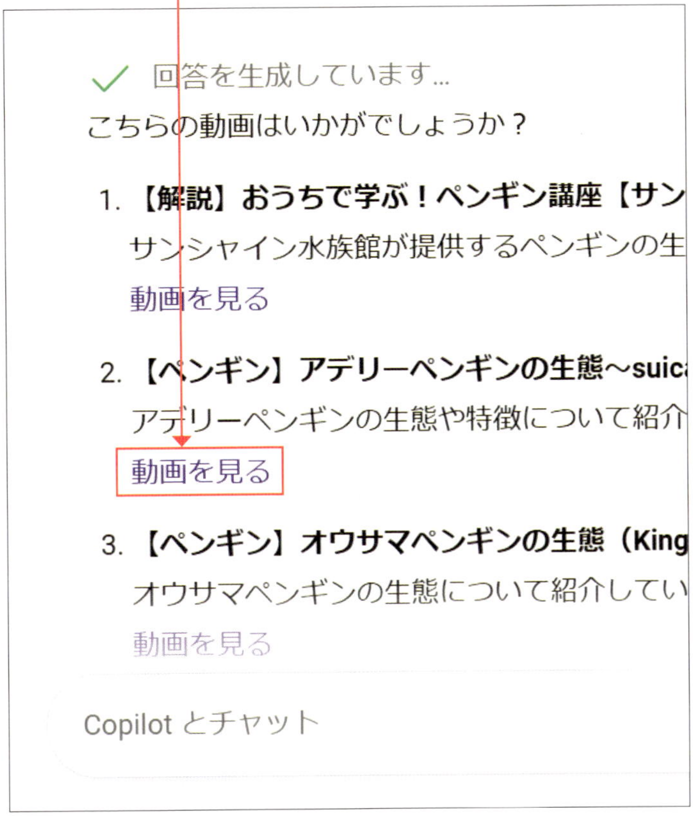

5 動画のページがMicrosoft Edgeで表示され、再生が開始されます。

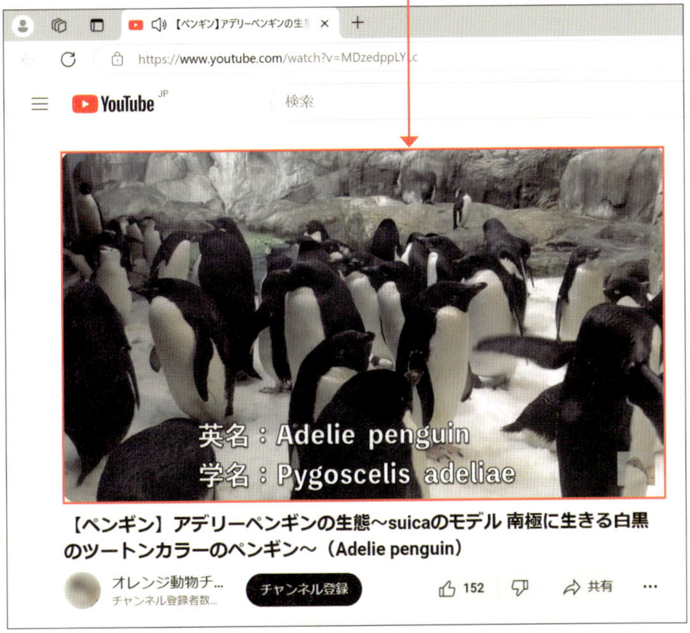

Section
63 YouTubeの動画を要約してもらい時間を節約しよう

ここで学ぶこと

- YouTube
- 動画の要約
- ビデオのハイライト

Copilot in Edgeでは、YouTube動画を再生しながらCopilotに動画の内容を質問することができます。動画を最後まで見る時間がないときは、Copilotに動画を要約してもらうと、内容をすばやく理解でき、時短につながります。

1 YouTubeの内容を要約してもらう

補足

文字起こしが設定してある動画のみ要約できる

動画の要約が可能な動画は、動画側で文字起こしが設定がされているもののみです。文字起こしが設定がされていない動画を再生した状態で、［ビデオのハイライトを生成する］をクリックしても「ビデオハイライトはトランスクリプト付きのビデオでのみ利用可能で、現在はYouTubeやVimeoなどのサイトに制限されています…」のように表示されます。

1 Microsoft Edgeを起動し、YouTubeを表示したら、動画を再生します。

2 をクリックします。

3 Copilot in Edgeが表示されます。

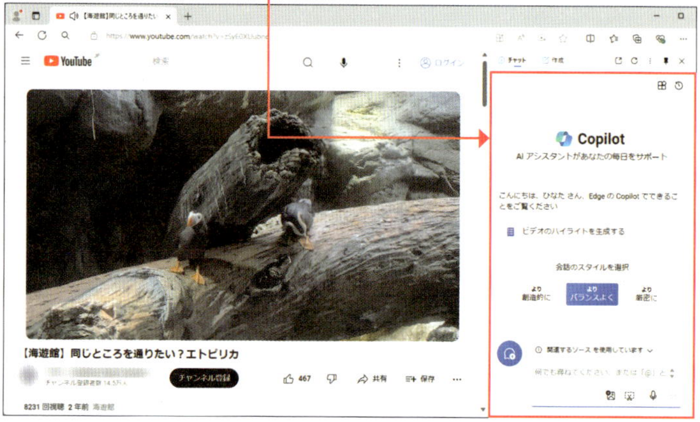

4 ［ビデオのハイライトを生成する］をクリックします。

Copilot
AI アシスタントがあなたの毎日をサポート
こんにちは、ひなた さん、Edge の Copilot でできることをご覧ください
ビデオのハイライトを生成する
会話のスタイルを選択

5 再生中のYouTube動画の要約が作成されます。

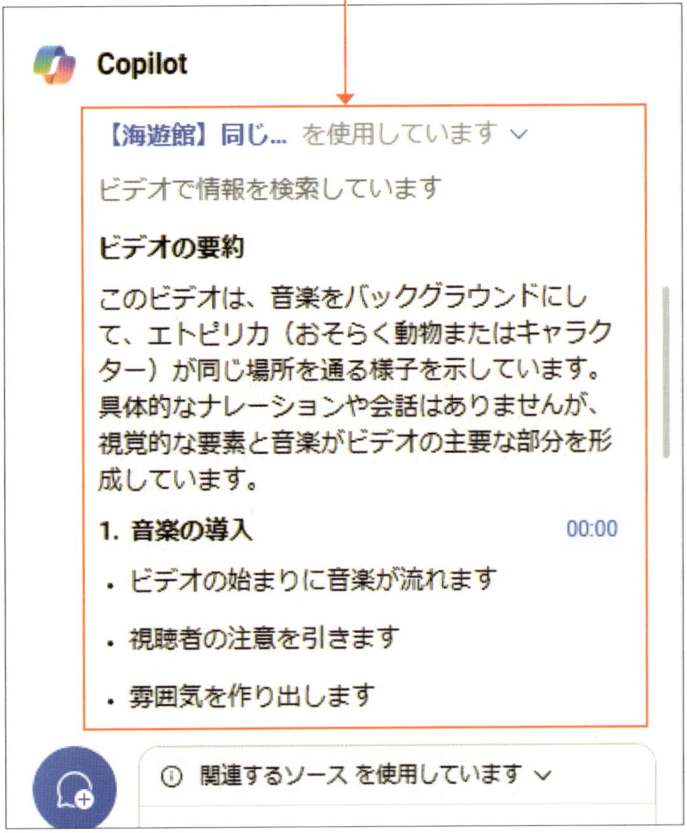
Copilot
【海遊館】同じ… を使用しています
ビデオで情報を検索しています
ビデオの要約
このビデオは、音楽をバックグラウンドにして、エトピリカ（おそらく動物またはキャラクター）が同じ場所を通る様子を示しています。具体的なナレーションや会話はありませんが、視覚的な要素と音楽がビデオの主要な部分を形成しています。
1. 音楽の導入
00:00
・ビデオの始まりに音楽が流れます
・視聴者の注意を引きます
・雰囲気を作り出します
関連するソース を使用しています

補足

プロンプトで要約する

「この動画は何をしているところですか？」や「動画の内容について教えてください。」と質問することでも、要約内容を知ることができます。なお、回答が英語で生成される場合は「日本語で」のように追加の指示をいれるとよいでしょう。

補足

動画を再生する

手順5の画面で、「00：00」などの時間をクリックすると、その時間から動画の再生が開始されます。

Section 64 英語の学習に役立ててスキルアップしよう

ここで学ぶこと

・英語学習
・音声読み上げ
・スキルアップ

自分で英語の学習を行いたいとき、Copilotに問題のレベルやテーマなどを指定すると英語の問題を作成してもらうことができます。音声読み上げ機能を活用することで、英会話やリスニングの練習にも役立てられます。

① 英語の学習に役立てる

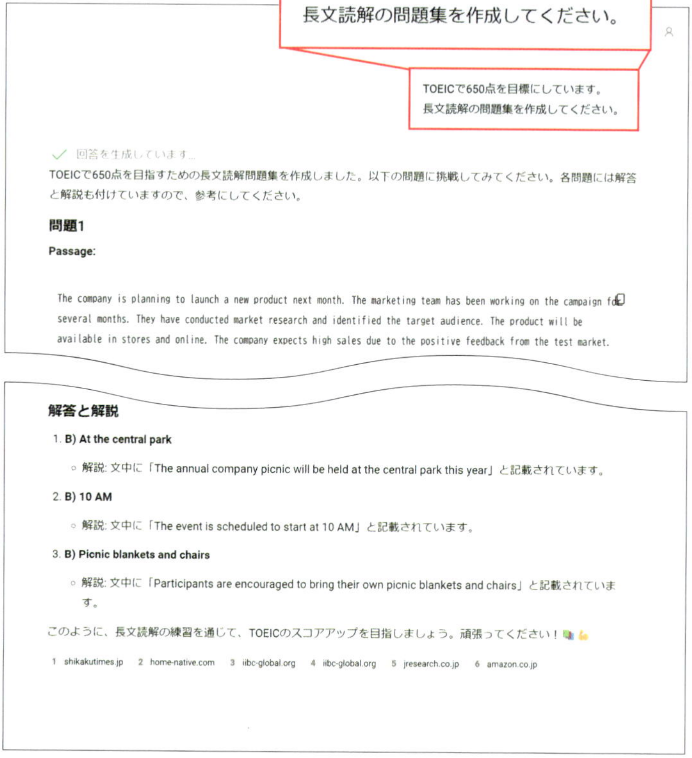

ヒント

英会話の相手になってもらう

音声入力機能を利用したり、「○○について英語で質問して」と入力したりすると、出力された回答が英語で読み上げられます。実際に会話をしているように使うのはもちろん、🔊をクリックすると何度も音声で読み上げられるので、リスニングの練習にもなります。

応用技

英語で音声入力する

音声で入力する場合、英語で入力すると英語の音声で出力されます。英語の音声が認識されない場合、画面右上の👤をクリックし、[設定]→[音声]で「主な話し手の言語」を「英語(米国)」にしてみてください。

中学英語、高校英語、大学英語、英語技能検定、TOEICなど自分が学習したいレベル内容のほか、目標とするスコアなどを設定し、「問題集を作成して」のように指示すると、英語の問題を作成してもらえます。わからない問題や語彙が出てきた場合は、その都度Copilotに質問することですぐに教えてもらうことが可能です。

TOEICで650点を目標にしています。長文読解の問題集を作成してください。

TOEICで650点を目標にしています。長文読解の問題集を作成してください。

✓ 回答を生成しています

TOEICで650点を目指すための長文読解問題集を作成しました。以下の問題に挑戦してみてください。各問題には解答と解説も付けていますので、参考にしてください。

問題1
Passage:

The company is planning to launch a new product next month. The marketing team has been working on the campaign for several months. They have conducted market research and identified the target audience. The product will be available in stores and online. The company expects high sales due to the positive feedback from the test market.

解答と解説

1. B) At the central park
   ○ 解説: 文中に「The annual company picnic will be held at the central park this year」と記載されています。

2. B) 10 AM
   ○ 解説: 文中に「The event is scheduled to start at 10 AM」と記載されています。

3. B) Picnic blankets and chairs
   ○ 解説: 文中に「Participants are encouraged to bring their own picnic blankets and chairs」と記載されています。

このように、長文読解の練習を通じて、TOEICのスコアアップを目指しましょう。頑張ってください! 📖👍

1 shikakutimes.jp 2 home-native.com 3 iibc-global.org 4 iibc-global.org 5 jresearch.co.jp 6 amazon.co.jp

第6章

Copilot ProでExcelやWordを活用しよう

Section

65 Copilot Pro とは？

ここで学ぶこと

・Copilot Pro
・ライセンス
・Microsoft 365
　Personal

Officeアプリ上でCopilotを使うことができるようになる有料プランが「Copilot Pro」と「Microsoft 365 Copilot」です。この章では、個人向けとして提供されている「Copilot Pro」について解説します。

① 有料版 Copilot のひとつ「Copilot Pro」

> **✏ 補足**
>
> **Microsoft 365 Copilot との違い**
>
> Copilot ProとMicrosoft 365 CopilotはどちらもCopilotの有料プランですが、主な違いは個人向けか法人向けかです。Microsoft 365 Copilotは法人向けのため、価格や対象となるアプリが異なり、組織内での利用を想定したものとなっています。詳しくは14ページを参照してください。

「Copilot Pro」は個人向けに提供されている、Copilotの有料プランです。デスクトップ版およびWeb版のOfficeアプリでCopilotが使えるほか、アクセスが集中したときにもGPT-4を使用し続けられる、1日に画像生成できる回数の上限が増えるといった機能が利用できます。なお、デスクトップ版OfficeアプリでCopilotを利用するには、Microsoft 365 PersonalまたはMicrosoft 365 Familyを契約する必要があります。本書では、Microsoft 365 Personalを契約している場合の操作方法を解説します。

2024年9月現在、Copilot Proは月額3,200円（税込）、Microsoft 365 Personalは月額1,490円（税込）で提供されています。どちらもライセンスを購入した初月1か月は無料で試用できるため、それまでに解約すれば請求はされません。

② デスクトップ版Officeアプリで Copilotを使用するには

Microsoft 365 Personalとは

Microsoft 365 Personalは、個人向けの Microsoft Officeのサブスクリプション プランです。最新バージョンのOfficeア プリが利用できる、1TBのOneDriveオ ンラインストレージが利用できるといっ た特徴があります。価格は、月額1,490 円（税込）、年額払いの場合14,900円（税 込）です（2024年9月現在）。

デスクトップ版OfficeアプリでCopilotを使用したい場合は、別途、 Microsoft 365 PersonalまたはMicrosoft 365 Familyを契約する必 要があります。パソコンにインストールされているOffice 2021や法 人向け版のMicrosoft 365では利用できません。なお、Web版 OfficeアプリはOfficeアプリの契約に関係なくCopilotが利用でき ます。

1 Webブラウザで「https://www.microsoft.com/ja-jp/micro soft-365/buy/compare-all-microsoft-365-products」にアク セスし、

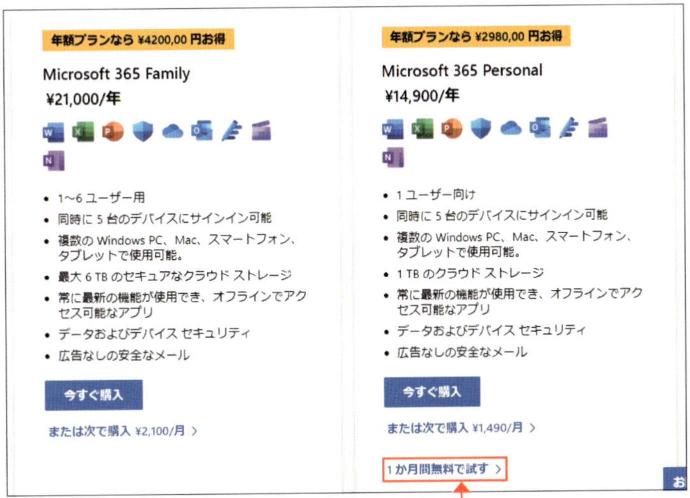

2 ここでは[1か月間無料で試す]をクリックします。

3 [1か月無料でお試しください]をクリックし、

Microsoft 365 Familyとは

Microsoft 365 Familyは、家族やグルー プ向けのMicrosoft Officeのサブスクリ プションプランです。最大で6人で利用 でき、各ユーザーに1TBのOneDriveオ ンラインストレージが付いています。価 格は月額2,100円（税込）、年額払いの場 合21,000円（税込）です（2024年9月現 在）。

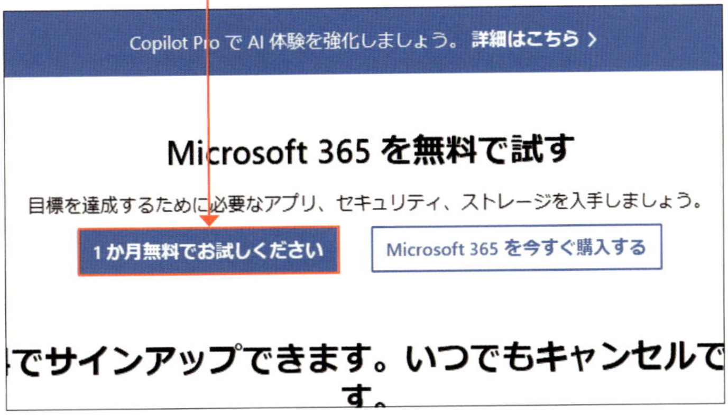

4 画面の指示に従って支払い方法の登録を行い、サブスクリプショ ンに加入します。

66 | Copilot Proの ライセンスを購入しよう

ここで学ぶこと

- Copilot Pro
- ライセンス
- 無料試用版

Copilot Proを始めるにはライセンスを購入する必要があります。支払い方法の入力が必須であるため、クレジットカードなどを準備してください。ここでは、無料試用版を始める方法を解説します。

① Copilot Proの試用を開始する

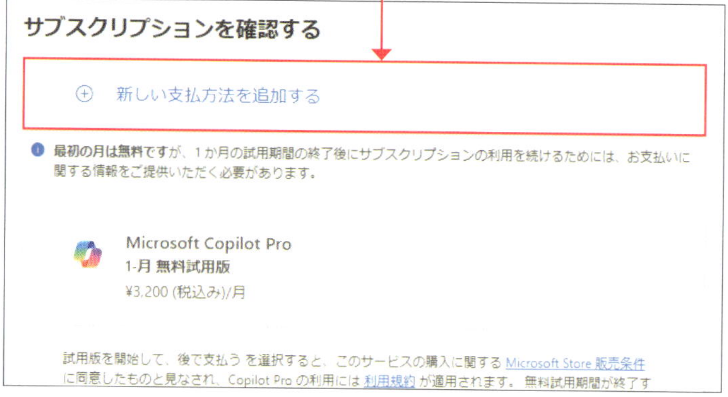

 補足

アカウントを確認する

手順 **3** の画面の左側にはアカウント情報が表示されています。ライセンスを購入するアカウントがOfficeアプリで使用するアカウントと同じか、必ず確認しましょう。

■ Microsoft

購入しています

Microsoft Copilot Pro

1か月間無料

無料試用期間が終了すると、月ごとに¥3,200が請求されます。

ひなた 中村
nakamurahinata0712@outlook.jp

1 Webブラウザで「https://www.microsoft.com/ja-jp/store/b/copilotpro」にアクセスし、

Microsoft Copilot Pro

パワー、スピード、創造性を向上

1か月間無料試用版を入手

¥3,200 ユーザー/月

無料試用版をお試しください

2 ［無料試用版をお試しください］をクリックします。

3 ［新しい支払方法を追加する］をクリックします。

サブスクリプションを確認する

⊕ 新しい支払方法を追加する

ⓘ 最初の月は無料ですが、1か月の試用期間の終了後にサブスクリプションの利用を続けるためには、お支払いに関する情報をご提供いただく必要があります。

 Microsoft Copilot Pro
1-月 無料試用版
¥3,200（税込み）/月

試用版を開始して、後で支払うを選択すると、このサービスの購入に関する Microsoft Store 販売条件に同意したものと見なされ、Copilot Pro の利用には 利用規約 が適用されます。無料試用期間が終了

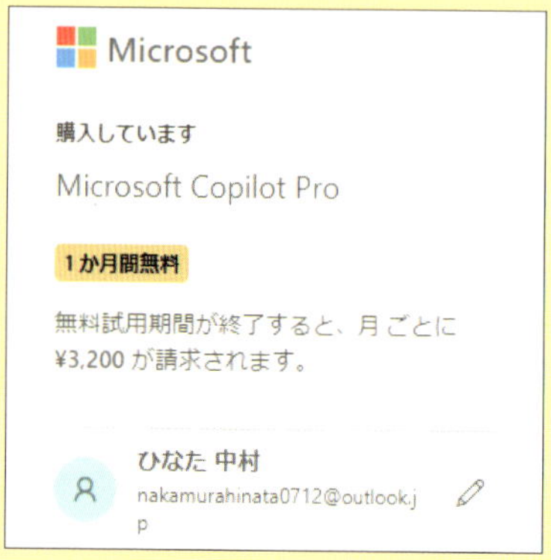

補足

支払い方法はPayPalかクレジットカード

支払い方法はPayPalかクレジットカードのみです。無料試用版でも支払い方法の登録は必須のため、事前に準備してください。

4 支払い方法(ここでは[クレジットカードまたはデビットカード])を選択してクリックします。

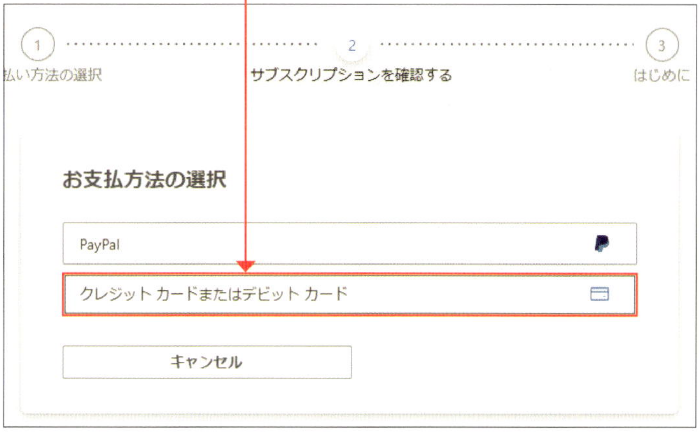

5 クレジットカードのカード番号や名義、有効期限などを入力し、

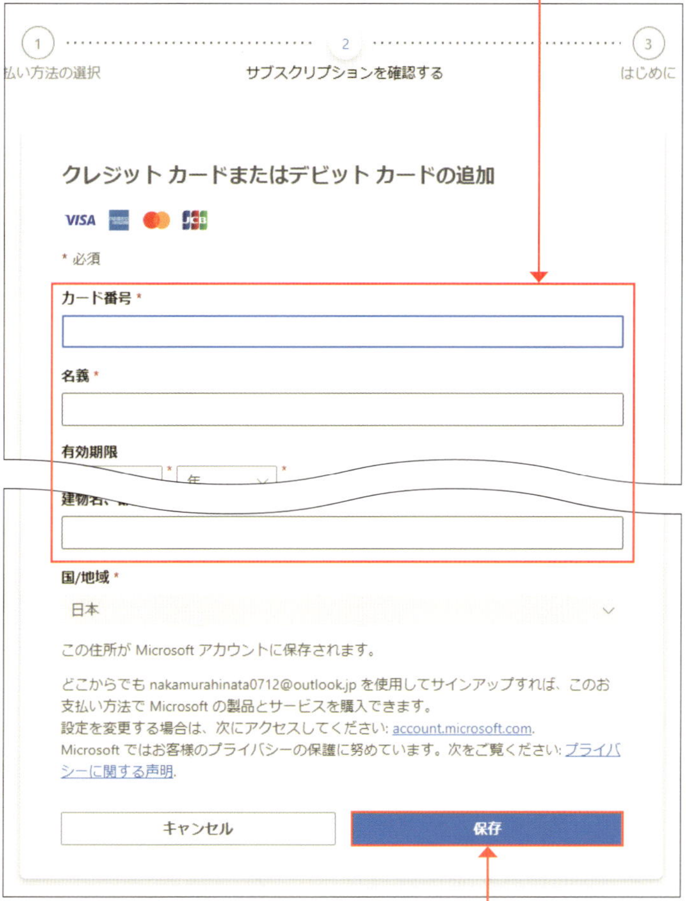

6 [保存]をクリックします。

補足

必須項目

カード番号や名義のほかにも、住所の登録が必須です。登録した住所はMicrosoftアカウントに保存されます。

ヒント

サービスについての情報を希望する

手順 **7** の画面で、「Microsoft 365およびその他のMicrosoft製品とサービスについての情報、ヒント、プランを希望します。」にチェックが付いていると、Microsoftアカウントのメールアドレスにマイクロソフトからの製品やサービスに関するメールが届きます。不要な場合はチェックを外しましょう。

補足

1か月で体験を終了したい

無料試用版の期間を過ぎると、登録した支払い方法からの引き落としが自動で開始されます。無料試用版だけで利用をやめたいというときは、支払い開始の2日前までに解約してください。解約はWebブラウザで「https://account.microsoft.com/services/copilot/details#billing」にアクセスし、[定期請求を無効にする]→[定期請求を無効にする]の順にクリックします。

---

7 「Microsoft Store販売条件」や「利用規約」を確認し、

8 [試用版を開始して、後で支払う]をクリックします。

9 [開始する]をクリックすると、Copilot Proの利用を開始できます。

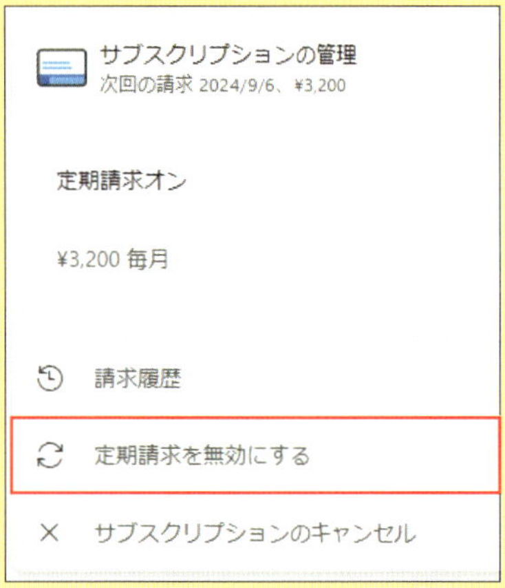

補足

特別な操作は不要

Copilot in WindowsやCopilot in EdgeをCopilot Proにするための特別な操作はありません。Copilot Proのライセンスを購入したアカウントでサインインしていれば（25ページ参照）、Copilot Proになります。時間が経っても表示されないときは、アプリを終了して再起動してください。

補足

Microsoft 365 Personalの定期請求を無効にする

Copilot Proと同様に、Microsoft 365 Personalも解約しないと2か月目から自動で引き落としが開始されます。解約はWebブラウザで「https://account.microsoft.com/services/microsoft365/details#billing」にアクセスし、［定期請求を無効にする］→［サブスクリプションが必要ない］の順にクリックします。

10 Copilot in WindowsやCopilot in Edgeを起動すると、「Copilot Pro」と表示されていることを確認できます。

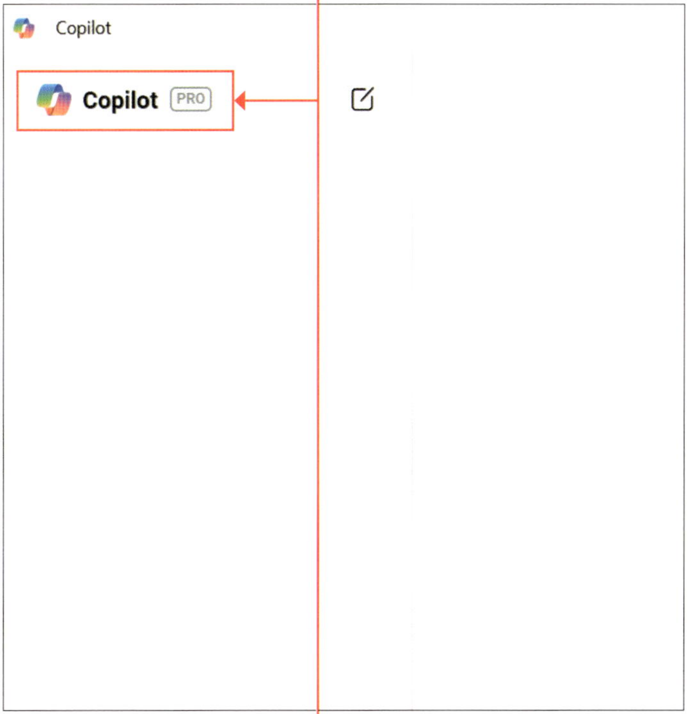

Copilotの基本操作を確認しよう

ここで学ぶこと

・Web版Officeアプリ
・デスクトップ版 Officeアプリ
・基本操作

Copilot Proのライセンスを購入すると、[ホーム]タブにCopilotのコマンドが追加されます。クリックすると画面右にチャットウィンドウが表示され、プロンプトを入力してOfficeアプリを操作することができます。

① デスクトップ版OfficeアプリでCopilotを使う

補足

OfficeアプリでCopilotが表示されない場合

[ホーム]タブにCopilotのコマンドが表示されないときはアプリを更新してください。Wordなどの起動中に、[ファイル]→[その他…]→[アカウント]の順にクリックし、「製品情報」の[更新オプション]→[今すぐ更新]の順にクリックします。

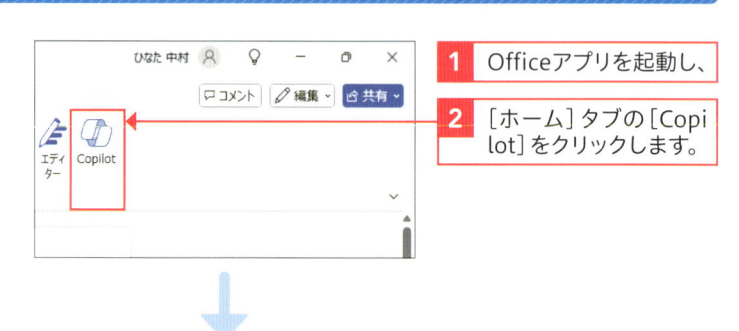

補足

プロンプト例を確認する

手順 **3** の画面で ☐ をクリックするとプロンプト例を確認することができます。

1 Officeアプリを起動し、

2 [ホーム]タブの[Copilot]をクリックします。

3 Copilotのチャットウィンドウが表示されます。

4 [このドキュメントに関する質問]をクリックしてプロンプトを入力し、▷ をクリックすると回答が生成されます。なお、Wordの一部画面やOutlookでは操作が異なることがあります。

ヒント

Web版Officeアプリとは

Web版Officeアプリとは、Web上でWord や Excel、PowerPointなどを使用できる サービスです。デスクトップ版Officeア プリを購入していなくても Microsoft ア カウントがあれば利用できます。

1 Webブラウザで「https://www.office.com/」にアクセスし、

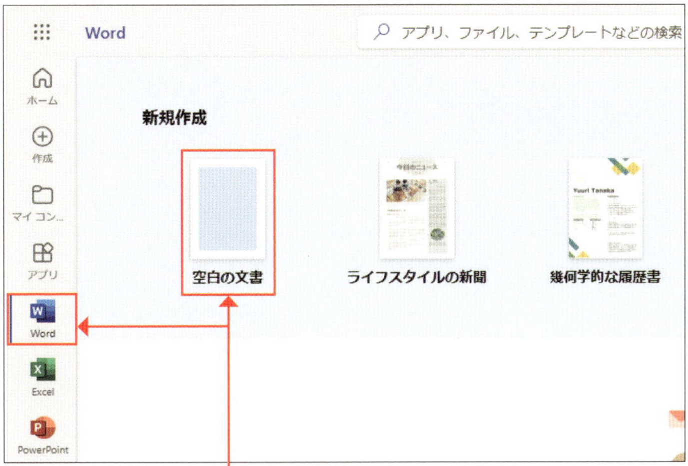

2 起動したいOfficeアプリ→作成したいファイルの順にクリックしま す。

3 [ホーム] タブの [Copilot] をクリックします。

4 Copilotのチャットウィンドウが表示されます。

応用技

Copilot Lab のプロンプト例を 確認する

「Copilot Lab」（https://copilot.cloud. microsoft/ja-JP/prompts）とは、マイ クロソフトが公開しているCopilotの使 い 方 を 紹 介 するWebサイトです。 Copilotの操作方法やCopilotで使える プロンプト例を多数紹介しています。

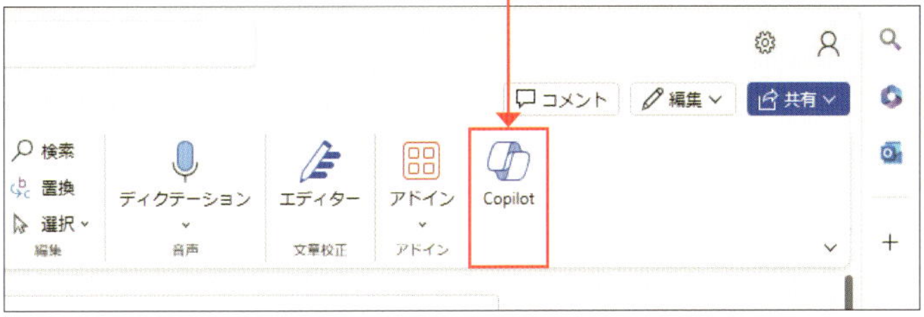

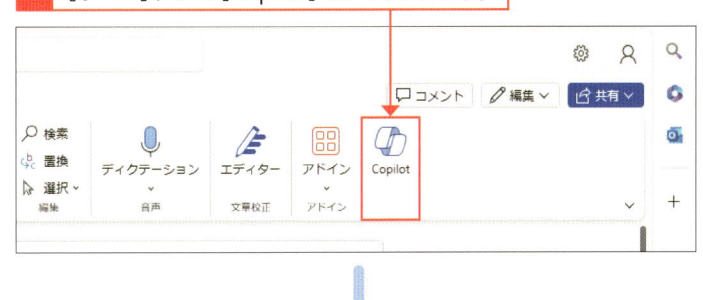

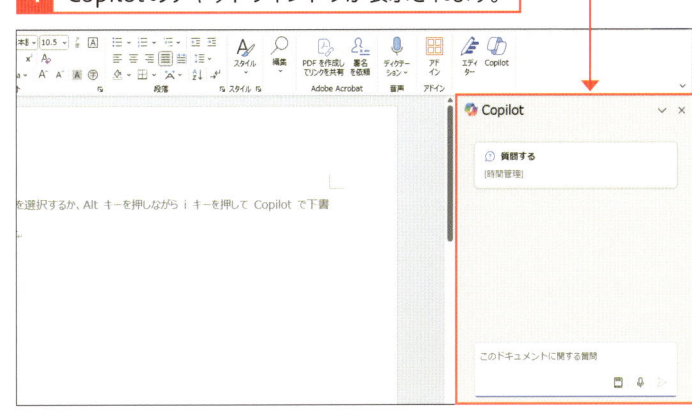

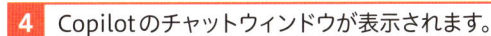

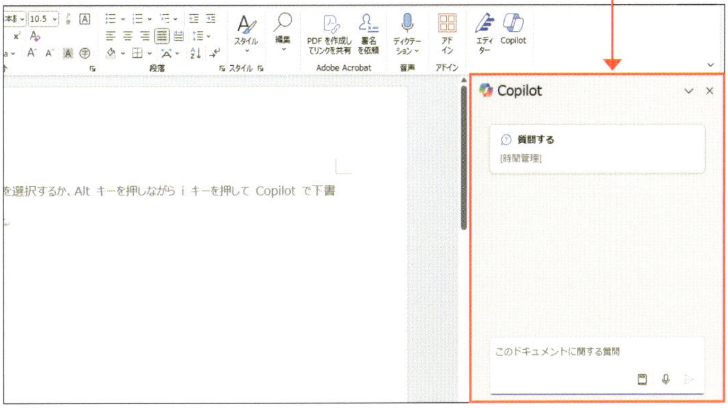

Section

68 Excelで表を編集してもらおう

ここで学ぶこと

- Excel
- テーブル化
- 表の作成

ExcelでのCopilotは、表や関数式の作成、表の分析などを行えます。データの視覚化や自動化によって作業効率を向上を図りましょう。なお、ExcelでCopilotを使用する際はファイルをOneDriveに保存し、表をテーブル化しておきます。

1 表をテーブル化する

補足

データはテーブル化する

ExcelのCopilotはテーブル化されたデータが対象となります。テーブル化されていなくても、ヘッダー行が1つで空白の行がない、結合されたセルがないなどの条件を満たしたデータも対象となりますが、確実に操作を行うためにはテーブル化しておきましょう。

1 OneDriveに保存したExcelファイルを開き、ドラッグでテーブル化したい表を選択します。

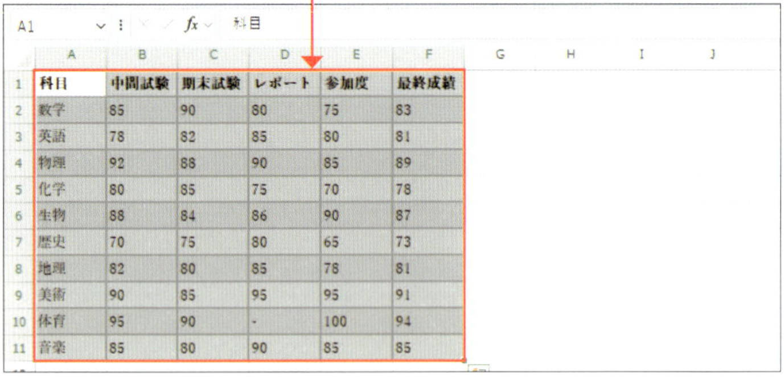

2 [挿入]タブをクリックし、

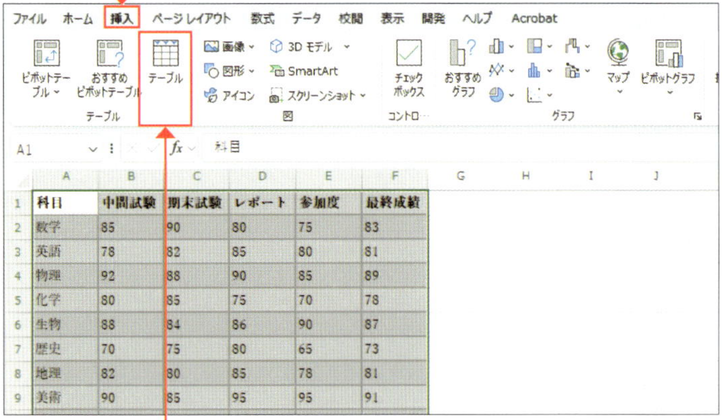

3 [テーブル]をクリックします。

補足

「自動保存がオフになっています」と表示された

Copilotの起動後、「自動保存がオフになっています」が表示された場合は、[自動保存を有効にする]か、画面左上の[オフ]をクリックして、自動保存をオンにしてください。自動保存がオフのままだとCopilotを利用できません。また、ファイルはOneDrive上に保存しておく必要があります。

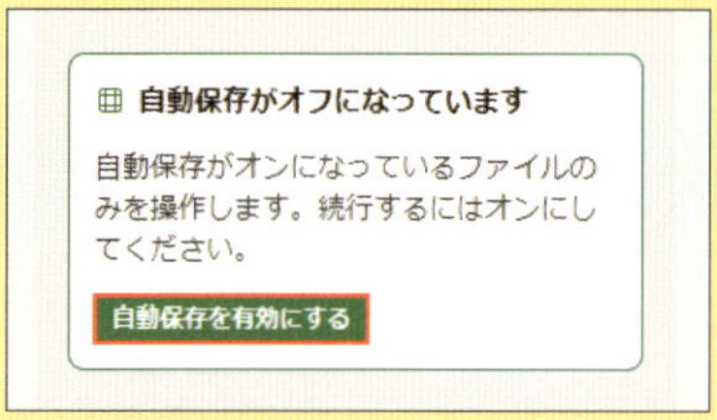

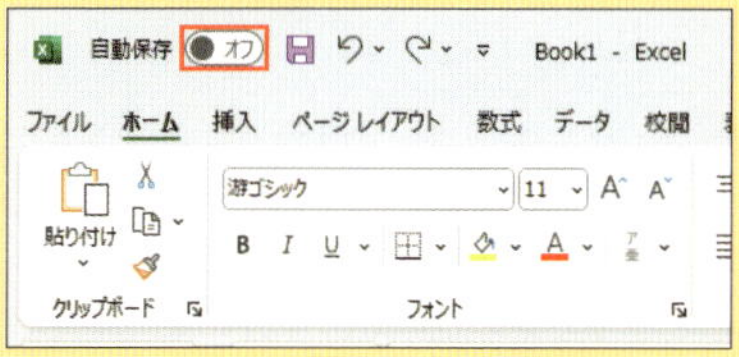

4 「テーブルの作成」画面が表示されたら、[OK]をクリックします。

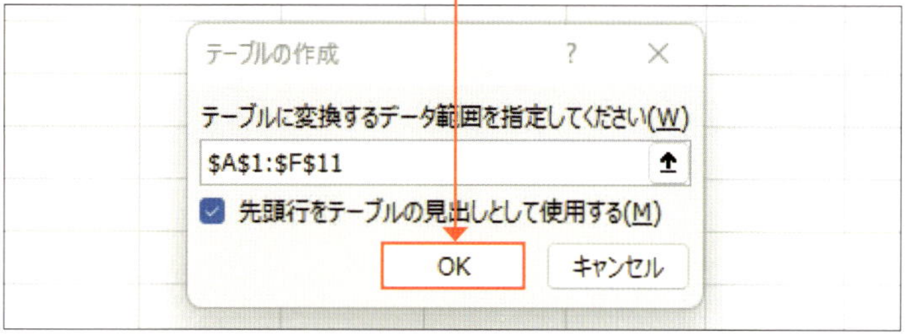

5 表がテーブル化されます。

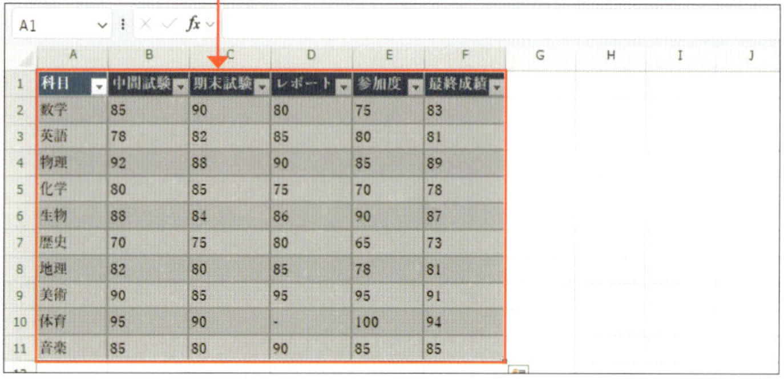

科目	中間試験	期末試験	レポート	参加度	最終成績
数学	85	90	80	75	83
英語	78	82	85	80	81
物理	92	88	90	85	89
化学	80	85	75	70	78
生物	88	84	86	90	87
歴史	70	75	80	65	73
地理	82	80	85	78	81
美術	90	85	95	95	91
体育	95	90	-	100	94
音楽	85	80	90	85	85

6 [ホーム]タブをクリックし、

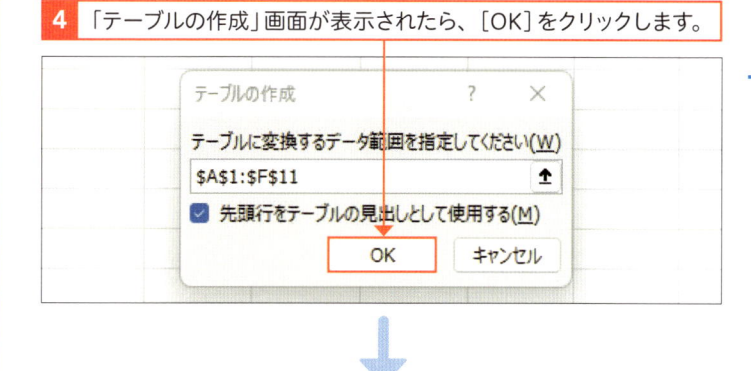

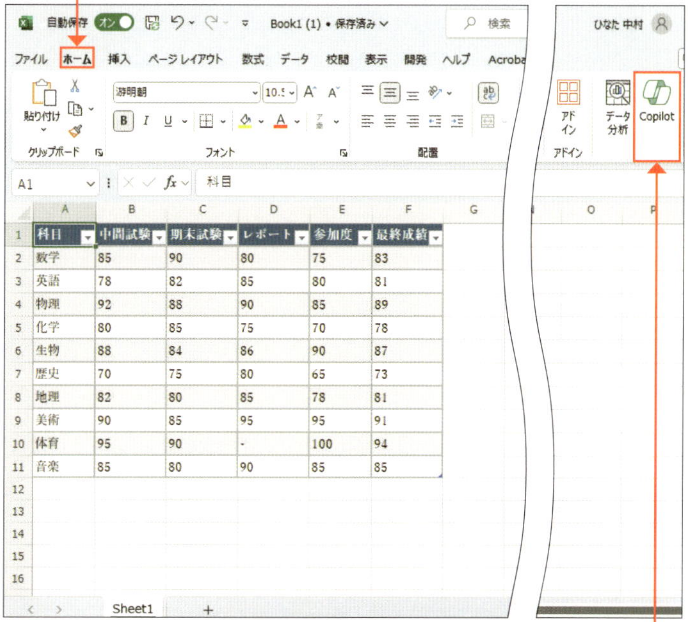

7 [Copilot]をクリックすると、Copilotが起動します。

補足

さまざまな指示が可能

ここでは列を追加しましたが、列の削除や行の追加なども可能です。

1 編集したい内容を入力し、

を行うにはどうすればよいですか?

科目列、中間試験列の間に列を追加してください。

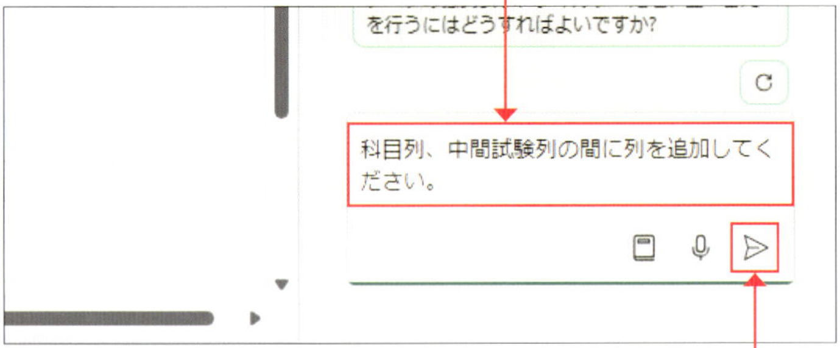

2 ▷ をクリックします。

3 [適用]をクリックします。

Copilot (プレビュー版)

はい**A1:F11** では、次の 1 件の変更を確認して適用できます:

● テーブル テーブル2 の列番号 2 に 1 列を挿入します

✓ 適用

AI で生成されたコンテンツは誤りを含む可能性があります。

[最初の列を太字にする] [グラフを表示する]

[ピボットテーブルの表示]

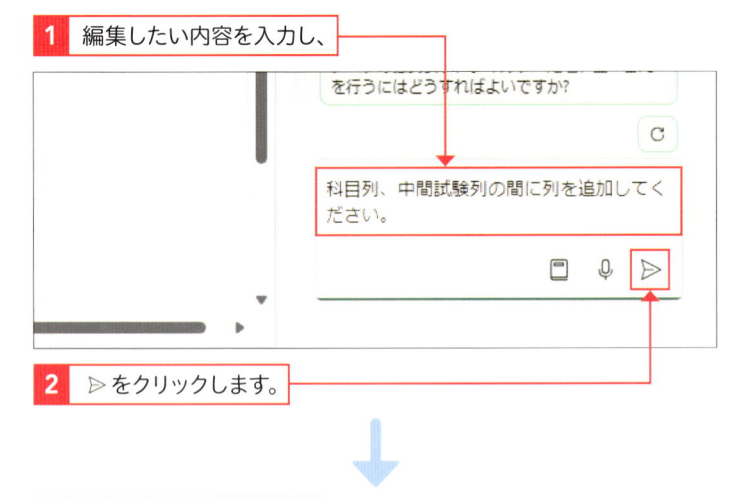

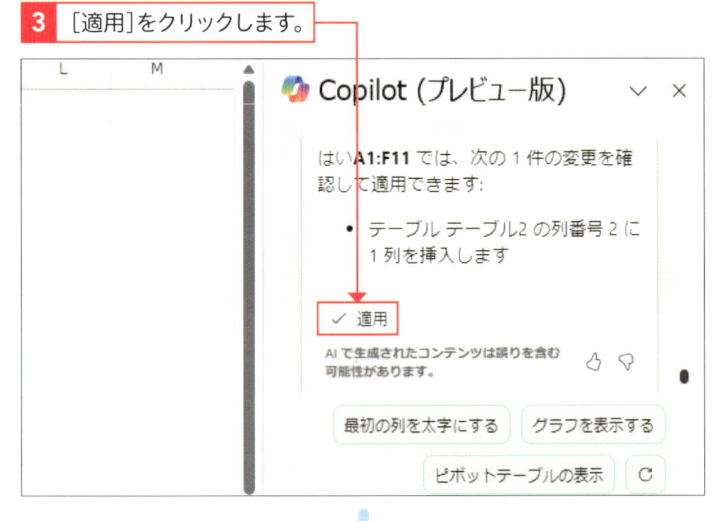

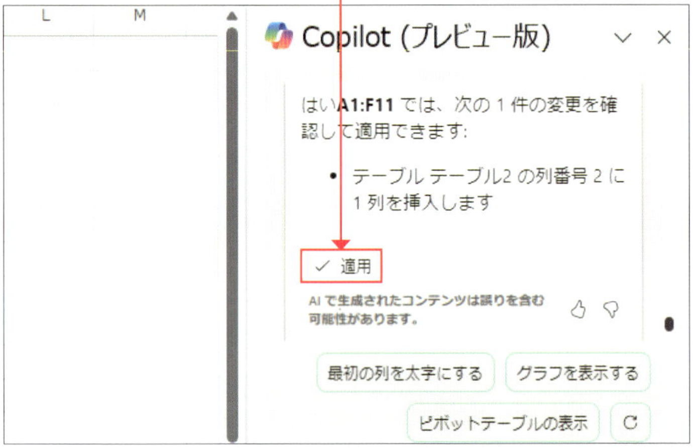

4 表が編集されます。

	A	B	C	D	E	F	G
1	科目	列1	中間試験	期末試験	レポー	参加度	最終成績
2	数学		85	90	80	75	83
3	英語		78	82	85	80	81
4	物理		92	88	90	85	89
5	化学		80	85	75	70	78
6	生物		88	84	86	90	87
7	歴史		70	75	80	65	73
8	地理		82	80	85	78	81
9	美術		90	85	95	95	91
10	体育		95	90	-	100	94

 補足

Copilot in Windowsのようなダミーの表は作成できない

Copilot in Windows ではダミーの表の作成ができますが、ExcelのCopilotではできません。ダミーの表を作りたいときは、Copilot in Windowsで作成してもらい、そのデータをExcelにコピー＆ペーストしましょう（102ページ参照）。

③ 特定の箇所を強調してもらう

補足

確認が表示される

手順 ③ の画面では、強調する箇所や強調のしかたについての確認が表示されます。塗りつぶしの色やフォントの色を確認し、問題がなければ［適用］をクリックしましょう。

1 強調したい箇所の条件を入力し、

データの強調表示、フィルター処理、並べ替えを行うにはどうすればよいですか？

中間試験の列で、数値が90以上のものを強調してください。

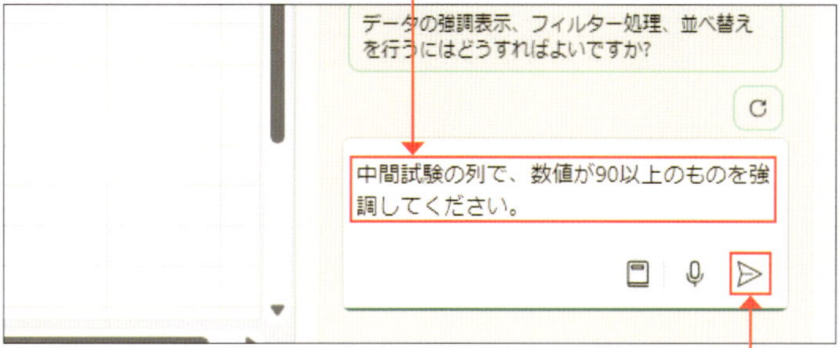

2 ▷ をクリックします。

3 ［適用］をクリックします。

Copilot (プレビュー版)

- **90 以上のセル値:** 列 ""中間試験"" のセルに以下を適用します
  ○ 塗りつぶしの色: 黄
  ○ フォントの色: 黒

  AaBbCc

✓ 適用

AIで生成されたコンテンツは誤りを含む

グラフを表示する　　最初の列を太字にする

'85' の '中間試験' はいくつですか？

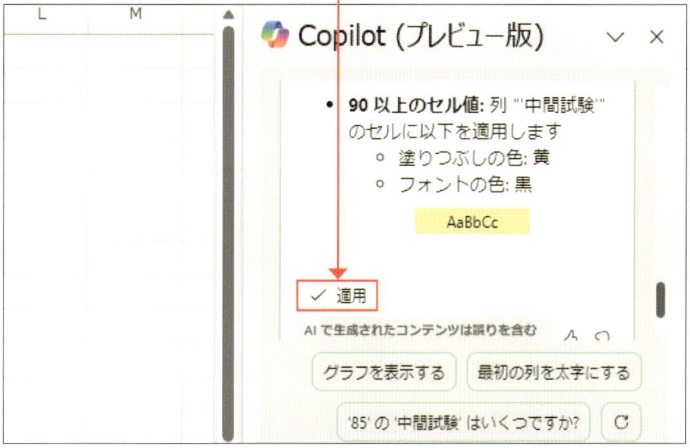

補足

強調のしかたを指定する

強調のしかたを指定することもできます。プロンプトに「赤色で塗りつぶして」といった指示を追加してみましょう。

- **90 以上のセル値:** 列 ""中間試験"" のセルに以下を適用します
  ○ 塗りつぶしの色: 赤
  ○ フォントの色: 黒

  AaBbCc

✓ 適用

4 条件に合った箇所が強調されます。

	A	B	C	D	E	F	G
1	科目	中間試験	期末試験	レポート	参加度	最終成績	
2	数学	85	90	80	75	83	
3	英語	78	82	85	80	81	
4	物理	92	88	90	85	89	
5	化学	80	85	75	70	78	
6	生物	88	84	86	90	87	
7	歴史	70	75	80	65	73	
8	地理	82	80	85	78	81	
9	美術	90	85	95	95	91	
10	体育	95	90	-	100	94	

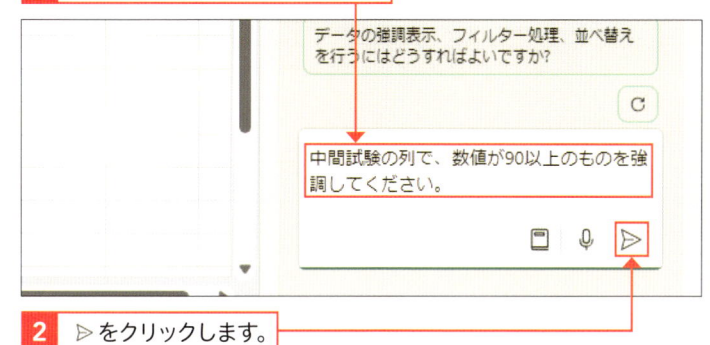

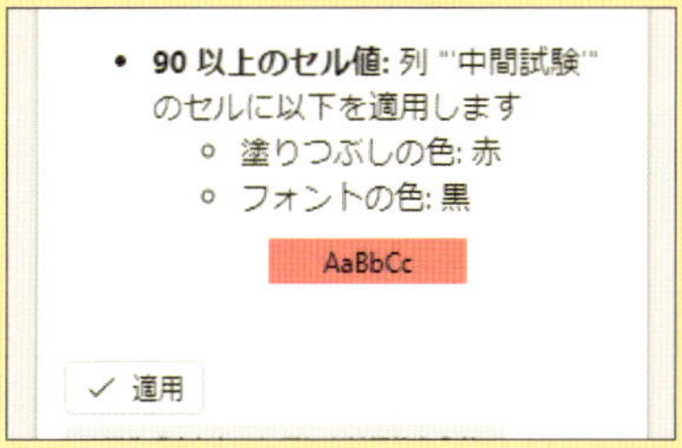

Section 69

Excelで関数式を作成してもらおう

ここで学ぶこと

- Excel
- 関数式
- 列の挿入

Copilotでは、Excelの関数式を作成してもらうことができます。関数の使い方を知らなくても、作成したい関数を文章で指示して列に追加するだけで、合計や平均などの計算がすばやく行えます。

1 関数式を作成してもらう

注意

生成された関数式は必ずしも正しいとは限らない

ここではかんたんな関数式を作成していますが、もっと複雑な関数式を作成することも可能です。ただし、生成された関数式は必ずしも正しいとは限らないので、利用には注意してください。

補足

関数式をコピーする

手順3の画面で をクリックすると、関数式をコピーできます。

1 生成してほしい関数式の内容と関数式の生成を指示するプロンプトを入力し、

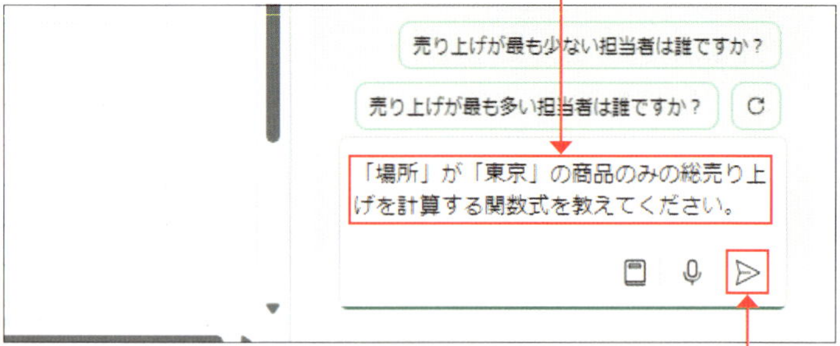

2 ▷をクリックします。

3 指定した関数式が生成されます。

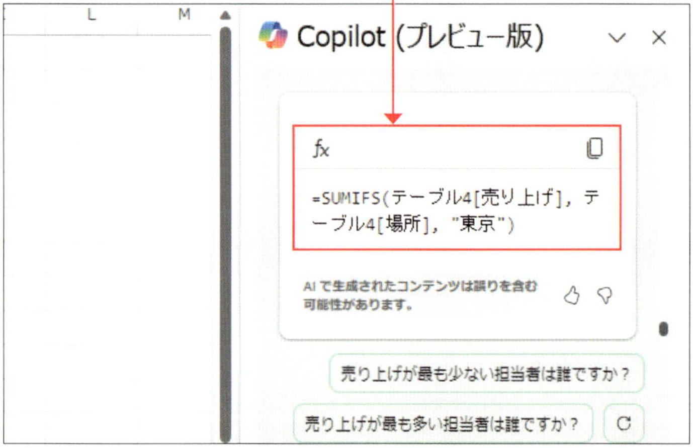

② 関数式を作成して列に追加してもらう

補足

関数式を提案してもらう

右の手順のように、テーブル内で使える関数式を提案してもらうこともできます。

1 関数式の作成を指示するプロンプトを入力し、

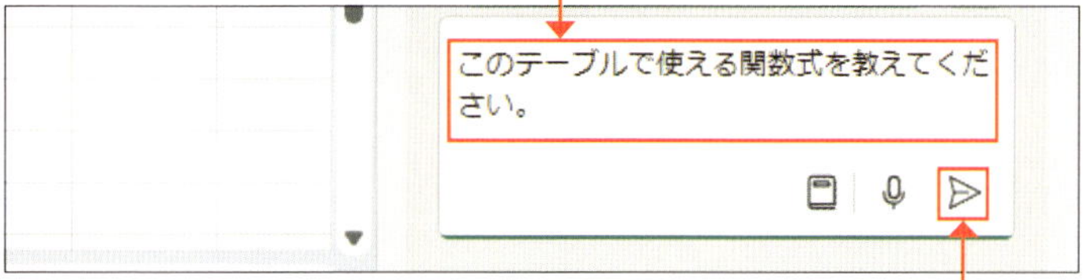
このテーブルで使える関数式を教えてください。

2 ▷ をクリックします。

3 いくつかの関数式が生成されます。

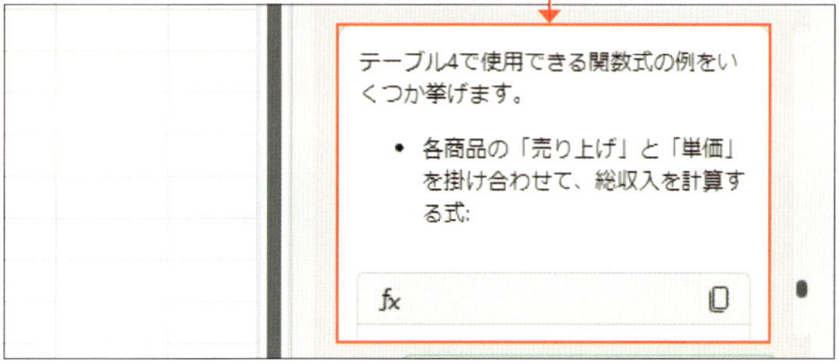
テーブル4で使用できる関数式の例をいくつか挙げます。
• 各商品の「売り上げ」と「単価」を掛け合わせて、総収入を計算する式:
fx

4 使用したい関数式があれば、追加してほしい場所と合わせてプロンプトで指示します。

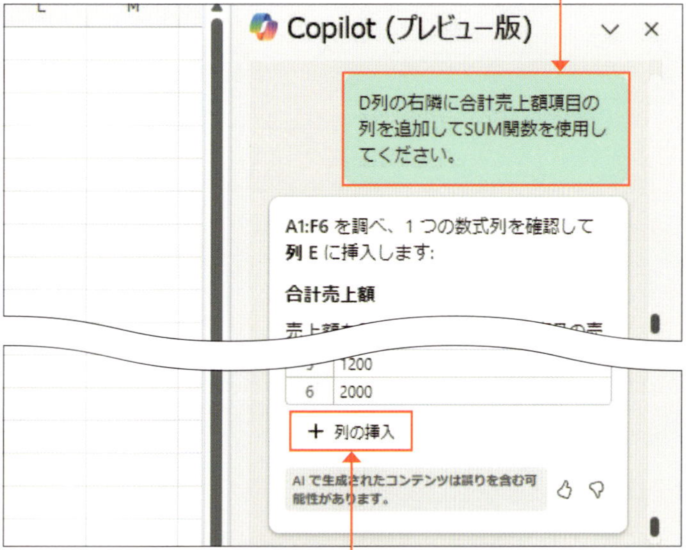
Copilot (プレビュー版)
D列の右隣に合計売上額項目の列を追加してSUM関数を使用してください。
A1:F6 を調べ、1 つの数式列を確認して列 E に挿入します:
合計売上額
1200
6 2000
＋ 列の挿入
AI で生成されたコンテンツは誤りを含む可能性があります。

5 ［列の挿入］をクリックすると、列を挿入できます。

応用技

関数式について質問する

わからない関数式があれば、Copilotに分析してもらうことも可能です。関数式と合わせて「これはどういう関数式？」といった質問をしてみましょう。

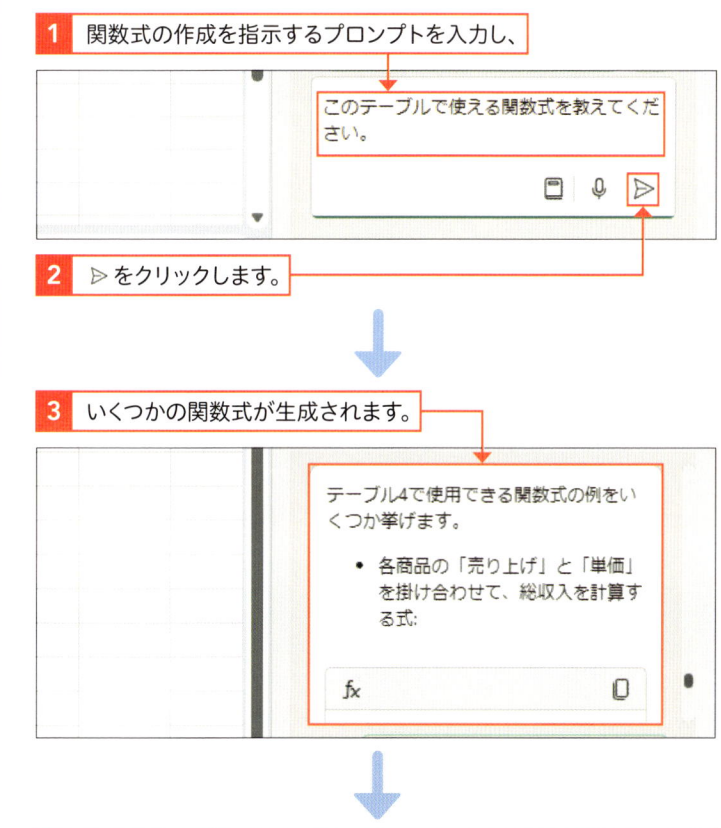

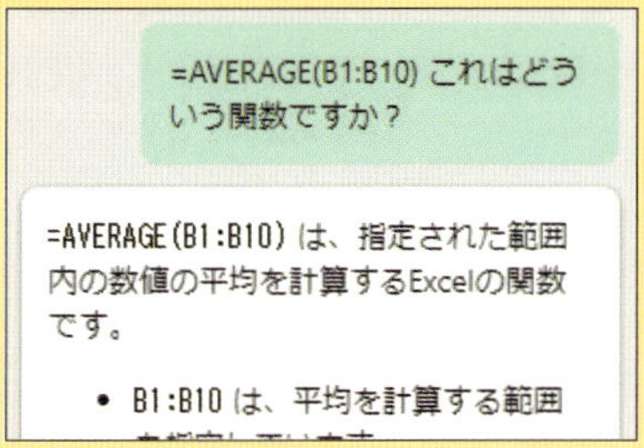
=AVERAGE(B1:B10) これはどういう関数ですか？
=AVERAGE(B1:B10) は、指定された範囲内の数値の平均を計算するExcelの関数です。
• B1:B10 は、平均を計算する範囲

Section 70

Excelで表のデータを分析してもらおう

ここで学ぶこと

- Excel
- データ分析
- 視覚化

商品の売り上げや生産数、生徒の成績、顧客情報の管理などでExcelを使用しているとそれらのデータは分析に使えます。しかし、データの量が膨大であればあるほどまとめるのが難しいです。Copilotにデータ分析を手伝ってもらいましょう。

1 表を分析してもらう

1 表示したいデータを指示するプロンプトを入力し、

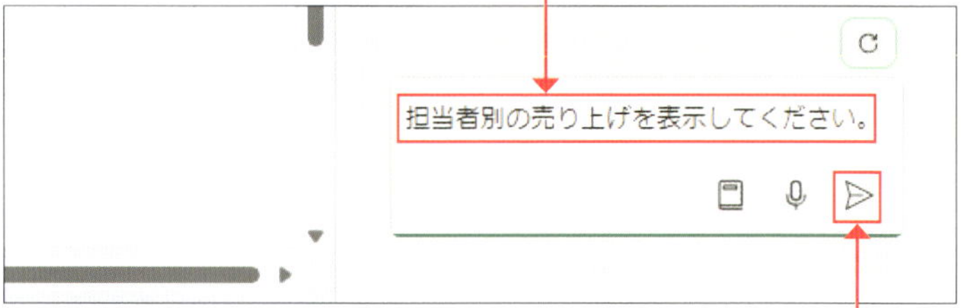
担当者別の売り上げを表示してください。

2 ▷をクリックします。

3 グラフや分析データが生成されます。

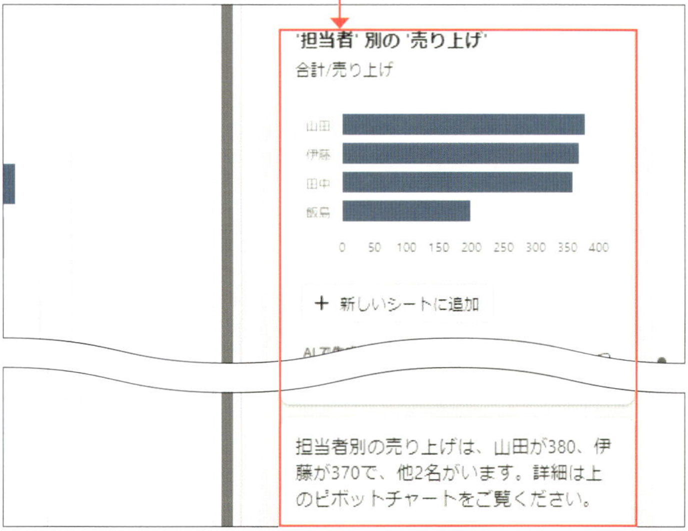
'担当者' 別の '売り上げ'
合計/売り上げ
山田
伊藤
田中
飯島
0 50 100 150 200 250 300 350 400
+ 新しいシートに追加
担当者別の売り上げは、山田が380、伊藤が370で、他2名がいます。詳細は上のピボットチャートをご覧ください。

応用技

新しいシートに追加する

手順 3 の画面で[新しいシートに追加]をクリックすると、生成されたグラフやデータが新しいシートとして追加されます。

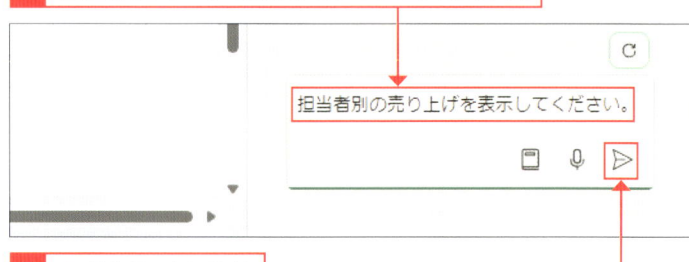

補足

データの並べ替えやフィルター処理を行う

このほかにも「担当者別の売り上げを降順に並べてください」「担当者別の売り上げが300以上のデータを表示してください」のようにして、データを並べ替えたり、フィルター処理(絞り込み)を行ったりすることができます。

② 表を視覚化してもらう

補足
プロンプトで指示することも可能

ここではプロンプト例からプロンプトを選択しましたが、「テーブルをグラフにして」という指示でも視覚化ができます。さらに詳細なグラフにしたいときは「○○ごとの○○を割り出して」といった指示も有効です。

応用技
さまざまなグラフで表すことができる

Copilotによる視覚化は、さまざまな表やグラフに対応しています。指定がある場合は、「折れ線グラフで表して」などと指示してみましょう。

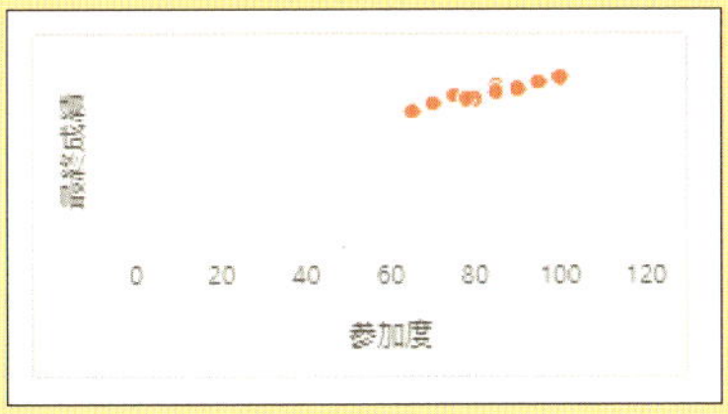

科目	平均/最終成績
体育	94
化学	78
地理	81
数学	83
歴史	73
…	…

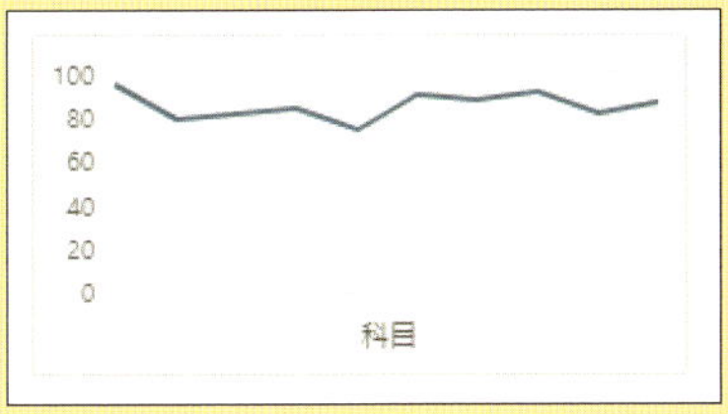

1 ここではプロンプト例から、[データの分析情報を表示する]をクリックします。

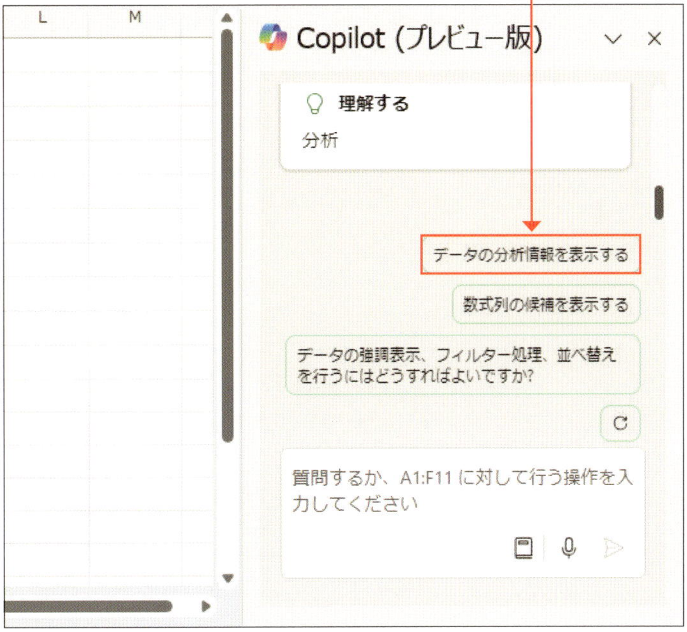

2 グラフが生成されます。

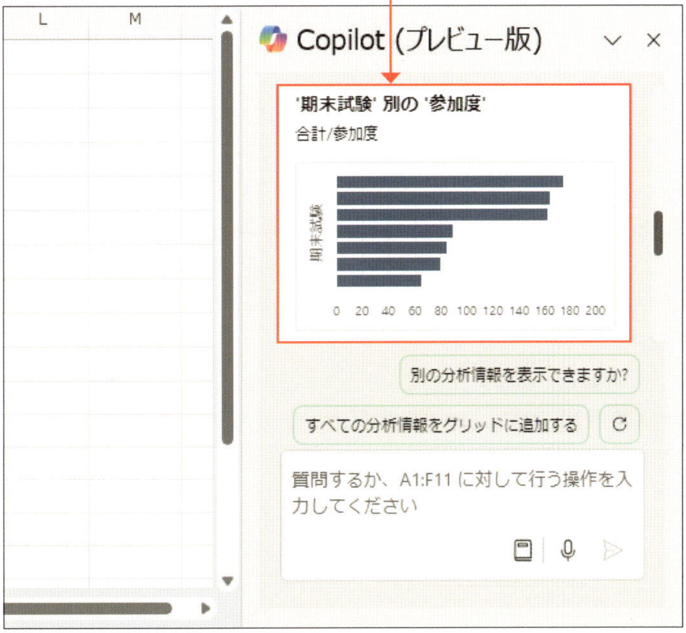

Section

71 Excelでマクロを作成してもらおう

ここで学ぶこと

- Excel
- VBA
- マクロ

Excelの入力や分析は自動化することで各段に作業効率が上がります。自動化にはVBAを使うと便利です。しかし、プログラムということもありハードルが高く感じられてしまいます。ここでは、CopilotにVBAのコードを生成してもらいましょう。

1 Excelでマクロを作成してもらう

補足

VBAとは

VBAとは「Visual Basic for Applications」の略で、ExcelやWordなどのOfficeアプリ上で実行可能なプログラミング言語です。

補足

マクロがあるファイルの保存

Excelでマクロを使う場合は、あらかじめファイルを［ファイル］タブ→［コピーを保存］から「Excelマクロ有効ブック(＊.xlsm)」で保存しておく必要があります。

1 使用したいVBAのコードの生成を指示するプロンプトを入力し、

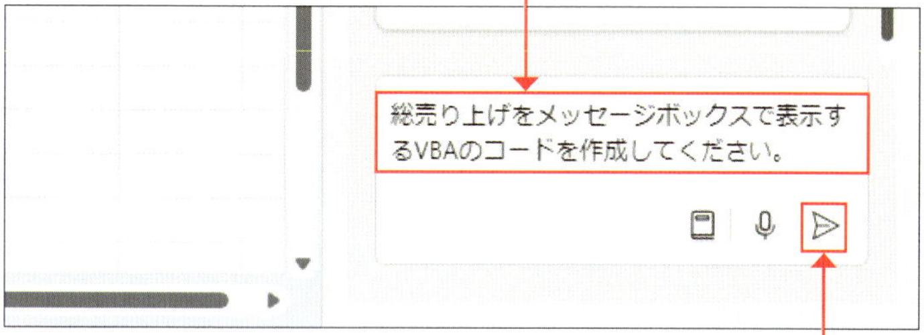
総売り上げをメッセージボックスで表示するVBAのコードを作成してください。

2 ▷をクリックします。

3 VBAのコードが生成されます。

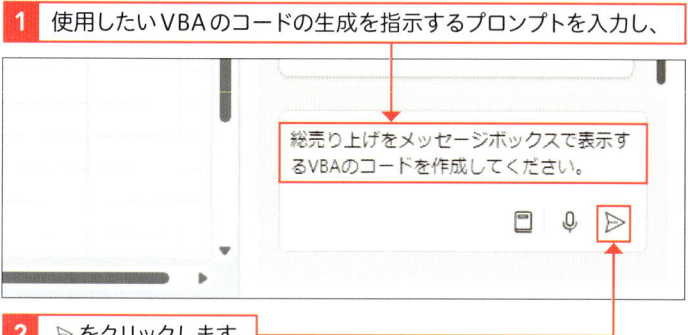

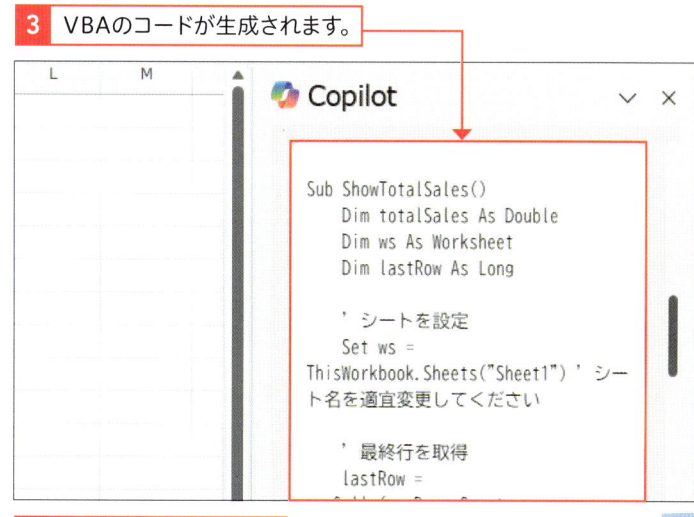

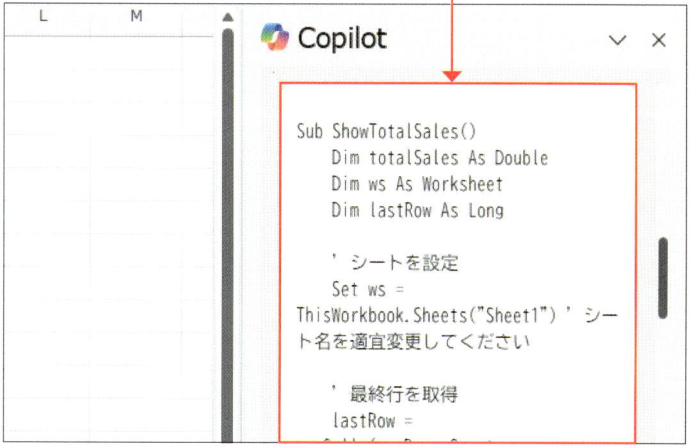
L
M
Copilot
Sub ShowTotalSales()
Dim totalSales As Double
Dim ws As Worksheet
Dim lastRow As Long
' シートを設定
Set ws =
ThisWorkbook.Sheets("Sheet1") ' シート名を適宜変更してください
' 最終行を取得
lastRow =

4 コードをコピーします。

補足

[開発] タブを表示する

[開発] タブが表示されていない場合は、[ファイル]タブ→[オプション]の順にクリックして「Excelのオプション」画面を表示し、[リボンのユーザー設定]→[開発]→[OK]の順にクリックします。

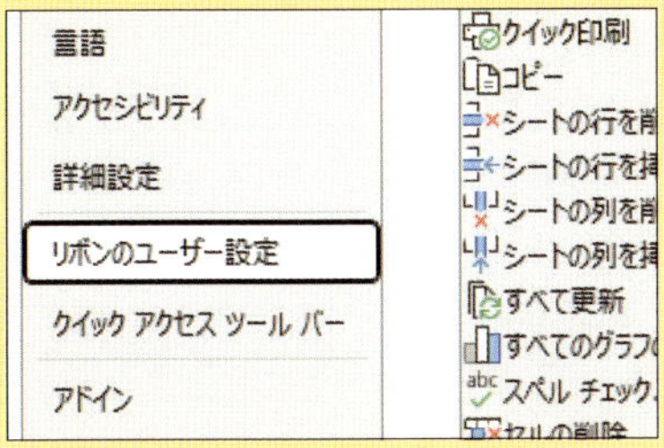

補足

マクロを実行する

手順7の画面で ▶ をクリックすると、マクロを実行できます。

5 [開発]タブをクリックし、

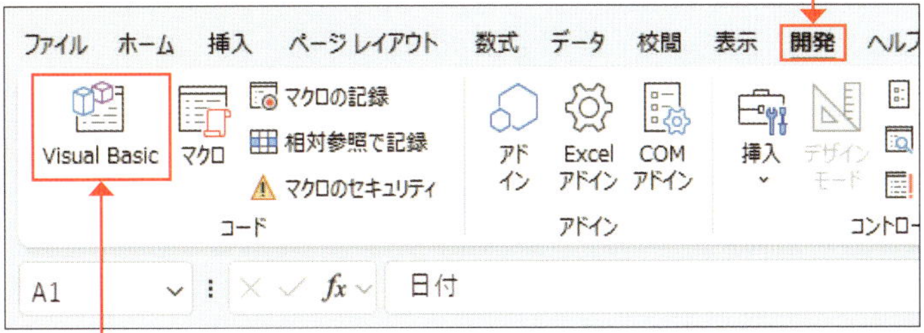

6 [Visual Basic]をクリックします。

7 [挿入]をクリックし、

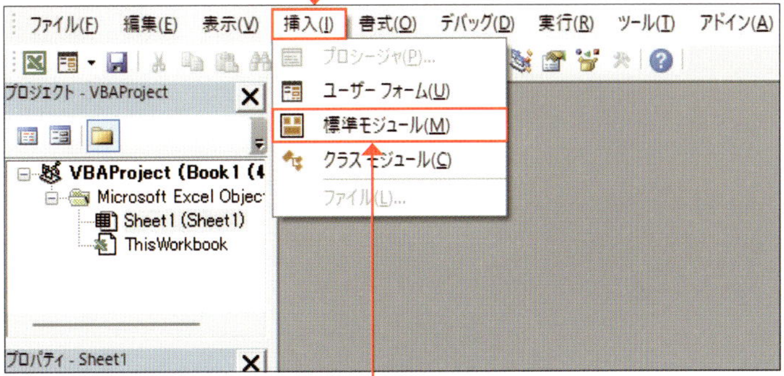

8 [標準モジュール]をクリックします。

9 コードをペーストし、

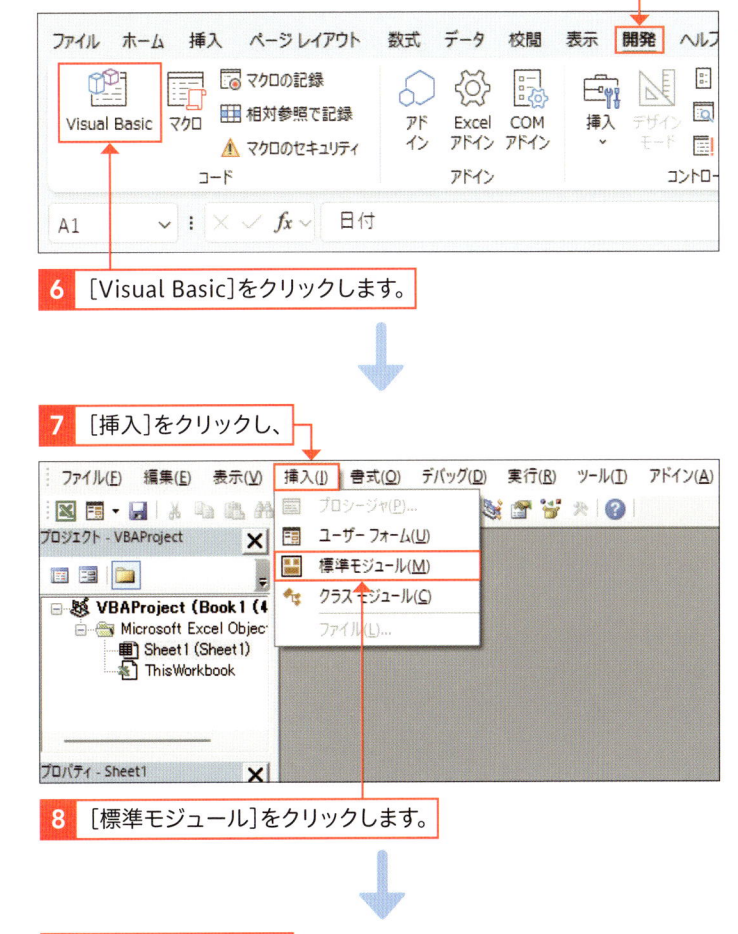

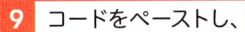

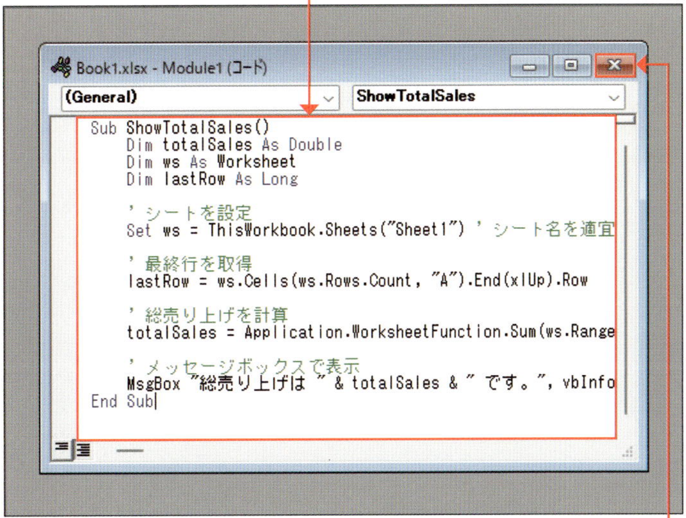
Book1.xlsx - Module1 (コード)
(General)
ShowTotalSales
Sub ShowTotalSales()
Dim totalSales As Double
Dim ws As Worksheet
Dim lastRow As Long
' シートを設定
Set ws = ThisWorkbook.Sheets("Sheet1") ' シート名を適宜
' 最終行を取得
lastRow = ws.Cells(ws.Rows.Count, "A").End(xlUp).Row
' 総売り上げを計算
totalSales = Application.WorksheetFunction.Sum(ws.Range
' メッセージボックスで表示
MsgBox "総売り上げは " & totalSales & " です。", vbInfo
End Sub

10 ☒をクリックします。

Section 72

Wordで文章を作成してもらおう

ここで学ぶこと

- Word
- 文章の作成
- 下書き

WordのCopilotは、文章の生成や要約、誤字脱字のチェック、かんたんな表の作成ができます。まずは、「Copilotを使って下書き」を使って、文章を生成してもらいましょう。

1 文章を作成してもらう

ヒント

ショートカットキーで起動する

手順1の画面で Alt キーを押しながら I キーを押すことでも、手順2の「Copilotを使って下書き」画面が表示されます。

補足

入力できる文字数

「Copilotを使って下書き」画面に入力できる文字数は2,000字までです。

1 Wordを起動し、をクリックします。

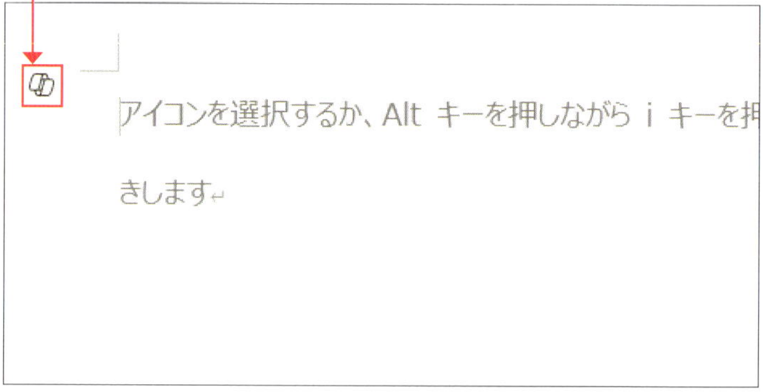
アイコンを選択するか、Alt キーを押しながら i キーを押
きします

2 「Copilotを使って下書き」画面が表示されるので、作成したい文章の概要を入力し、

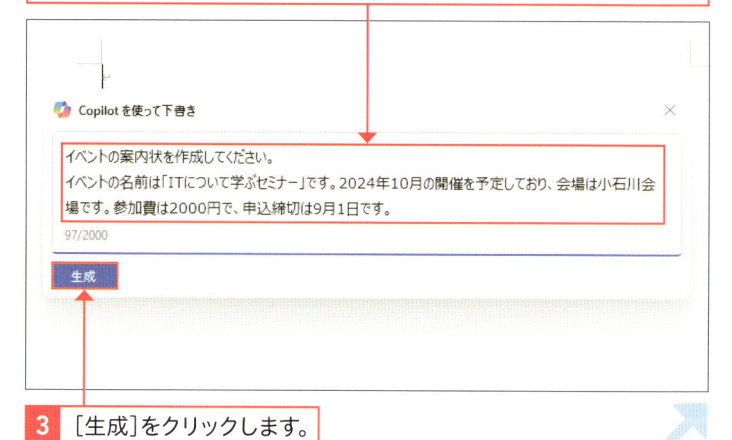

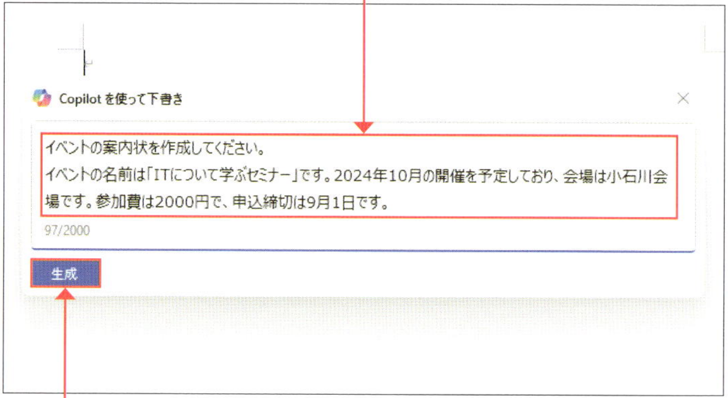
Copilot を使って下書き
イベントの案内状を作成してください。
イベントの名前は「ITについて学ぶセミナー」です。2024年10月の開催を予定しており、会場は小石川会場です。参加費は2000円で、申込締切は9月1日です。
97/2000
生成

3 ［生成］をクリックします。

補足

生成を停止する

文章の生成中に［停止］をクリックすると、文章の生成が停止します。

4 文章の下書きが生成されます。

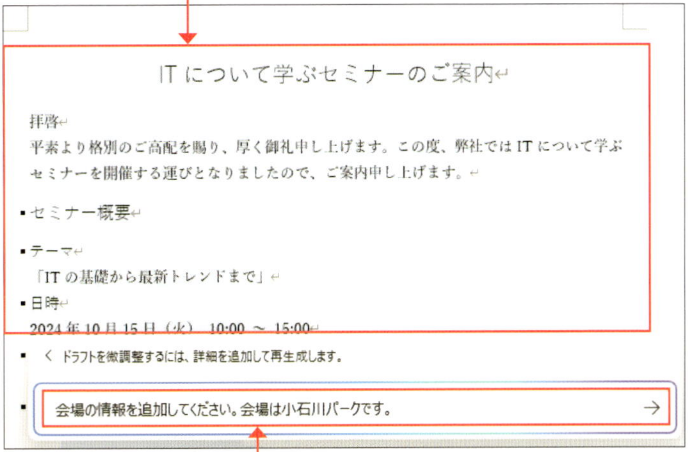

5 修正指示を入力し、→をクリックします。

6 問題がなければ、［保持する］をクリックします。

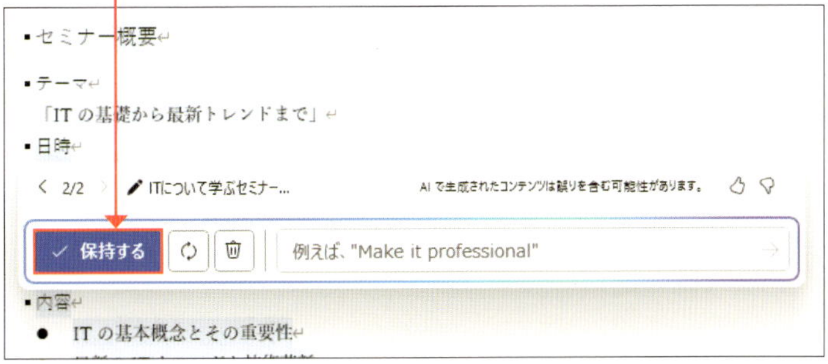

7 文章が生成されます。

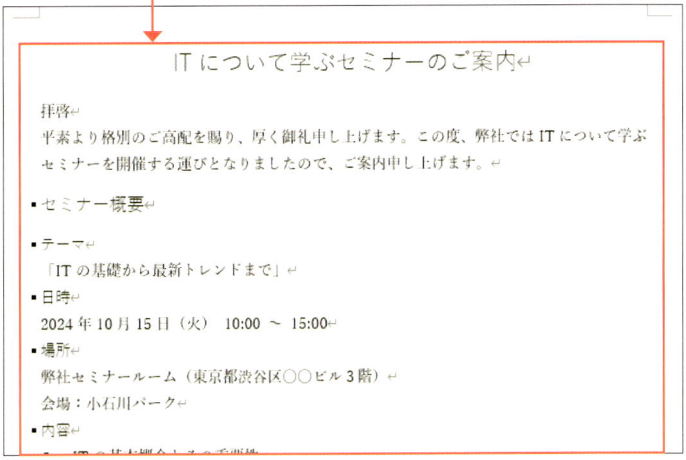

補足

下書きを再生成する

手順4の画面で をクリックすると、下書きが再生成されます。 をクリックすると、下書きが削除されます。

Section

73 Wordで文章を要約してもらおう

ここで学ぶこと

- Word
- 文章について質問
- 文章の要約

Wordで文章を表示した状態でCopilotのチャットウィンドウを表示すると、文章について質問や指示をすることができます。文章の作成は本文中のCopilotアイコンから、文章についての質問はチャットウィンドウからと覚えましょう。

1 Wordで文章を要約する

補足

チャットウィンドウの基本操作

チャットウィンドウの基本操作はCopilot in WindowsやCopilot in Edgeと変わりません。画面下部にプロンプト入力欄があり、▷をクリックすることで送信できます。なお、画像をアップロードできないといった機能上の違いはあります。

補足

追加で指示する

59ページのように「200文字以内で」「箇条書きで」のような指示を追加することも可能です。

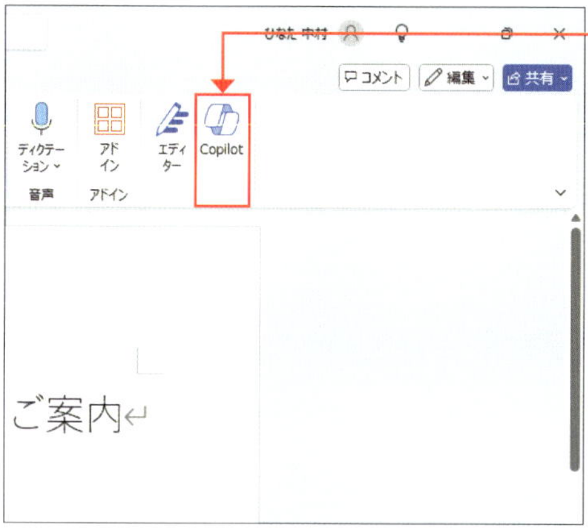

1 要約したいファイルを表示し、[ホーム]タブの[Copilot]をクリックします。

2 チャットウィンドウが表示されるので、文章を要約する指示を入力し、

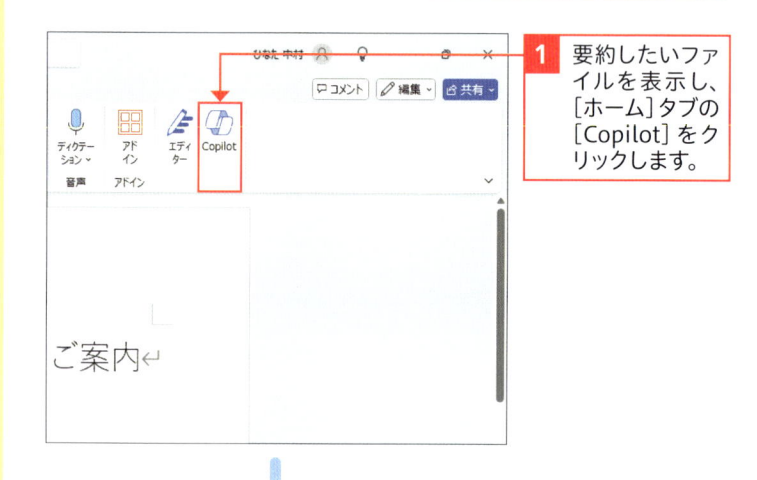

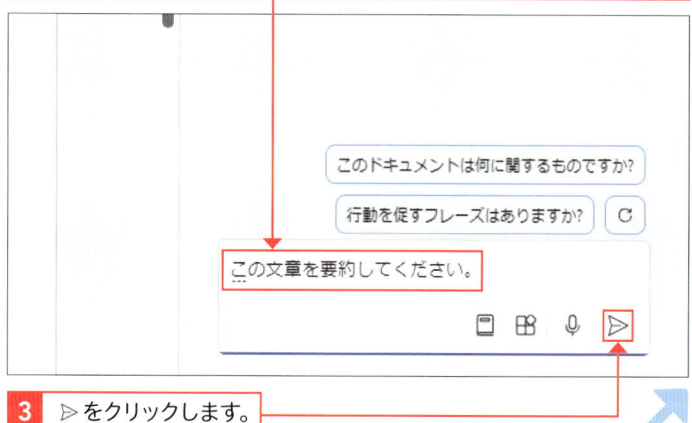

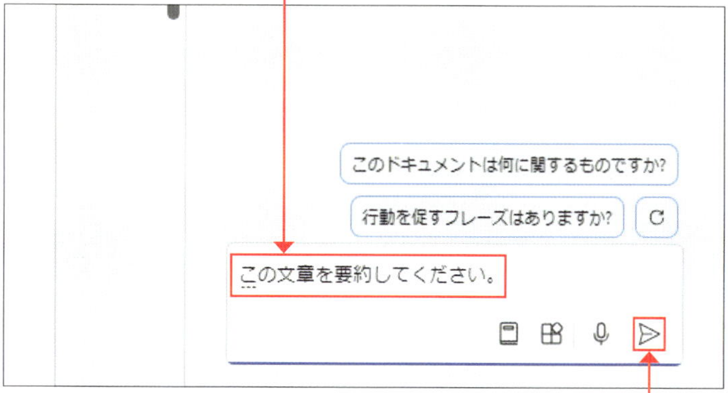
このドキュメントは何に関するものですか?
行動を促すフレーズはありますか?
この文章を要約してください。

3 ▷をクリックします。

補足
チャットウィンドウからは本文に直接生成できない

チャットウィンドウでは152ページのように本文へ直接文章を生成させることはできません。要約内容を本文に使用したい場合は、コピー＆ペーストなどを行って編集してください。

補足
プロンプト例を再生成する

プロンプト例の右側にある [更新アイコン] をクリックすると、プロンプト例が再生成されます。

4 文章の要約が生成されます。

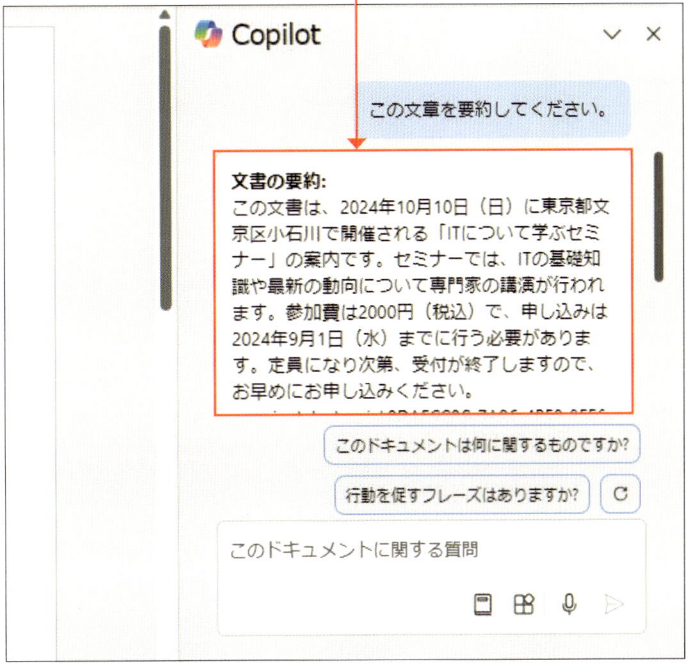

5 プロンプトの入力欄の上には、プロンプト例が表示されています。クリックすると、プロンプトを送信できます。

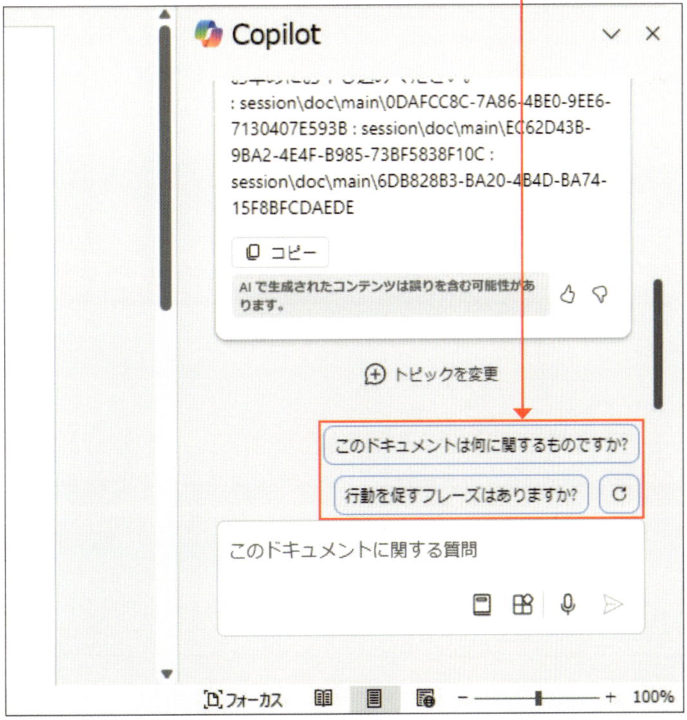

Section

74 Wordで文章を修正してもらおう

ここで学ぶこと

・Word
・文章の間違い
・誤字脱字

チャットウィンドウでは、Copilotで文章の誤字や脱字を調べてもらうことができます。また、「自動書き換え」機能を利用すれば、指定したトーンに合わせて文章を直接書き換えてくれます。

1 誤字・脱字を調べてもらう

文章の誤字や脱字のチェックを、Word内で完結することができます。Copilot in WindowsやCopilot in Edgeで行っていた、もとの文章のコピー＆ペーストをする必要がなくなるため、校正にかかる時間を大幅に短縮させることができます。
なお、チャットウィンドウでは文章を直接修正することはできません。文章を直接修正してもらう方法は次ページを参照してください。

1 誤字脱字のチェックを指示するプロンプトを送信します。

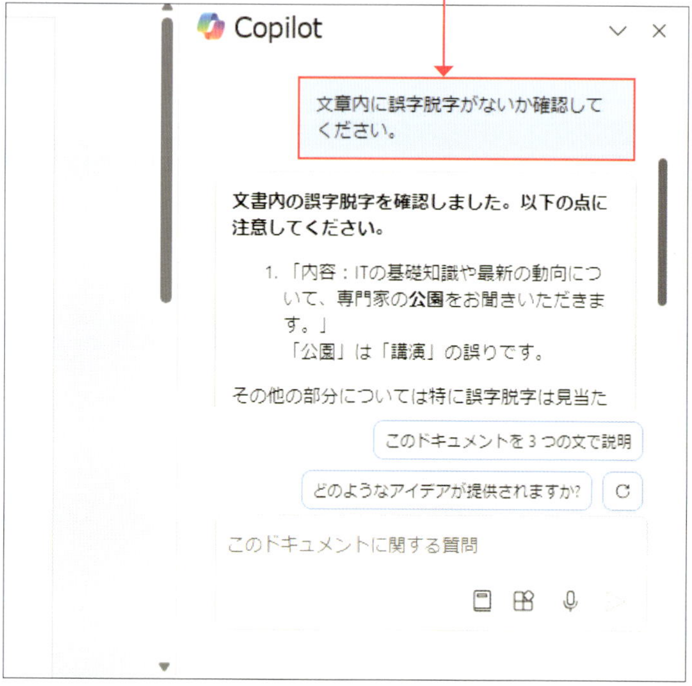

ヒント
トピックを変更する

タブから起動したCopilotの、プロンプト入力欄の上の[トピックを変更]をクリックすると、やり取りがリセットされます。

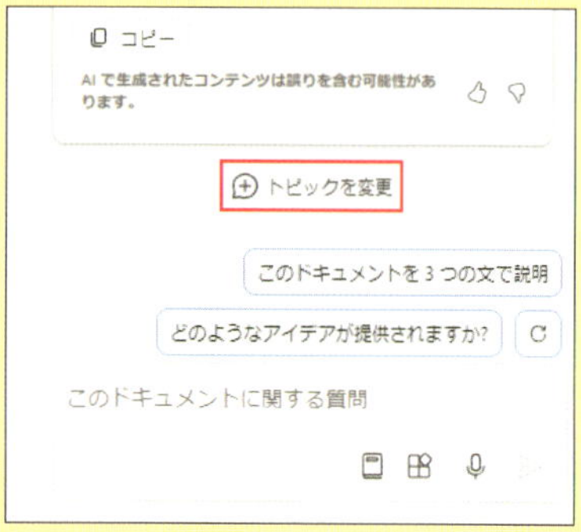

② 文章を書き換えてもらう

補足

文章を書き換える

ドラッグで選択した範囲の文章を書き換えてもらうことができます。

1 書き換えたい箇所をドラッグして選択し、

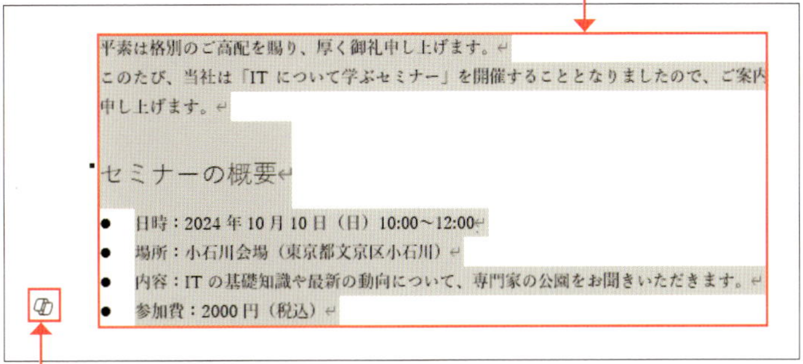

平素は格別のご高配を賜り、厚く御礼申し上げます。
このたび、当社は「ITについて学ぶセミナー」を開催することとなりましたので、ご案内申し上げます。

・セミナーの概要

● 日時：2024年10月10日（日）10:00〜12:00
● 場所：小石川会場（東京都文京区小石川）
● 内容：ITの基礎知識や最新の動向について、専門家の公演をお聞きいただきます。
● 参加費：2000円（税込）

2 ⑦をクリックします。

補足

文章のトーンを調整する

手順 **4** の画面で ⚙ をクリックすると文章のトーンを調整できます。トーンは「普通」「カジュアル」「専門家」「簡潔」「想像的」から選択できます。

3 ［自動書き換え］をクリックします。

・セミナーの概要

● 日時：2024年10月10日（日）10:00〜12:00
● 場所：小石川会場（東京都文京区小石川）
● 内容：ITの基礎知識や最新の動向について、専門家の公演をお聞きいただきます。
● 参加費：2000円（税込）

変更する(M)…
自動書き換え
表(T)として視覚化

み方法

される方は、下記の申込フォームからお申し込みください。
[URL][URL]
お申し込みの締切は2024年9月1日（水）です。

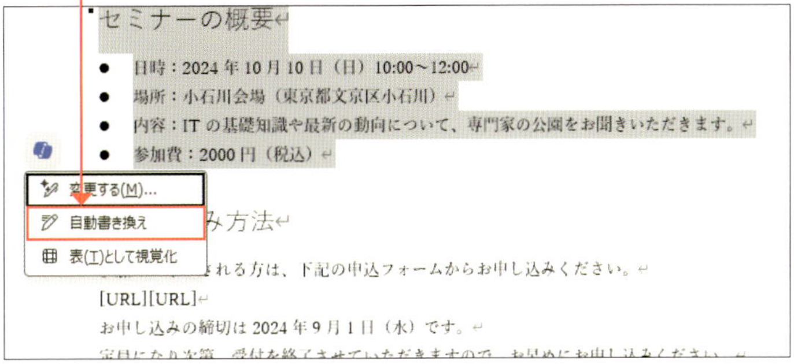

4 選択した範囲の文章をCopilotが書き換えた下書きが生成されます。

補足

下に行を挿入する

手順 **4** の画面で［下に行を挿入］をクリックすると、下書きが選択範囲の下に挿入されます。

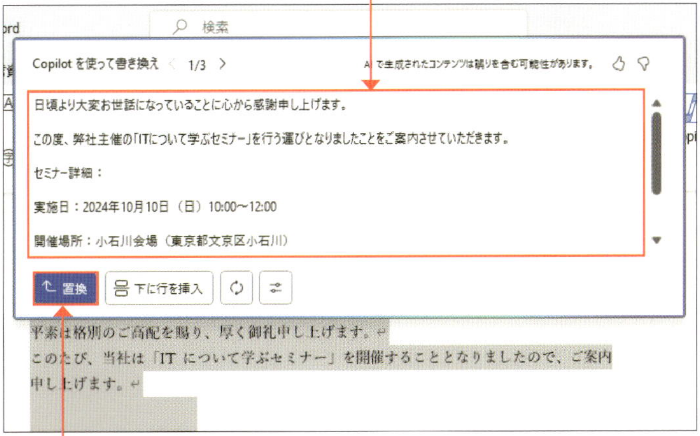

5 ［置換］をクリックすると、書き換えられます。

Section

75 Wordで文章を表にまとめてもらおう

ここで学ぶこと

- Word
- 表の作成
- 表として視覚化

Word上にある表のもととなる文章をドラッグで選択し、[表として視覚化]をクリックすると表が生成されます。項目の箇所が太字になったり、行ごとにセルの色が違ったりと見やすくなっています。

1 表を作成してもらう

ヒント

ショートカットキーで視覚化する

手順3の画面でTキーを押すことでも視覚化を実行できます。

1 表を作成したい箇所をドラッグして選択し、

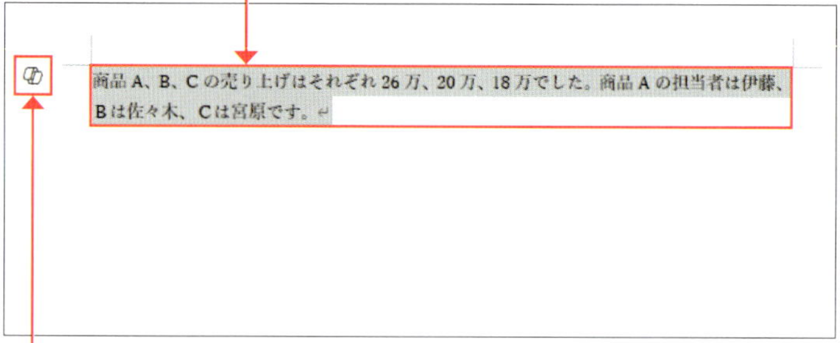

2 をクリックします。

3 [表として視覚化]をクリックします。

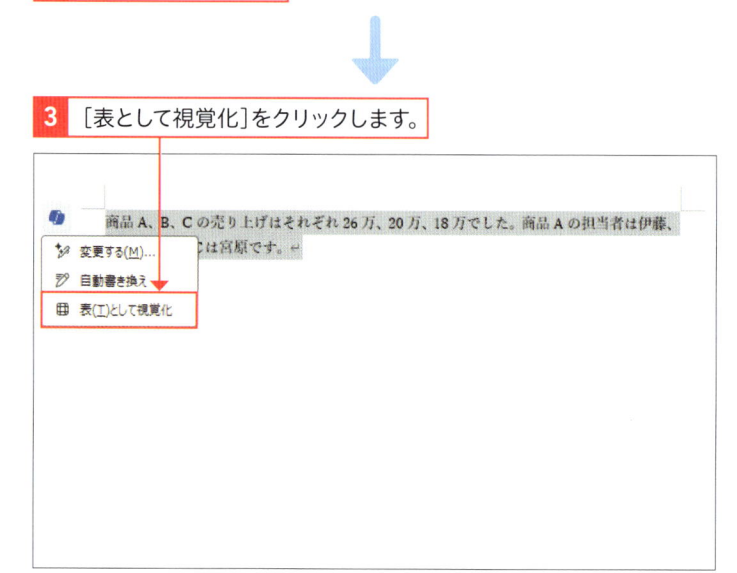

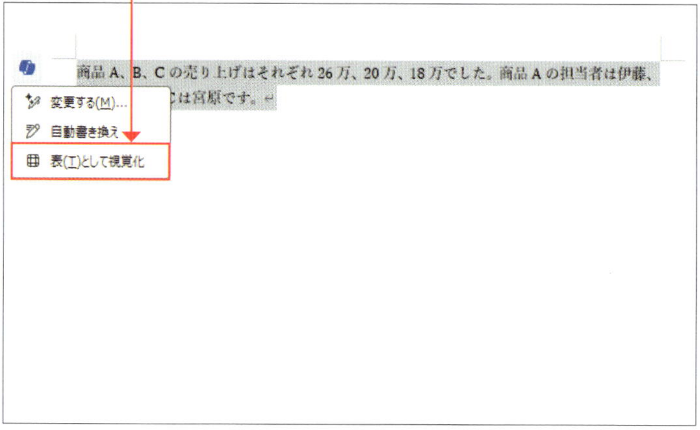

4 表の下書きが生成されます。

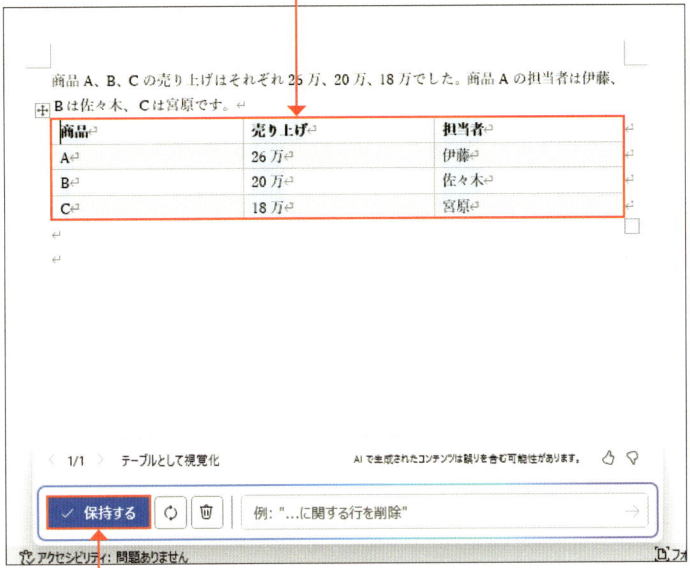

5 問題がなければ、[保持する]をクリックします。

6 表が生成されます。

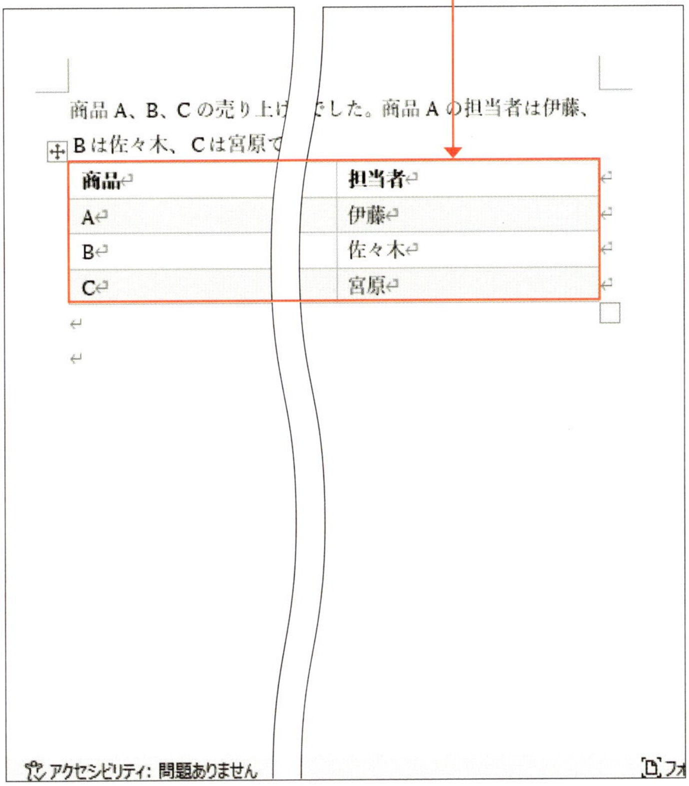

応用技

下書きを微調整する

手順4の画面で、「例」と記載されたエリアに追加の指示をすることができます。「右側に列を2列追加して」といった指示をすると、指示通りに表が修正されます。

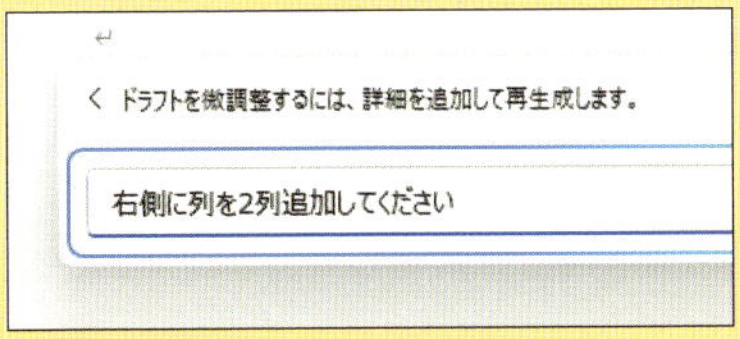

補足

表を再生成する

手順4の画面で をクリックすると、表が再生成されます。 をクリックすると、表が削除されます。

Section

76 PowerPointでプレゼンテーションを作ってもらおう

ここで学ぶこと

・PowerPoint
・プレゼンテーション
・下書き

PowerPointのCopilotに、どのようなプレゼンテーションのスライドを作成したいか伝えてみましょう。そのプロンプトをもとにスライドを作成してもらうことができます。

1 プレゼンテーションを作ってもらう

注意

スライドが正確ではない場合もある

Copilotによって生成されたスライドは間違っている可能性もあります。会議や発表などで使用する前に、必ずすべてのスライドに目を通してください。

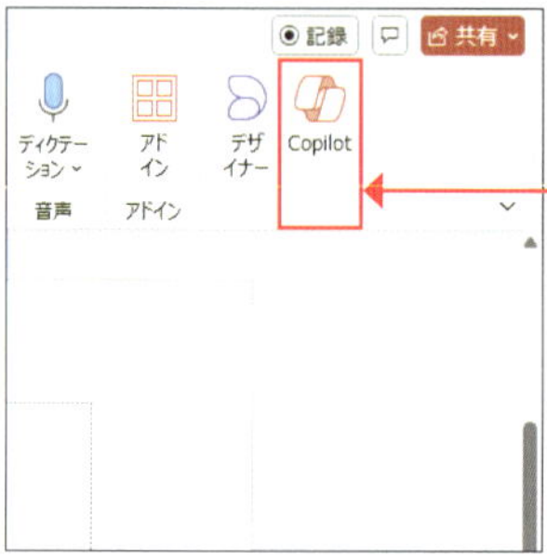

1 ［ホーム］タブの［Copilot］をクリックします。

2 チャットウィンドウが表示されるので、プレゼンテーションの内容を入力し、

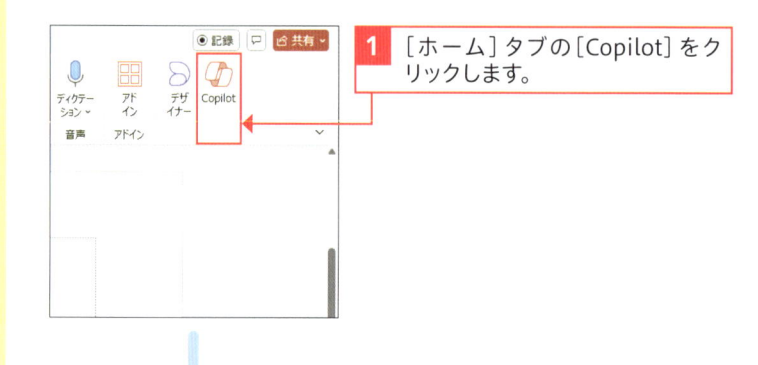

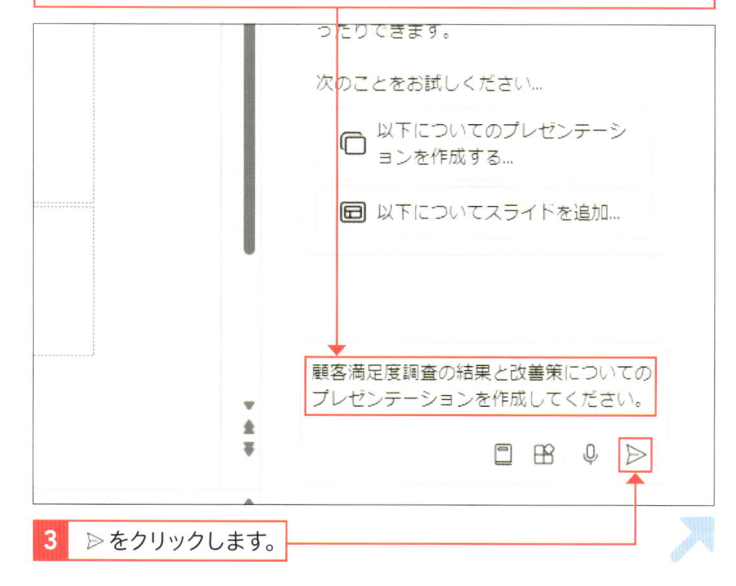

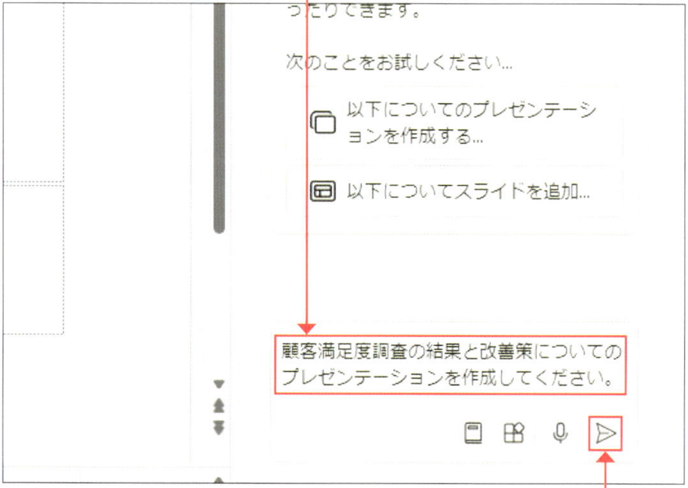

3 ▷をクリックします。

補足

生成されたスライドには画像が付いている

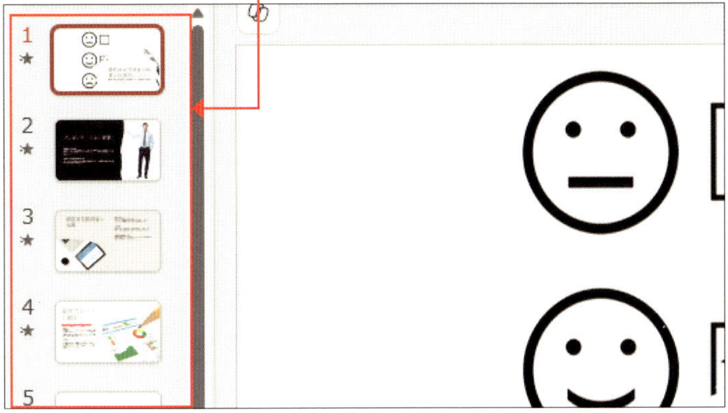

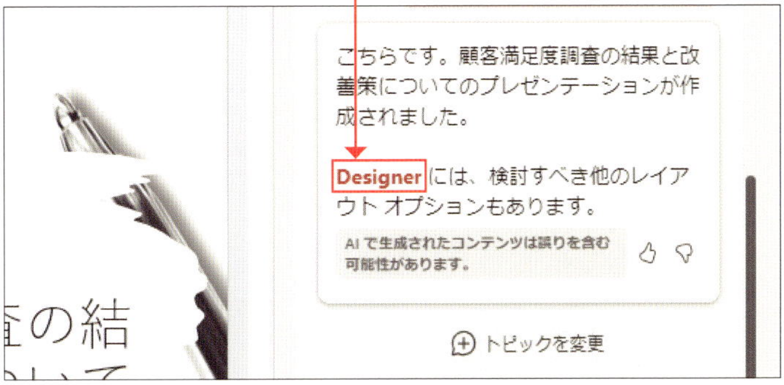

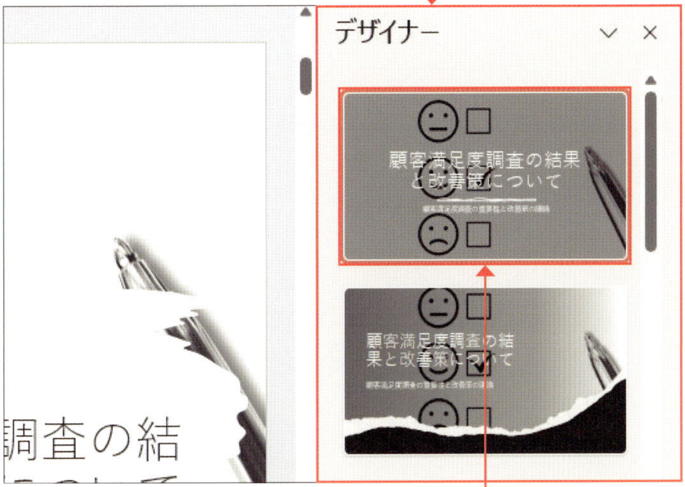

Copilot によって生成されたスライドには画像が挿入されています。スライドのテーマや雰囲気に合った画像が選択されています。画像の変更を指示して差し替えることも可能です。

 補足

Designer は [ホーム] タブからでも変更できる

[ホーム]タブの[デザイナー]をクリックすることでも「Designer」(「デザイナー」)を表示できます。

 補足

Designer はスライド1枚ごとに変更可能

「Designer」によるレイアウトの変更は1枚目だけでなくすべてのスライドでできます。

4 スライドが複数枚生成されます。

5 [Designer] (もしくは [デザイナー]) をクリックします。

6 ほかのレイアウトが表示されます。

7 任意のレイアウトをクリックすると、レイアウトが変更されます。

Section

77 PowerPointでスライドを追加しよう

ここで学ぶこと

- PowerPoint
- スライド
- 画像

プレゼンテーション用スライドの作成中にスライドを追加したくなったら、Copilotにスライドの内容と「スライドを追加して」というプロンプトを送ると、最適な画像が加わったスライドが生成されます。

1 スライドを追加する

補足

文章や画像は編集可能

Copilotによって生成されたスライドの文章や画像はもちろん編集が可能です。アウトラインをCopilotに生成してもらい、そこから内容や目的に応じて編集することで作業時間の短縮につながります。

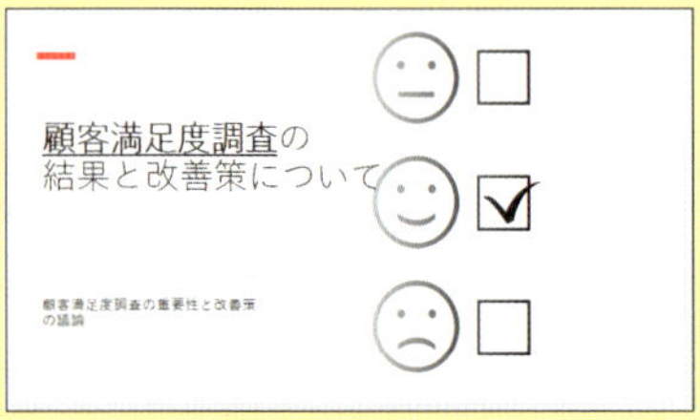

1 161ページの続きです。追加したいスライドの内容を入力し、

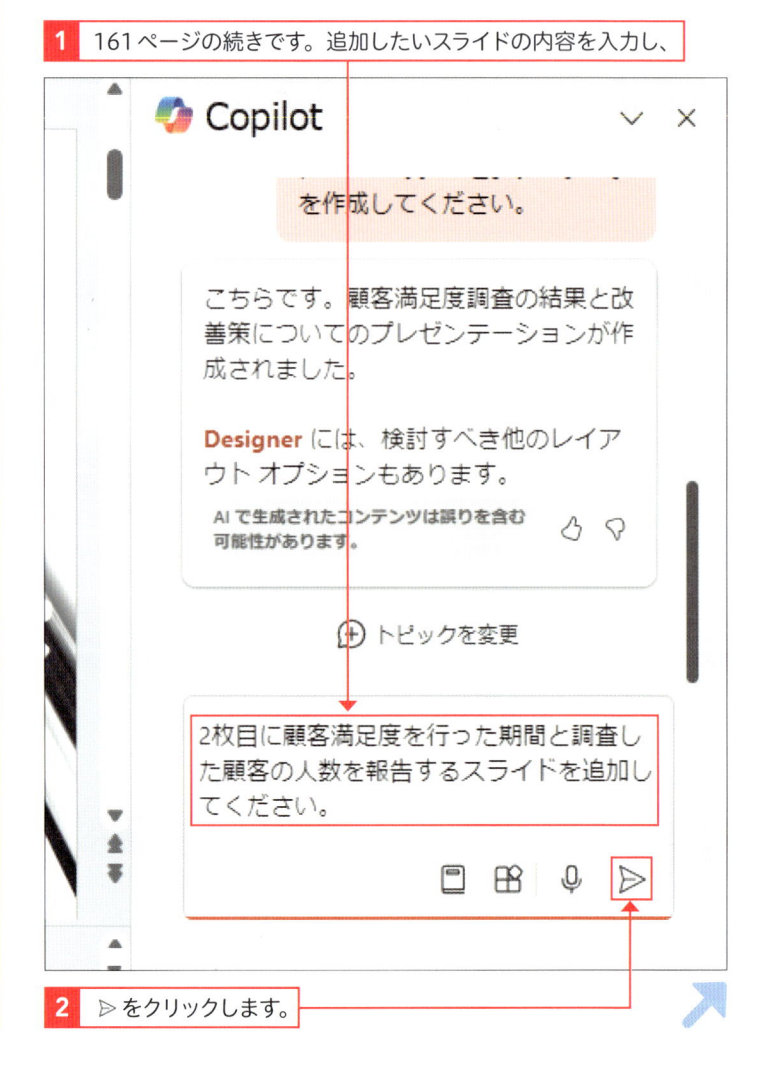

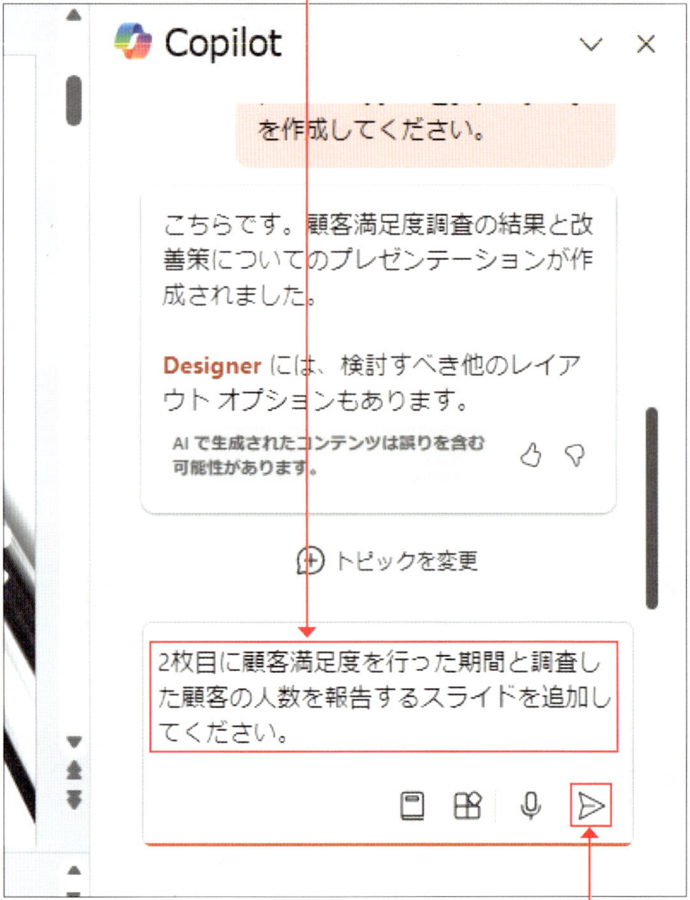

2 ▷をクリックします。

補足

生成を停止する

手順2の画面で［生成の停止］をクリックすると、スライドの生成が停止します。

応用技

プレゼンテーションを整理する

Copilotの起動後、プロンプト例から［このプレゼンテーションを整理する］をクリックして選択し送信すると、プレゼンテーションの構成や内容についてまとめられた文章が生成されます。

3 スライドの生成が開始されます。

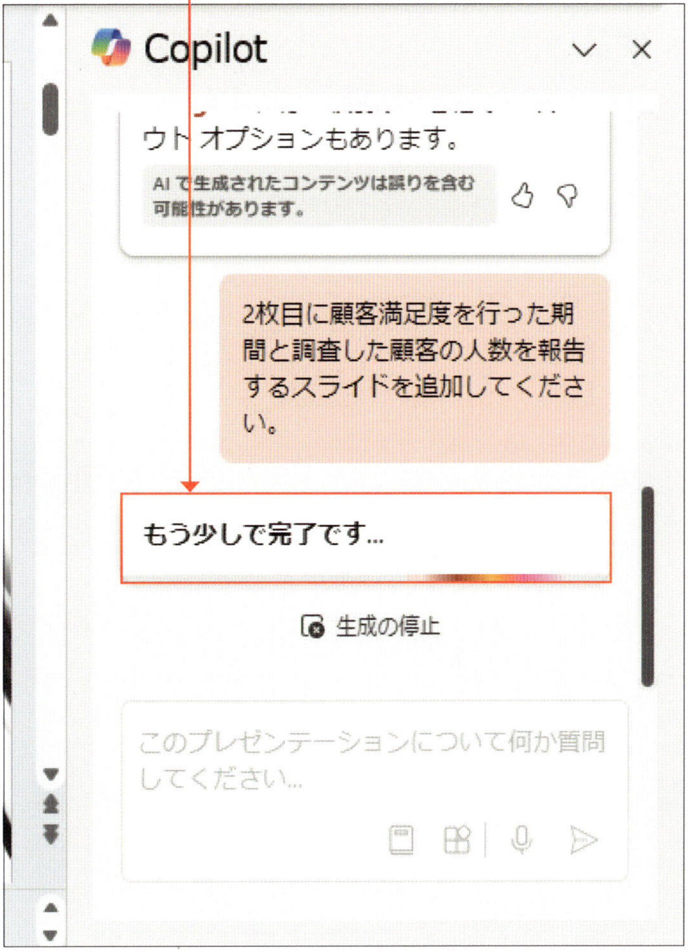

4 スライドが生成されます。

Section

78 PowerPointでプレゼンテーションを要約してもらおう

ここで学ぶこと

- PowerPoint
- スライド
- 要約

プレゼンテーションの内容を要約してもらうことが可能です。また、スライドの中でわからない箇所があれば、「○○ってどういう意味？」といった追加の質問をすることもできます。スライドへの理解を深めましょう。

1 スライドの内容を要約する

ヒント

操作に迷ったら

どういったプロンプトを入力すればよいかわからないといったときは、プロンプト例を活用しましょう。PowerPointでCopilotを起動した際に画面上部に表示されるプロンプト例をクリックすると、プロンプトが入力欄にペーストされた状態になります。

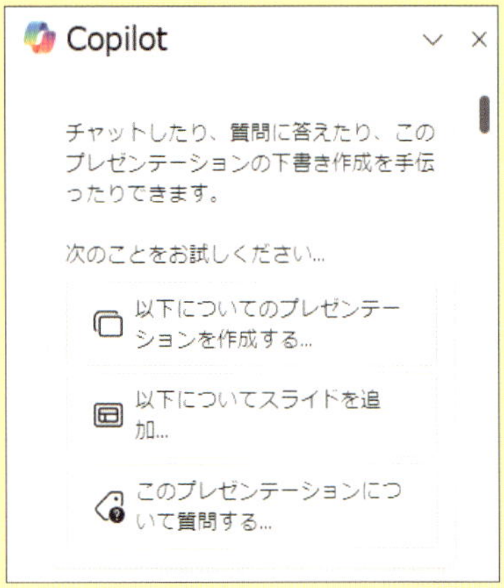

1 要約の指示を入力し、

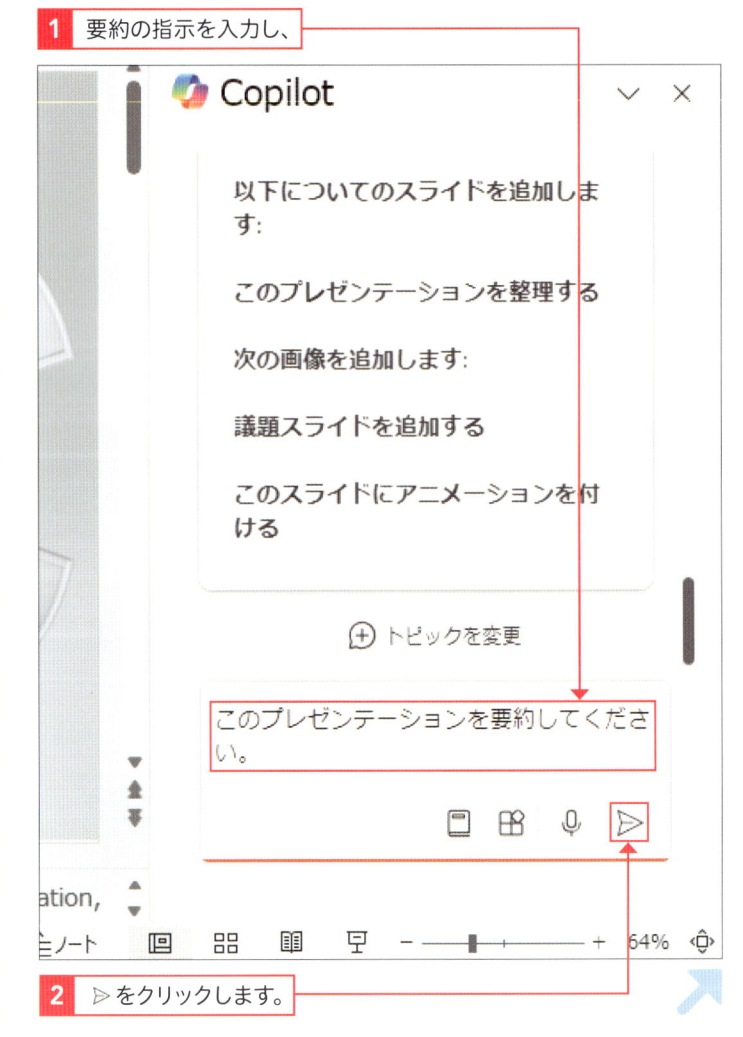

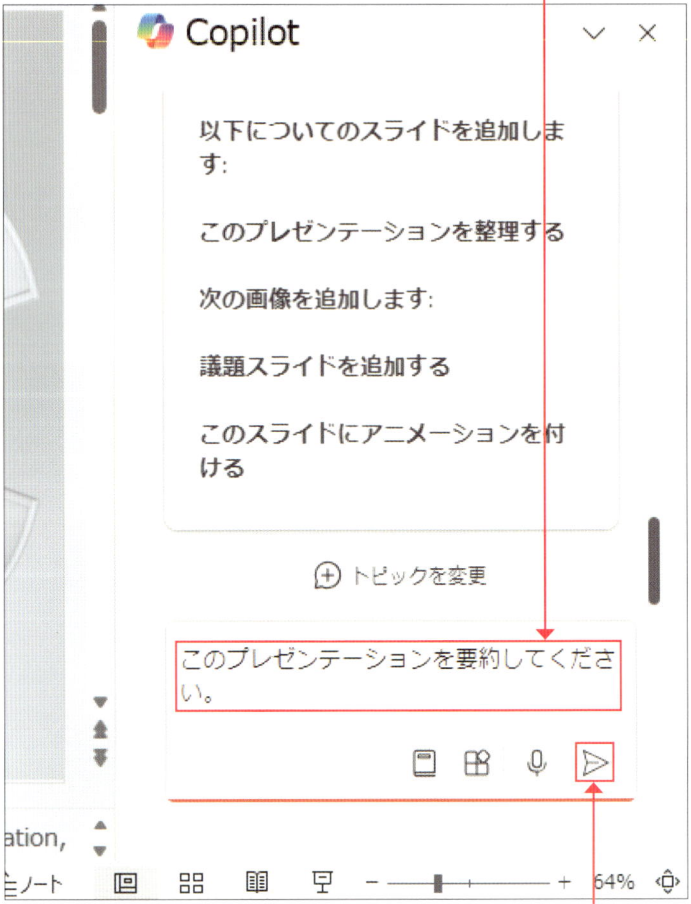

2 ▷をクリックします。

補足

回答をコピーする

生成された回答の、[コピー]をクリックすると、回答をコピーできます。

ヒント

トピックを変更する

プロンプト入力欄の上の[トピックを変更]をクリックすると、やり取りがリセットされます。

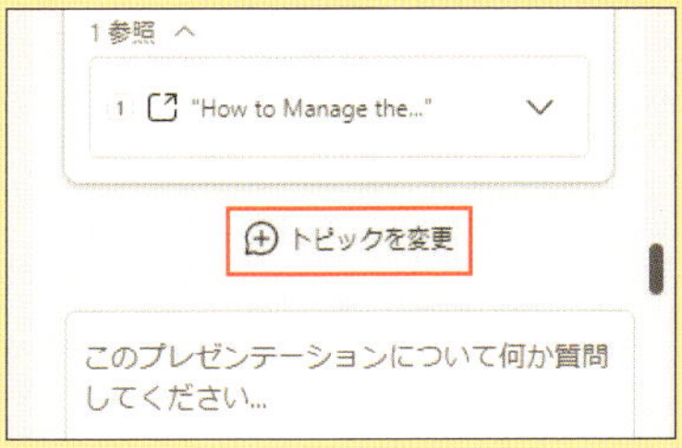

3 要約が生成されます。

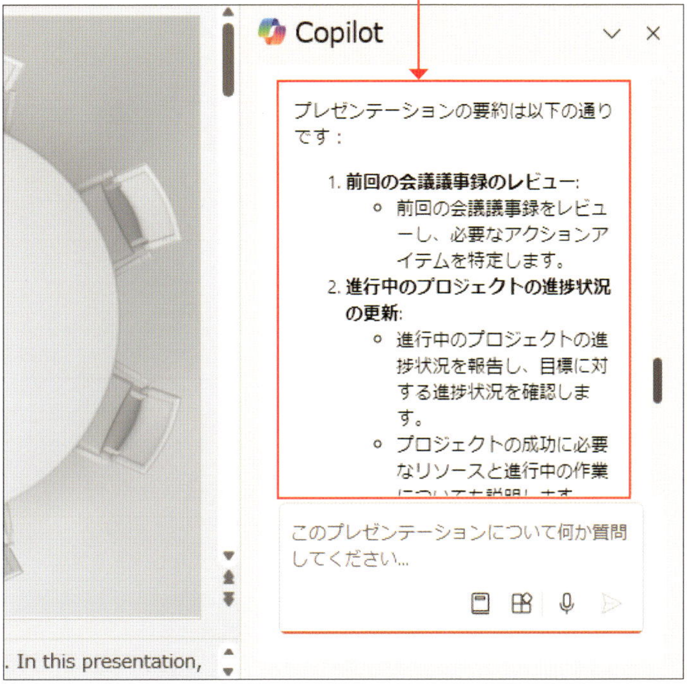

4 要約の内容やスライドについて追加の質問をすることも可能です。

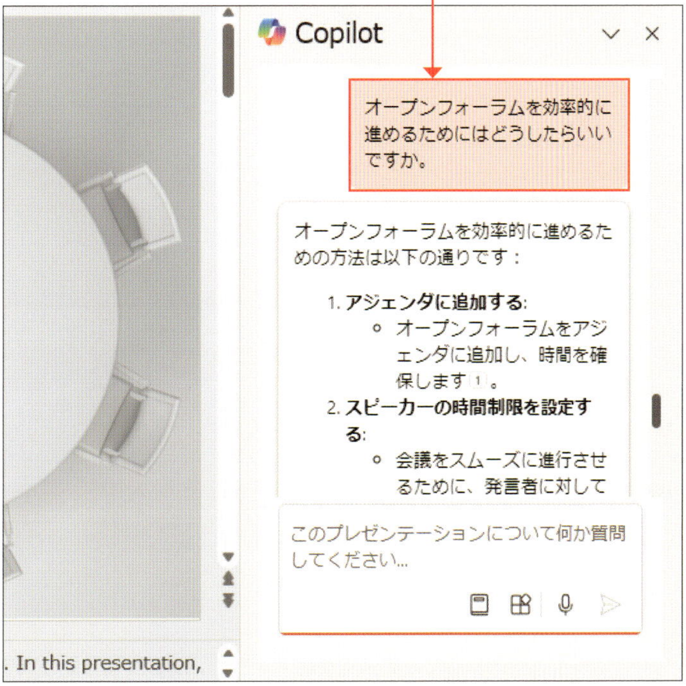

Section

79 Outlookでメールの下書きを作成してもらおう

ここで学ぶこと

- Outlook
- メールの下書き
- 調整

OutlookのCopilotは、メールの下書きの生成、メールの要約、返信の生成といったサポートができます。下書きの生成では、文章の内容はもちろんのこと、トーンや長さも指定できます。

1 メールの下書きを作成してもらう

補足

Outlook (classic) での操作

ここでは、デスクトップ版Officeアプリの「Outlook (new)」を使用した操作方法を解説しています。「Outlook (classic)」でも操作はほぼ同じです。

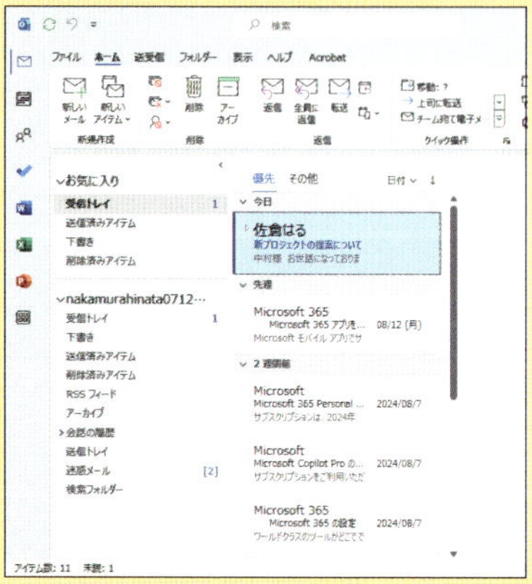

1 Outlookを起動し、[ホーム] タブの [新規] をクリックし、

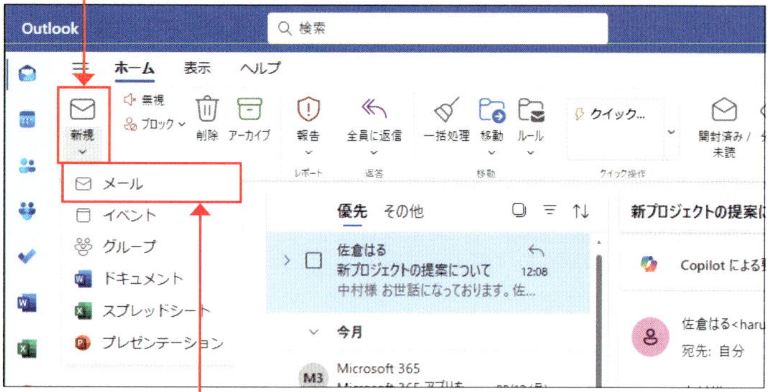

2 [メール] をクリックします。

3 メールの作成画面が表示されます。[ホーム] タブの [Copilot] をクリックし、

4 [Copilotを使って下書き] をクリックします。

補足

下書きのトーンと長さを調整する

手順 **5** の画面で をクリックすると、トーンと長さを調整できます。トーンは「率直」「ニュートラル」「カジュアル」「フォーマル」「詩的」から、長さは「短い」「中」「長い」から選択できます。

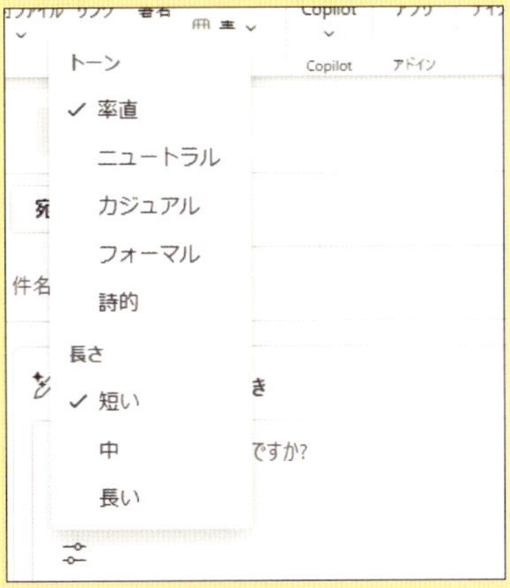

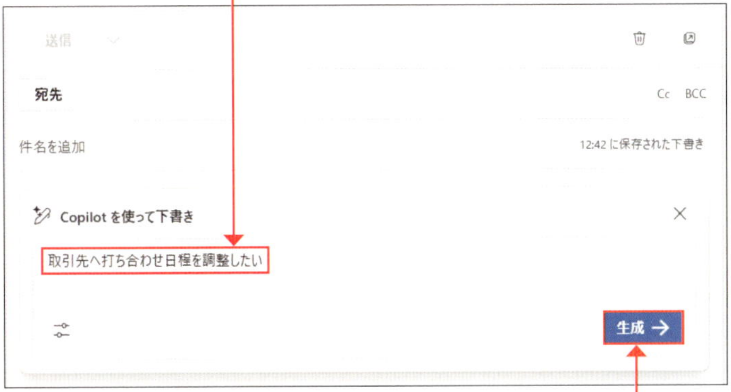

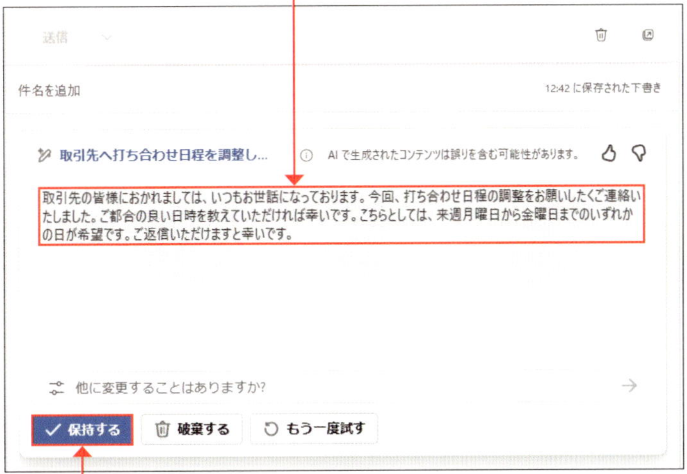

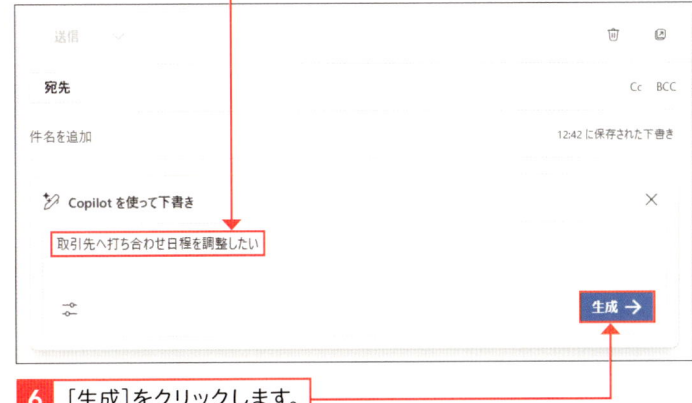

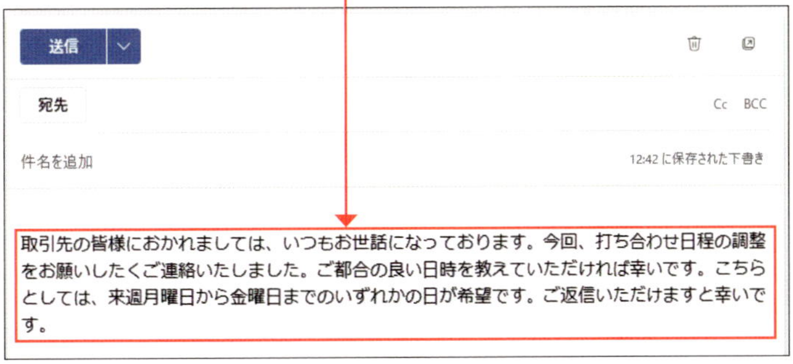

補足

下書きを再生成してもらう

手順 **7** の画面で[もう一度試す]をクリックすると、下書きが再生成されます。[破棄する]をクリックすると、下書きが削除されます。

---

5 「Copilotを使って下書き」にメールの内容を入力し、

6 [生成]をクリックします。

7 下書きが作成されるので確認し、

8 問題がなければ、[保持する]をクリックします。

9 メールの本文入力欄に、メールの下書きが入力されます。

80 Outlookでメールの返信文を考えてもらおう

ここで学ぶこと

・Outlook
・メールの返信
・メールの修正

メールの返信をCopilotに生成してもらいましょう。Copilotは直接メールから参照するため、どういったメールに返信したいのかを伝えたり、状況を詳細に記入したりする手間が省けます。

① メールの返信を考えてもらう

✦ 応用技

フィードバックしてもらう

手順**2**の画面で［メッセージ］タブの［Copilot］→［Copilotによるコーチング］の順にクリックすると、メール本文のフィードバックが生成されます。失礼な言い回しはないか、内容は明確かといった点を確認できます。

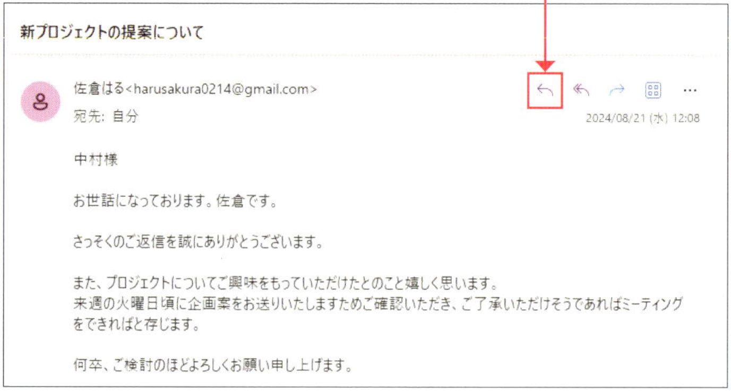

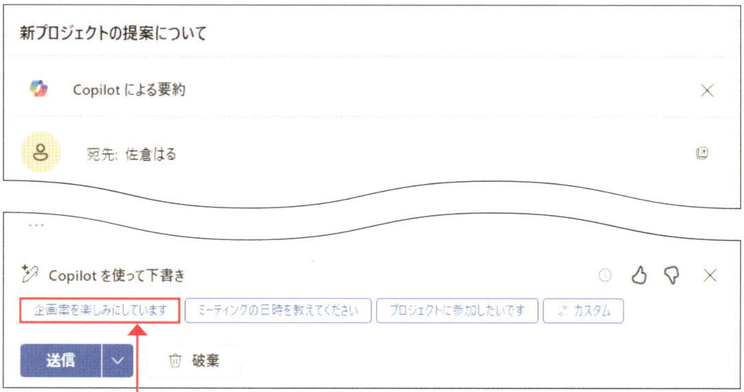

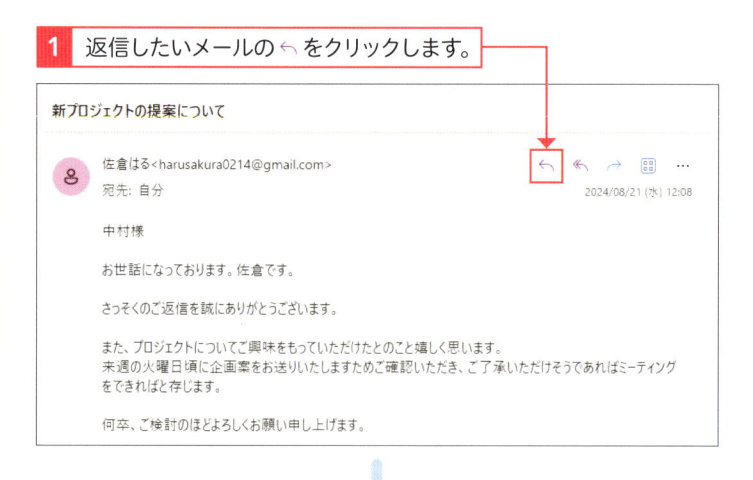

✎ 補足

修正指示をプロンプトで入力する

手順**2**の画面で［カスタム］をクリックすると、プロンプトを入力できるようになります。

1 返信したいメールの ↰ をクリックします。

2 返信の作成画面が表示されます。

3 画面下部の「Copilotを使って下書き」から任意のプロンプト（ここでは、［企画案を楽しみにしています］）をクリックします。

補足

受信したメールを参照する

OutlookのCopilotは受信したメールを参照した返信内容の生成ができるため、宛名の記載や受け答えなどの臨機応変な対応が可能です。

補足

「他に変更することはありますか?」に修正内容を記入する

具体的にどう修正してほしいのか決まっている場合は、手順4の画面で「他に変更することはありますか?」にプロンプトを入力しましょう。修正が反映され、より精度の高いメールの本文が生成されます。

4 下書きが作成されるので確認し、

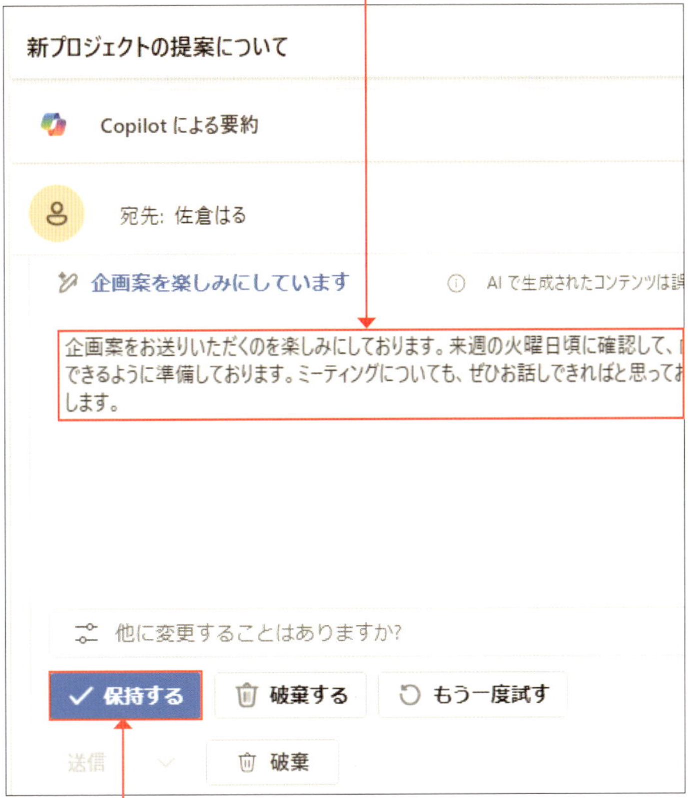
新プロジェクトの提案について
Copilot による要約
宛先: 佐倉はる
企画案を楽しみにしています
AI で生成されたコンテンツは誤
企画案をお送りいただくのを楽しみにしております。来週の火曜日頃に確認して、
できるように準備しております。ミーティングについても、ぜひお話しできればと思ってお
します。
他に変更することはありますか?
保持する
破棄する
もう一度試す
送信
破棄

5 問題がなければ、[保持する]をクリックします。

6 メールの本文入力欄に、メールの下書きが入力されます。

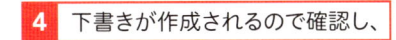

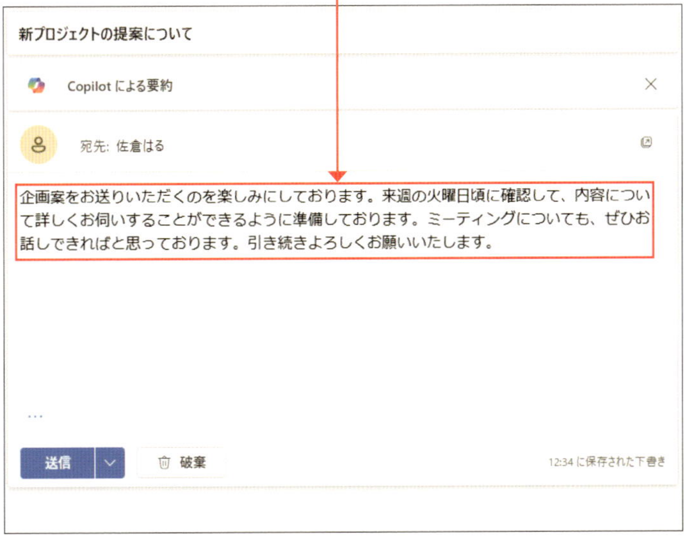
新プロジェクトの提案について
Copilot による要約
宛先: 佐倉はる
企画案をお送りいただくのを楽しみにしております。来週の火曜日頃に確認して、内容について詳しくお伺いすることができるように準備しております。ミーティングについても、ぜひお話しできればと思っております。引き続きよろしくお願いいたします。
送信
破棄
12:34 に保存された下書き

Section

81 Outlookで長文メールを要約してもらおう

ここで学ぶこと

- Outlook
- 長文メール
- 要約

メールの対応作業をCopilotにサポートしてもらいましょう。Outlookに届いたメールであればCopilotに要約してもらうことができます。ワンクリックで要約が生成されるため、メール対応の効率がアップします。

1 メールを要約してもらう

注意

正確ではない場合もある

Copilotによる要約が間違っている可能性もあります。Copilotによる要約は理解するための一助として使い、必ずメールに目を通すようにしてください。

補足

英文メールの場合

英文のメールを要約すると、日本語で要約して表示されます。

1 要約したいメールをクリックして表示します。

2 [Copilotによる要約]をクリックします。

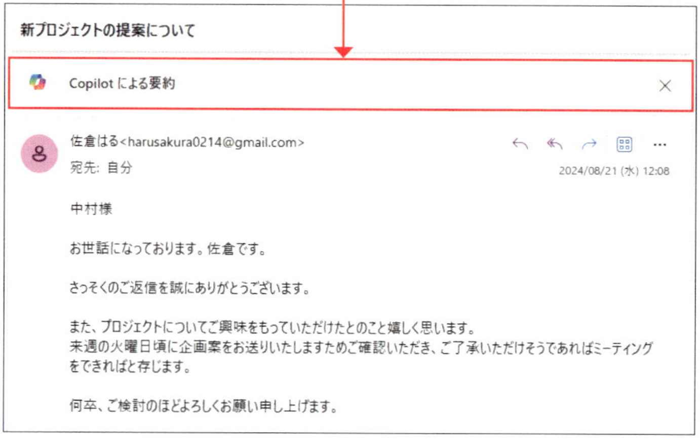

補足

生成を停止する

要約の生成中に[生成の停止]をクリックすると、要約の生成が停止します。

3 要約の生成が開始されます。

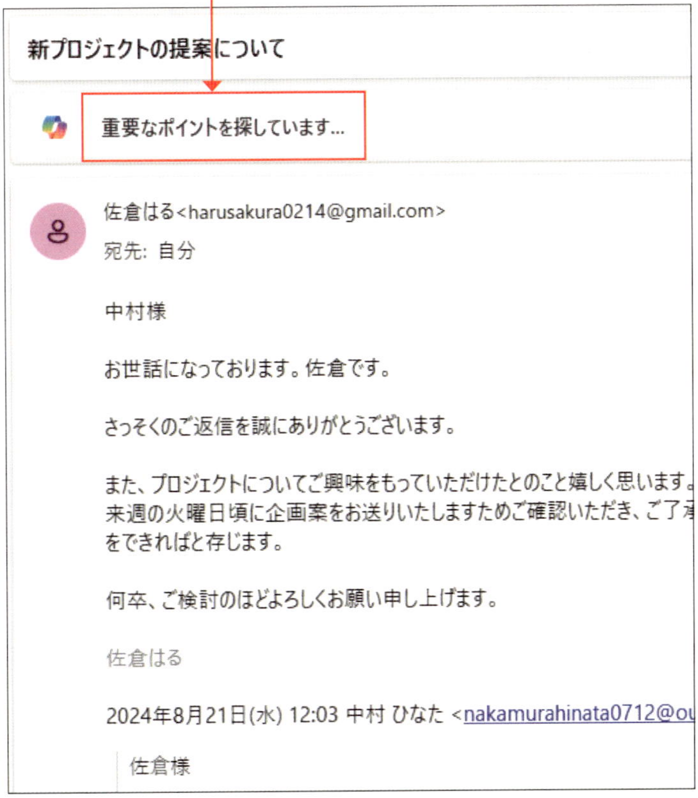
新プロジェクトの提案について
重要なポイントを探しています...
佐倉はる<harusakura0214@gmail.com>
宛先: 自分
中村様
お世話になっております。佐倉です。
さっそくのご返信を誠にありがとうございます。
また、プロジェクトについてご興味をもっていただけたとのこと嬉しく思います。
来週の火曜日頃に企画案をお送りいたしますためご確認いただき、ご了
をできればと存じます。
何卒、ご検討のほどよろしくお願い申し上げます。
佐倉はる
2024年8月21日(水) 12:03 中村 ひなた <nakamurahinata0712@ou
佐倉様

4 要約が生成されます。

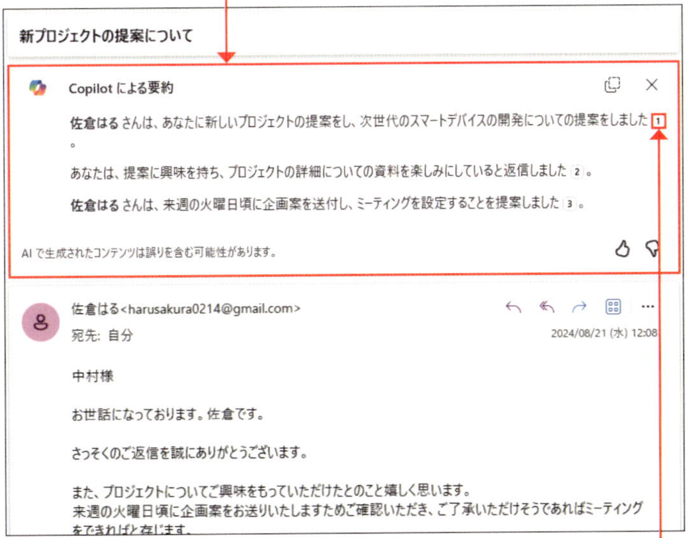
新プロジェクトの提案について
Copilot による要約
佐倉はる さんは、あなたに新しいプロジェクトの提案をし、次世代のスマートデバイスの開発についての提案をしました 1 。
あなたは、提案に興味を持ち、プロジェクトの詳細についての資料を楽しみにしていると返信しました 2 。
佐倉はる さんは、来週の火曜日頃に企画案を送付し、ミーティングを設定することを提案しました 3 。
AI で生成されたコンテンツは誤りを含む可能性があります。
佐倉はる<harusakura0214@gmail.com>
宛先: 自分
2024/08/21 (水) 12:08
中村様
お世話になっております。佐倉です。
さっそくのご返信を誠にありがとうございます。
また、プロジェクトについてご興味をもっていただけたとのこと嬉しく思います。
来週の火曜日頃に企画案をお送りいたしますためご確認いただき、ご了承いただけそうであればミーティング

5 スレッドがあるメールの場合、要約に番号が表示されます。番号をクリックすると、該当するメールが表示されます。

補足

要約を非表示にする

Copilotによる要約を表示中に、× または[要約]をクリックすると、要約が非表示になります。

Appendix

01 スマートフォンで Copilotを使おう

ここで学ぶこと

・スマートフォン
・「Copilot」アプリ
・サインイン

スマートフォンに「Copilot」アプリをインストールすることで、でいつでもどこでもCopilotを利用することができます。iPhone、Androidどちらのスマートフォンでもアプリのインストールが可能です。

1 スマートフォンでCopilotを使う

補足

iPhoneで「Copilot」アプリをインストールする

「App Store」アプリで「Copilot」を検索し、[入手]をタップしてインストールします。

補足

Androidで「Copilot」アプリをインストールする

「Playストア」アプリで「Copilot」を検索し、[インストール]をタップしてインストールします。

補足

「Copilot」アプリにサインインする

画面左上の[サインイン]→[サインイン]の順にタップし、メールアドレスとパスワードを入力することでサインインできます。Androidの場合、サインインしなくても操作できますが、会話のスタイルを選べない、プラグインを使えないといった制限があります。

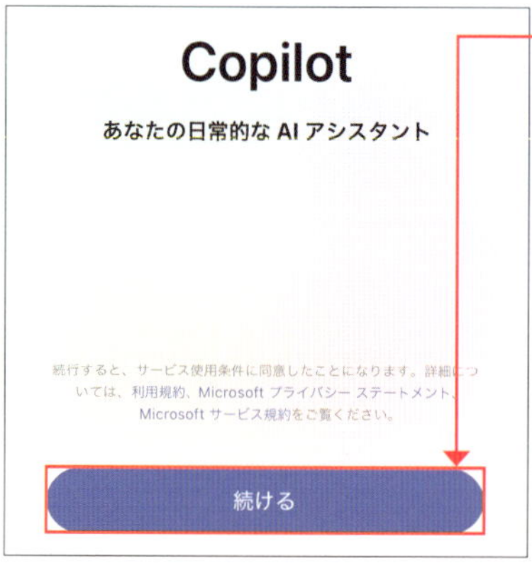
Copilot
あなたの日常的な AI アシスタント
続けると、サービス使用条件に同意したことになります。詳細については、利用規約、Microsoft プライバシー ステートメント、Microsoft サービス規約をご覧ください。
続ける

1 「Copilot」をアプリをインストールしたら起動し、[続ける]をタップします。

今、私が旅行できる日当たりの良い暖かい場所はどこですか
Copilot は AI を利用しています。間違いがないか確認してください。
ご契約条件　プライバシー
会話のスタイルを選択
より 創造的に
より バランスよく
より 厳密に

2 補足を参考にサインインし、画面下部の →プロンプト入力欄の順にタップします。

音声で入力できます。

「カメラ」アプリが起動し、撮影したり、スマートフォン内の画像を送信したりできます。

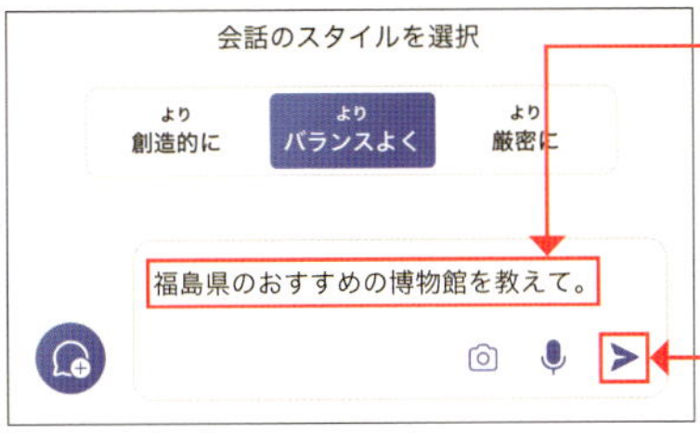

3 プロンプトを入力し、

4 ➤をタップします。

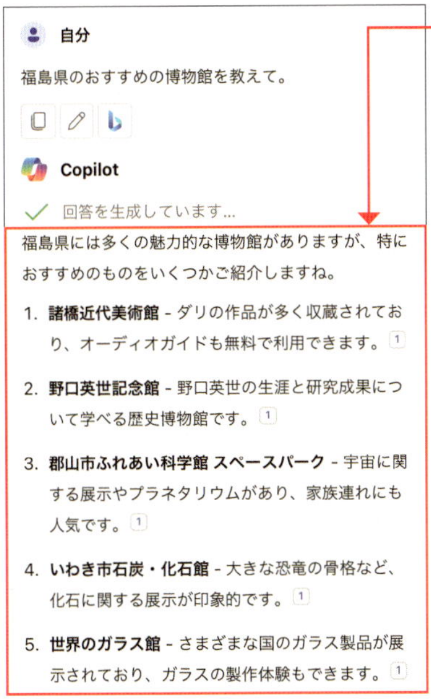

5 Copilotの回答が生成されます。

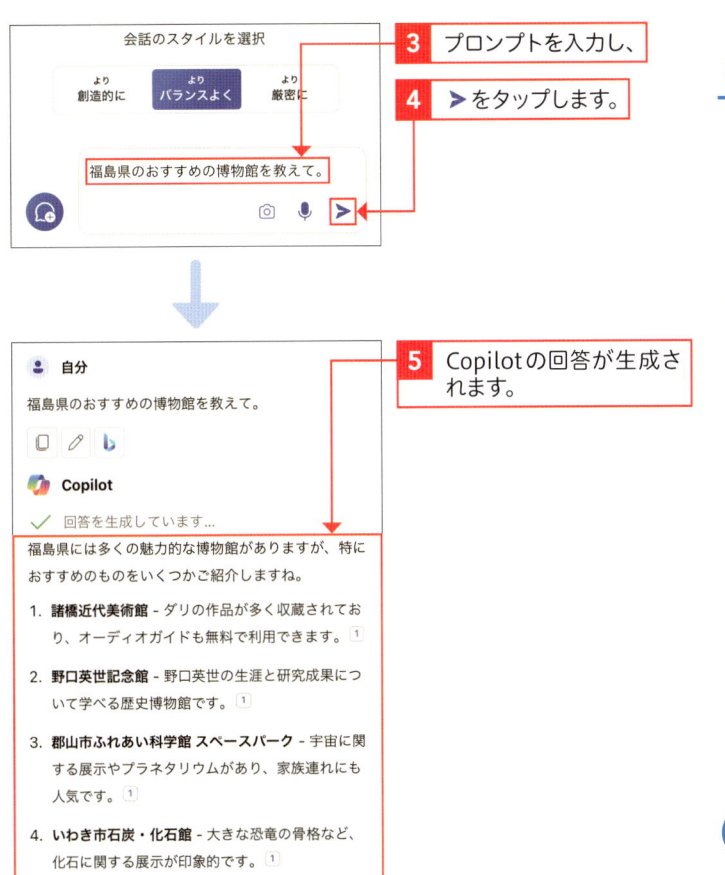

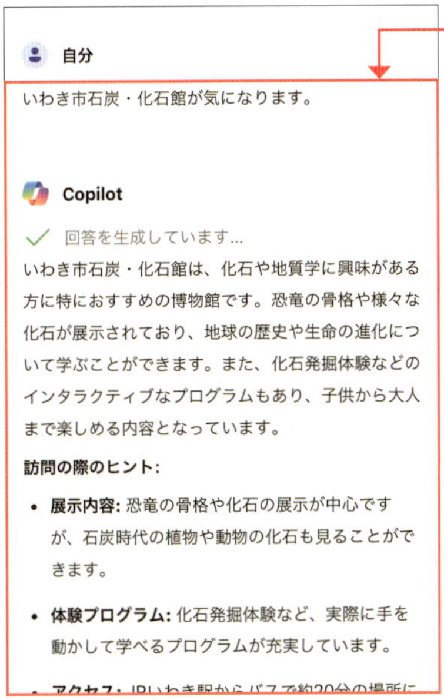

6 手順**3**、**4**をくり返すことで、Copilotとのやり取りを続けられます。

補足

会話のスタイルを選択する

「Copilot」アプリでも会話のスタイルを選択できます。プロンプト入力画面の表示中に、[より創造的に][よりバランスよく][より厳密に]のいずれかをタップします。

補足

許可画面が表示された

許可画面が表示された場合は、[1度だけ許可]や[アプリの使用中は許可](Androidの場合は、[アプリの使用時のみ]、[許可しない])など任意の設定をタップします。

索引

数字・アルファベット

あ行

か行

さ行

た行

な行

は行

ま行

や行

ら行

わ行

お問い合わせについて

本書に関するご質問については、本書に記載されている内容に関するもののみとさせていただきます。本書の内容と関係のないご質問につきましては、一切お答えできませんので、あらかじめご了承ください。また、電話でのご質問は受け付けておりませんので、必ずFAXか書面にて下記までお送りください。
なお、ご質問の際には、必ず以下の項目を明記していただきますようお願いいたします。

1 お名前
2 返信先の住所またはFAX番号
3 書名（今すぐ使えるかんたん Copilot in Windows）
4 本書の該当ページ
5 ご使用のOSとWebブラウザ
6 ご質問内容

なお、お送りいただいたご質問には、できる限り迅速にお答えできるよう努力いたしておりますが、場合によってはお答えするまでに時間がかかることがあります。また、回答の期日をご指定なさっても、ご希望にお応えできるとは限りません。あらかじめご了承くださいますよう、お願いいたします。
また、Copilotは日々進化しているため、画面構成が異なっていたり、紹介している機能が使えなくなっている場合があります。その点についてもお答えはできませんので、あらかじめご了承ください。

問い合わせ先

〒162-0846
東京都新宿区市谷左内町21-13
株式会社技術評論社　書籍編集部
「今すぐ使えるかんたん Copilot in Windows」質問係
FAX番号　03-3513-6167
https://book.gihyo.jp/116

■お問い合わせの例

FAX

1 お名前
技術　太郎

2 返信先の住所またはFAX番号
03-XXXX-XXXX

3 書名
今すぐ使えるかんたん
Copilot in Windows

4 本書の該当ページ
128ページ

5 ご使用のOSとWebブラウザ
Windows 11
Microsoft Edge

6 ご質問内容
手順2の画面が表示されない

※ご質問の際に記載いただきました個人情報は、回答後速やかに破棄させていただきます。

今すぐ使えるかんたん Copilot in Windows

2024年 10月31日　初版　第1刷発行
2025年　7月11日　初版　第2刷発行

著　者●リンクアップ
発行者●片岡 巌
発行所●株式会社 技術評論社
東京都新宿区市谷左内町21-13
電話　03-3513-6150　販売促進部
03-3513-6160　書籍編集部
装丁●田邉 恵里香
本文デザイン●ライラック
編集／DTP●リンクアップ
担当●田中 秀春
製本／印刷●株式会社シナノ

定価はカバーに表示してあります。

ISBN978-4-297-14443-2 C3055
Printed in Japan